科普经典译丛
KEPU JINGDIAN YICONG

活力地球

# 地球的入侵者

## 小行星、彗星和陨星

◎〔美〕乔恩·埃里克森 著
◎ 杨帆 译

首都师范大学出版社
CAPITAL NORMAL UNIVERSITY PRESS

图书在版编目（CIP）数据

地球的入侵者：小行星、彗星和陨星/(美)乔恩·埃里克森著；杨帆译.
—北京：首都师范大学出版社，2010.7
（科普经典译丛. 活力地球）
ISBN 978-7-5656-0046-3

Ⅰ. ①地… Ⅱ. ①乔… ②杨… Ⅲ. ①小行星—普及读物②彗星—普及读物
③流星体—普及读物 Ⅳ. ①P185-49

中国版本图书馆CIP数据核字(2010)第130790号



**活力地球丛书**

**DIQIU DE RUQINZHE—XIAOXINGXING HUIXING HE YUNXING**

**地球的入侵者——小行星、彗星和陨星（修订版）**

［美］乔恩·埃里克森 著
杨 帆 译

---

项目统筹 杨林玉　　版权引进 杨小兵 喜崇爽
责任编辑 喜崇爽　　封面设计 王征发
责任校对 李佳艺
首都师范大学出版社出版发行
地 址 北京西三环北路105号
邮 编 100048
电 话 010-68418523（总编室） 68982468（发行部）
网 址 www.cnupn.com.cn
北京集惠印刷有限责任公司印刷
全国新华书店发行
版 次 2010年7月第1版
印 次 2013年2月第5次印刷
开 本 787mm×1092mm 1/16
印 张 16.75
字 数 196千
定 价 39.00元

---

# 目录

简表 V
致谢 VII
序言 IX
简介 XI

1 太阳系的起源
太阳与行星的形成
大爆炸 / 星系的形成 / 恒星的演化
太阳的起源 / 行星组合 1

2 地球的形成
行星的起源
大碰撞 / 大飞溅 / 大打嗝
大洪水 / 大沸腾 26

3 成坑事件
历史上的陨星撞击
太古代的撞击 / 元古代的撞击
古生代的撞击 / 中生代的撞击 / 新生代的撞击 50

4 行星上的撞击事件
探索陨石坑
月球上的陨石坑 / 水星上的陨石坑 / 金星上的陨石坑
火星上的陨石坑 / 外行星上的陨石坑 77

5 小行星
漂泊的岩石碎片
微小的行星 / 小行星带 / 柯克伍德空隙 / 流星群
陨星坠落 / 探索小行星 / 在小行星上采矿 106

6 彗星
宇宙中的碎冰块
奥尔特云 / 柯伊伯带 / 掠日彗星
由彗星形成的小行星 / 流星雨 / 探索彗星 127

7 陨石坑
撞击构造的形成
成坑速率 / 撞击成坑过程 / 冲击效应 / 陨石坑的形成
撞击构造 / 散布区 / 陨石坑的侵蚀 148

8 撞击效应
全球性的变化
全球效应 / 构造作用 / 海啸
磁场反转 / 冰期 / 大灭绝 172

9 死亡之星
撞击导致的物种灭绝
超新星 / 末日彗星 / 杀手小行星 / 对恐龙的致命一击
复仇女神星 / X行星 198

10 星际碰撞
小行星与星际撞击
近地小行星 / 近距离造访 / 小行星撞击
小行星防卫 / 撞击后的幸存 219

结语 239
专业术语 241
译后记 253

# 简表


1.太阳系数据概要 16

2.生物的进化与大气的演化 46

3.地质年代表 52

4.火星上主要的火山 92

5.木星大气的特征 94

6.主要的小行星一览 120

7.主要的陨石坑与撞击构造的位置 160

8.溢流玄武岩火山作用与大灭绝 180

9.磁场反转与其他现象的比较 189

10.物种的辐射与灭绝 199

11.星体对地球最近距离的造访 222

# 致谢

**作**者感谢下列机构为本书提供照片：美国核防局（Defense Nuclear Agency）、美国国家航空航天局（NASA）、美国国家海洋和大气局（NOAA）、美国国家光学天文台（NOAO）、美国空军、美国能源部、美国地质调查局（USGS）以及美国海军。

同时，感谢Frank K. Darmstadt 以及Facts On File公司的资深编辑和员工们，感谢你们为本书的制作出版作出的无价贡献。

# 序言

**在**人类有记载的历史上，小行星、彗星和陨星一直独具魅力，它们是人们思索与敬畏的对象。早先的人类认为划破天空的火焰是厄运的征兆，并向他们的邪恶的神灵寻求庇佑。如今，人们认为彗星和陨星对地球的撞击是产生历史上的几次大灭绝期的原因，包括6，600万年前恐龙的灭绝。同时，彗星和陨星给地球带来了很多水分、空气，甚至可能给地球带来了生命。行星本身就是由不计其数的小行星、彗星和星际尘埃构成。因此，小行星、彗星和陨星对地球和生命的形成起了关键性的作用，同时其也应对很多物种的灭绝负责。

在本书中，乔恩·埃里克森把关于小行星、彗星和陨星的迷人论述漂亮地展现给读者。全书可读性强。本书开头讨论了太阳系、太阳以及行星的起源，接着考察了星子（某些太阳系演化理论认为，在太阳系形成的初期，太阳赤道面附近的粒子团由于自吸引而收缩形成小天体，称为星子（planetesimal）——译者注）在地球形成中的作用。在诞生之后的前5亿年中，地球遭到了陨星与彗星的猛烈轰击，这种轰击是那段历史的特征。接下来，埃里克森考察了这种猛烈轰击的重要性。接着，本书纵览了太阳系中其他行星上的陨石坑的不同特征。

随后，埃里克森详细介绍了各个不同的小行星带。对于较大的小行星，如1801年意大利天文学家朱塞普·皮亚齐（Giuseppe Piazzi）发现的直径达600英里（约970千米）的谷神星(Ceres)，书中给出了相关描述及小行星发现的历史缘由。书中以易懂的词句介绍了遥远的奥尔特云（Oort cloud）及柯伊伯带（Kuiper belt）中彗星的起源，这让人不禁想到，构成生命的砖石有可能来自遥远的太阳系边缘。如果生命真的源自那里，人类在宇宙中真是孤独的吗？

本书的最后几章讨论了大型陨星和彗星与地球相撞的可能性以及碰撞的后果。1908年6月30日，一次巨大的爆炸撼动了人烟稀少的中西伯利亚（central Siberia）大地。现在，科学家认为，此次爆炸是由陨星撞击引起的。引起爆炸的陨星是恩克（Encke）彗星的一块碎片，当恩克彗星从地球附近经过时，该碎片从彗星主体上脱落。6月30日早晨，一个巨大的火球穿过西伯利亚的天空，向西飞去。接着，在通古斯(Tunguska)中央附近发生了剧烈爆炸。爆炸异常剧烈，以至将数百英里外的人们都震倒在地。爆炸发生时形成了高达12英里（约19.3千米）的火球，方圆400英里（约640千米）内都可看到，2，000平方千米内的树木都被推倒烧焦。

地球还受到过更大的撞击。有几次撞击曾导致当时地球上50%至90%的物种灭亡，为新生物的进化和生物多样化铺平了道路。现在人们认为，一颗坠落到尤卡塔（Yucatan）半岛的、直径6英里（约9.7千米）的陨星结束了恐龙在地球上的统治。撞击的瞬间形成了一个直径1，200英里（约1，930千米）的火球，接着产生了浪高数百英尺（如果不是数千英尺的话）的海啸。陨星在地面上挖出了一个深坑，坑中抛出的尘土使世界陷入了彻底的黑暗，严寒的天气持续了数月甚至数年之久。尘土沉降下来后，撞击过程中释放出的二氧化碳导致了强烈的温室效应，使地表气温骤升。只有很少的物种得以成功地应对环境改变带来的生存压力，65%的物种在撞击后都灭绝了。

在讨论完撞击事件的历史和撞击的后果之后，乔恩·埃里克森概述了当地球面临小行星或彗星的撞击时，人类可使用的几种防卫手段。也许，人类的未来将有赖于我们增进对这一问题的认识，了解如何应对这种潜在的威胁。就在1996年，一颗直径约0.25英里（约0.40千米）的小行星差点击中地球，它从地球身边飞奔而过，离地球最近时的距离约与地月距离相当。这次险些发生的碰撞中包含着一个严肃的事实：直到此小行星从地球身旁飞奔而过的前几天，我们才观测到它的存在！2002年6月，另一颗小行星到达距地球75，000英里（约120，800千米）处。如果这颗小行星体积再大一些，或者离地球更近一些，结果会怎样？我们能让它停下来吗？如果不能，那么它与地球相撞的结果又会怎样？

——蒂莫西·M·库斯奇（Timothy M. Kusky）博士

# 简介

**陨**星学研究的是陨星及陨星对地球的撞击。在月球、近日行星及外行星的卫星上，有着数目众多且十分明显的陨石坑。地球上也存留有几个古代陨石坑的遗迹，这说明地球和太阳系中的其他星体一样，曾经被陨星猛烈地轰击过。陨星的撞击在地壳表面造就了许多醒目的圆形地貌，它们分散于世界各地，是历史上重大陨星撞击灾难的见证。将来，人们会找到更多的陨石坑，这些陨石坑将描绘出一幅清晰的图像，告诉我们很早以前发生了些什么。有迹象表明，陨石坑仍在不断地撞击生成，地球随时可能遭受大型陨星的撞击。

从一开始，大型陨星的撞击就对生命的历史起着重要的影响。在地质史中，小行星和彗星一再轰击地球，这意味着此类撞击事件是一个连续的过程。有时，如山一般大小的小行星撞向地球，并消灭大量物种。物种灭绝中最著名的案例便是恐龙和很多其他物种的灭亡。恐龙杀手在世界各地都留下了它的足迹。

在木星轨道与火星轨道之间有一个宽广的小行星带，其中包含数百万计的石质或金属质的不规则碎片。有的小行星位于小行星主带之外，人们已经观测到几颗位于小行星主带外且轨道与地球轨道相交的大型小行星。彗星撞击地球的速度更快，因而杀伤力也更强。宇宙中有很多彗星和小行星在四处游荡，并随时可能飞向地球。它们一旦与地球相撞，将会杀死数百万人。人们已经发现了数十颗近地小行星，并且，偶尔还会有一些难以捉摸的天体在我们的星球附近徘徊。

本书正文开头介绍了宇宙、星系及太阳系的起源，然后分析了地球与月球的创生及生命的起源。接下来，书中讲述了地球历史上的陨星撞击事件，并考察了太阳系中其他行星及其卫星上陨石坑的状况。紧接着，作者讨论了小行星、小行星带、流星与陨星、彗星及流星雨。此后，书中分析了散布于世界各地的陨石坑和撞击构造，然后讨论了大型陨星撞击的全球效应及物种大灭绝的撞击论。最后，书中分析了大型小行星或彗星撞击地球对人类文明的影响。

科学爱好者尤将享受这一迷人的学科的乐趣，并将更深入地理解自然力作用并影响地球的方式。地质学和地球科学专业的学生也将从本书中获得一些对他们今后的学习有用的参考。本书行文清晰，可读性好。书中配有许多照片、插图和有用的图表，以作为对正文的阐述和补充，相信读者会喜欢。书后附有简明易懂的专业术语表，用以阐明书中出现的较为难懂的术语。陨星对地球的撞击是地质作用的一种，正是各种不知疲倦的地质作用不断塑造着当前的地球。

# 1

# 太阳系的起源

## 太阳与行星的形成

人们提出了三个基本理论解释宇宙的创生（图1）：大爆炸理论，认为宇宙一直在膨胀；稳恒态宇宙理论，认为宇宙一直存在，无始无终；脉冲说，认为宇宙周而复始地创生与消亡。根据这里所讨论的大爆炸理论，宇宙中的所有物质，包括各类恒星、星系、星系团及超星系团，都诞生于150亿年前的一次巨大的爆炸。随后，在一些由巨大的恒星爆发所引起的规模较小的爆炸中，元素周期表中的各种元素得以形成。这些爆发的恒星叫超新星。因而，我们是宇宙的产物。我们体内的每一个原子及构成地球的所有原料都来自恒星。

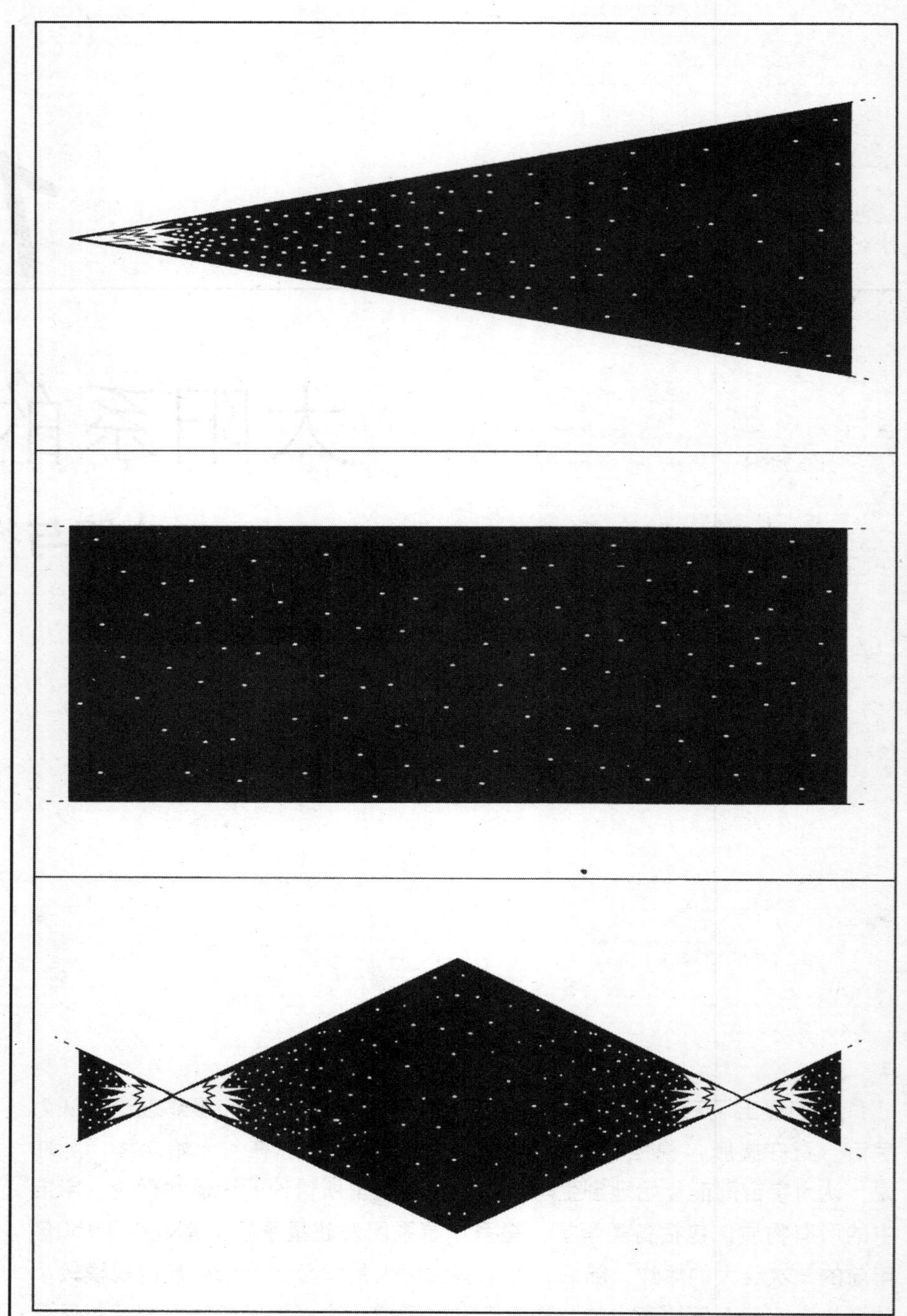

***图1***

*宇宙的创生：大爆炸理论（顶图）、稳恒态宇宙理论（中图）和脉冲说（底图）*

理论上认为，银河系的中心有一个黑洞，物质与能量像掉进了宇宙的排水管道一样消失于其中。在距银河系中心向外大约2/3的地方，有一颗平凡而孤独的恒星，这颗恒星恰巧就是我们的太阳（图2）。在银河系中，如太阳这样单一的、中等大小的恒星并不多见。也许，只有这样的恒星才会拥有环绕自己运动的行星。因而，在我们头顶无数的恒星中，只有少量拥有行星，而具有生命的则更少。

## 大爆炸

根据理论，宇宙起源的时候带有某种爆炸力，这个力使得目前距我们最远的星系以接近光速的速度远离我们而去。现在天文学家所看到的最遥远的星系所发出的光芒实际是在早先时产生的，那时宇宙的年龄只有现在的1/5。初生的宇宙并非以某个固定的速率生长，而是也许曾在某个短暂的过

***图2***
*太阳。在图中可以看到太阳黑子。在图的右上方可以看到太阳风暴（本照片蒙美国宇航局惠许刊登）*

程中突然膨胀，这一过程被称为“暴涨”。在这一时期中，万有引力可能暂时变为了一种斥力，导致宇宙经历了一次巨大的爆发式膨胀。婴儿期的宇宙在一瞬间像气球一样快速向外膨胀，之后，宇宙平静下来，膨胀速率也降至一个较稳定的值，并逐渐变为我们今天所观察到的这种常规的演化发展形式。暴涨理论解释了宇宙的一些基本特征，例如微波背景辐射的均匀性——微波背景辐射是大爆炸的余辉；另外，空间的平直性（即空间没有曲率）也在其中得到了解释。

这次大爆发持续了约100，000年，宇宙中几乎所有的物质都牵涉于其中。大量由基本粒子组成的高温等离子体形成巨大的旋涡，从各个方向流到空间中。物质流和涡旋在原始汤中激烈地流动，使物质凝聚在一起。原始宇宙的温度最终降至可以形成质子与中子的程度，质子与中子一同构成了原子核。

在大爆炸后的某一时刻，平稳流动的物质能量流出现了涨落，这种涨落为星系的形成播下了种子。空间结构的改变使物质的分布不再均一，而是出现了结块与波纹，这导致了星系和包含多达数百个星系的星系团的产生。这种相变似乎发生于电子与质子结合形成氢原子之后，大约发生在宇宙诞生后的头100万年间。在宇宙中的所有物质中，氢与氦占了99%以上。氦在恒星中不断地产生，然而氢只生成过一次，即在宇宙初生时，大爆炸结束之后就再也没有新的氢元素生成。

据估计，在宇宙的成分中，氢占75%，氦占25%，此外还有少量的其他元素。有关宇宙的一个令人疑惑的问题是氦的丰度。氦原子核由两个质子和两个中子构成，核外环绕有两个电子。人们在太阳表面观察到了氦的存在。事实上，人们是先在太阳上发现了氦，之后才在地球上找到了氦气。氦存在于银河系及其他星系的恒星上，也存在于星际空间中。

核聚变反应为恒星提供了动力，并将氢转化为氦。然而，恒星核聚变所产生的氦只占宇宙中的氦含量的一小部分。因此，大量的氦一定产生于大爆炸。随着原始宇宙继续膨胀，物质的基本单元开始凝聚成大约500亿个星系，每个星系中都包含数百亿或数千亿颗恒星。质量小于太阳质量的80%的中小型恒星统治着整个宇宙。

通过测量宇宙的温度，我们仍可找到大爆炸的余烬。除星光外，宇宙还散发出其他形式的能量，其中一种能量是微波辐射，这种辐射均匀地分布于宇宙中。微波辐射发现于20世纪60年代中期，此发现促进了大爆炸理论的发展。宇宙创生时的能量现在已冷却下来，其温度仅比绝对零度（−273摄氏度）高出几度。当温度达到绝对零度时，所有的分子运动都将停止。微波背景辐射中微弱的温度涨落也许表明物质在原始宇宙中曾凝结形成团块结构。后来，这些团块演变为如今的星系。

星系有四种基本类型：椭圆星系、旋涡星系、不规则星系及弥散星系（diffuse galaxy）。椭圆星系的年龄很大，其形状类似球体，中心光强在各类星系中最强。椭圆星系的形成约需10亿年。当宇宙年龄只有其现在年龄的1/10时，完全成形的椭圆星系已经存在，而此时旋涡星系尚处于形成过程中。强辐射源最常产生于椭圆星系中。椭圆星系呈红色，说明其中包含大量处于晚年的恒星。

旋涡星系（图3），包括银河系，在中心位置处有一个显著的凸起，这一凸出部分很像一个小型的椭圆星系。在该凸起的周围环绕有一个旋涡形的圆盘，圆盘中居住着年轻的恒星。由于星系在不停地旋转，旋臂在旋转中产生了磁场。不规则星系，顾名思义，具有多种形状。不规则星系的质量相对较小。弥散星系表面亮度低，其中包含更多的气体，旋涡结构较少，说明这类星系尚未完全长成。

已知运动速度最快的星系距离地球约150亿光年。人们通过测量其星光的红移可测出其运动速度，并可通过其运动速度及与地球的距离确定宇宙的年龄。当恒星远离我们而去时，其发出的光线的波长向长波移动，或者说，向电磁波谱（图4）的红端移动。距我们最远的星系红移量也最大，表明它远离我们而去的速度最快。然而，这里似乎存在一个悖论，由于不能完全确定测量宇宙膨胀速率时所用的哈勃常数的值，宇宙的年龄似乎要小于宇宙中年龄最大的恒星的年龄。

通过观察大型原始星系的各个成长阶段，天文学家可回溯宇宙的历史，直至其诞生之初。如果某物体距离地球120亿光年，则意味着我们现在所看到的是该物体在大爆炸之后数十亿年时的状态。（离我们120亿光年的物体发出的光线到达地球需120亿年，因而我们现在看到的是该物体120亿年前发出的光——译者注）同时，与我们在最遥远的空间中观察到的许多星系相似，银河系（图5）这一中等大小的星系吸引了足够多的物质，形成一个大旋涡星系。银河系直径约100，000光年，包含约1，000亿颗恒星。

天文学家能够称量宇宙的重量，以确定它究竟会继续膨胀，还是向自身崩塌并变为一锅浓密的宇宙汤，或是保持在一个稳定的状态并生成新的星系来填充膨胀所产生的空间。宇宙的质量表明了宇宙万有引力的大小。人们可测出星系的平均质量，乘以星系的数目，从而算出宇宙的质量。

然而，物质的总量似乎多于人们在可见的宇宙范围内所观察到物质，多出的这部分质量称为无踪质量（missing mass）（也译作“短缺质量”——译者注）。

***图3***
*涡状星系（涡状星系（Whirlpool galaxy）特指位于猎犬座的旋涡星系，梅西叶编号为 M51，亦称为NGC5194，距离我们约3，300万光年——译者注）（本照片蒙美国宇航局惠许刊登）*

这些不可见的暗物质的质量可能比所有恒星质量之和大许多倍，暗物质可能占宇宙质量的90%。银河系的晕轮指的是延伸至银河系可见轮廓之外的广大区域。正是位于银河系晕轮中的假想的暗物质使得高速旋转的银河系中的物质能够聚集在一起。至少有一半的无踪质量存在于普通已死亡的恒星中，这些死去的恒星叫做白矮星。白矮星的大小和地球差不多，密度却是地球的100万倍。如果没有大量看不见的质量，星系将四下飞散开来。此外，由于不知道到底有多少无踪质量，所以宇宙的结局——它究竟是永远膨胀下去还是向自身崩塌——仍将是一个难解的谜。

## 星系的形成

在宇宙创生后的头10亿年间，当宇宙已经膨胀至当前大小的1/10时，最早的星系开始演化形成。椭圆星系已经形成并存在了一段时间，而旋涡星系，例如银河系，则尚处于形成过程中。宇宙弦（宇宙弦是天文学家为解释宇宙形成之初出现不均匀性而引入的理论假设，假想中的宇宙弦是一种极高密度的能量线，非常细，直径仅为$10^{-2}$厘米，它又非常重，密度达10吨每立方厘米。宇宙弦要么无限长，横贯整个宇

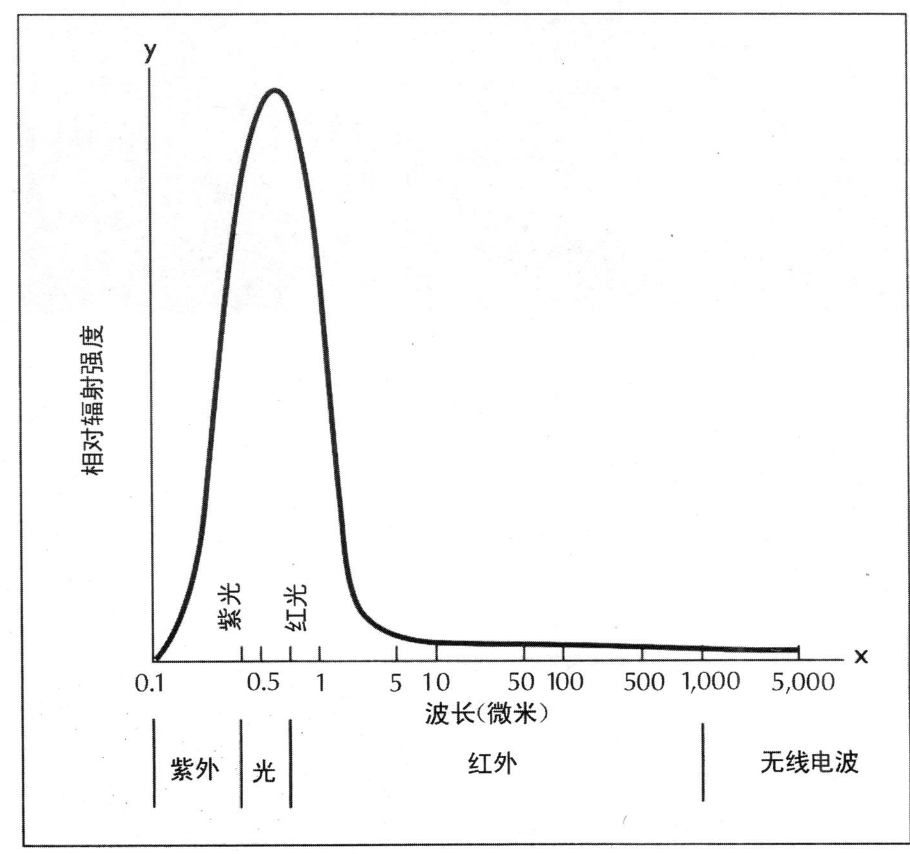


*图4*
*太阳光谱*

**图5**
*银河系（本照片蒙美国国家光学天文台惠许刊登）*

宙，要么为环状——译者注）是宇宙中已知的最大的结构，其中聚集了巨大的能量。宇宙弦所施加的强大的引力或电磁力将物质聚集在其周围，使星系开始形成。即便是这些稀薄的云或波纹中的最小者，在空间上的伸展都达5亿光年之巨。宇宙中已知最大的结构是宇宙长城。（1989年，科学家发现在距地球数亿光年的地方有一个数亿光年长的超星系团巨壁，这是宇宙中已知的最大天体星系统，它宛如中国巍巍壮观的长城，所以天文学家把它叫做"宇宙链"或"宇宙长城"。本段前文说已知的最大的结构是宇宙弦，似矛盾，但原文如此。事实上，宇宙弦只是一种假说，并未真正观察到。而宇宙长城则是观察到的实体——译者注）宇宙长城是距地球数亿光年内的一些星系的集合，这些星系形成了一条长约3亿光年的带子。

星系结合在一起形成星系团，星系团又聚集形成超星系团，超星系团在宇宙中看似随机地游走。超星系团的外形好像细长的丝线。它绵延数亿光年，这使其成为宇宙中最大的几种结构之一。大多数大质量的恒星要么坍塌成黑洞，要么爆发成为超新星，并在爆发过程中为新恒星的形成提供原材料（图6）。恒星创造出了所有已知的化学元素，为包括太阳和地球在内的新生的恒星与行星提供了基本构件。

恒星似乎是星系最普通的组成部分。但是，天文学家在星际介质中发现了一种叫做致密结构（campact structure）的奇怪天体，其数目可能多达恒星数量的1，000倍以上。这些天体大致上是一些由电离物质构成的球状物，其约与地球绕太阳运动的轨道一样宽。因此，致密结构的体积比绝大

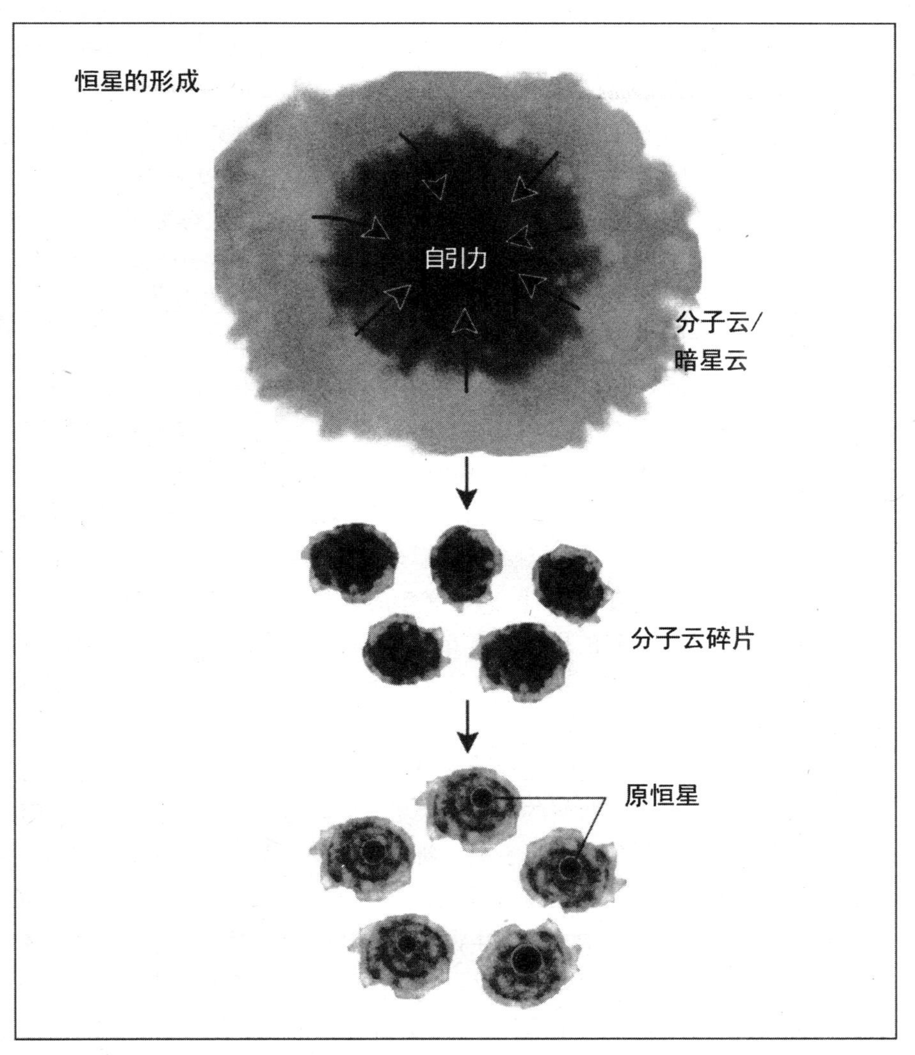


**图6**
*在附近一颗超新星的作用下，太阳星云坍塌形成恒星（分子云是星际云的一种，它是星际分子集结的区域，由星际分子构成——译者注）*

多数恒星大。

只有当遥远的类星体发出的无线电波被致密结构阻碍时，人们才能发现致密结构的存在。类星体居于极度活跃的新生星系的中央。在过去，类星体的数目比现在多。类星体是宇宙中最明亮的星体，在走向消亡之前，其大约要剧烈燃烧1亿年。类星体距我们非常遥远，我们现在所看到的类星体的光芒实际产生于很久以前，那时宇宙的年龄只有现在的1/10，宇宙的大小也只有现在的1/4。当致密结构移动到这些强电磁辐射源前方时，无线电信号便中止了。致密结构会在此位置上停留一个月或更久，当它移开时，被遮挡的无线电信号便会恢复正常。致密结构移动得很快，因而它不可能位于银河系之外，否则其速度将是光速的好几倍。（这里“移动得很快”指的是其角速度很大，在地球上观测天体的移动，直接观测到的是角速度。在角速度相同的情况下，天体若离地球越远则其线速度越大——译者注）

球状星团是大量恒星的集合。在球状星团中，100万颗恒星被塞到很小的空间里。它们是银河系中最古老的一类恒星，其年龄已达100亿岁。人们发现，这样的结构在人马座中密度很高（图7）。射电天文学家通过精确定位指出，此区域是强无线电波的发射源，这些无线电波产生于电离气体云中质子与电子的相互作用。这种电离气体云可能标示了质量巨大的坍塌天体的位置，例如黑洞或星系中央炽热而年轻的密集恒星团。

当气体移向银河系中心时，黑洞可能与银河系的中心凸起一同形成。此区域向外散发出强烈的伽马射线与X射线，这些射线以光速传播。能量密度表明，人马座是银河系的中心。其他的高能宇宙射线和伽马射线源一定位于银河系之外，不然，发射这些射线所需的爆炸会将其所处的那部分银河系炸毁。

银河系中央有一个半径约15，000光年的凸起，该凸起由紧密堆积的老年恒星构成。在中央凸起的周围，有五条剥离出的旋臂，看上去有点像飓风中的旋涡云。新的恒星就在这些高密度的区域由星际气体和星际尘埃颗粒生成。银河系约每2.5亿光年绕其中心旋转一周。

中央凸起之外是星系盘。星系盘的半径约5万光年，太阳系就位于星系盘中。星系盘中包含相对年轻的恒星及大量气体与尘埃。星系盘中所有物质的质量几乎全部被可见的恒星所占据。新的恒星产生于一个叫做巨分子云的高密度区域中，巨分子云由星际物质构成。银河系带有一个半径65，000光年的晕轮，其中包含间距很大的老年恒星与球状星团。晕轮中球状星团的数目约占银河系中球状星团总量的一半。晕轮中还含有大量的暗物质，正是这些暗物质的引力使得银河系中的物质得以汇聚在一起。

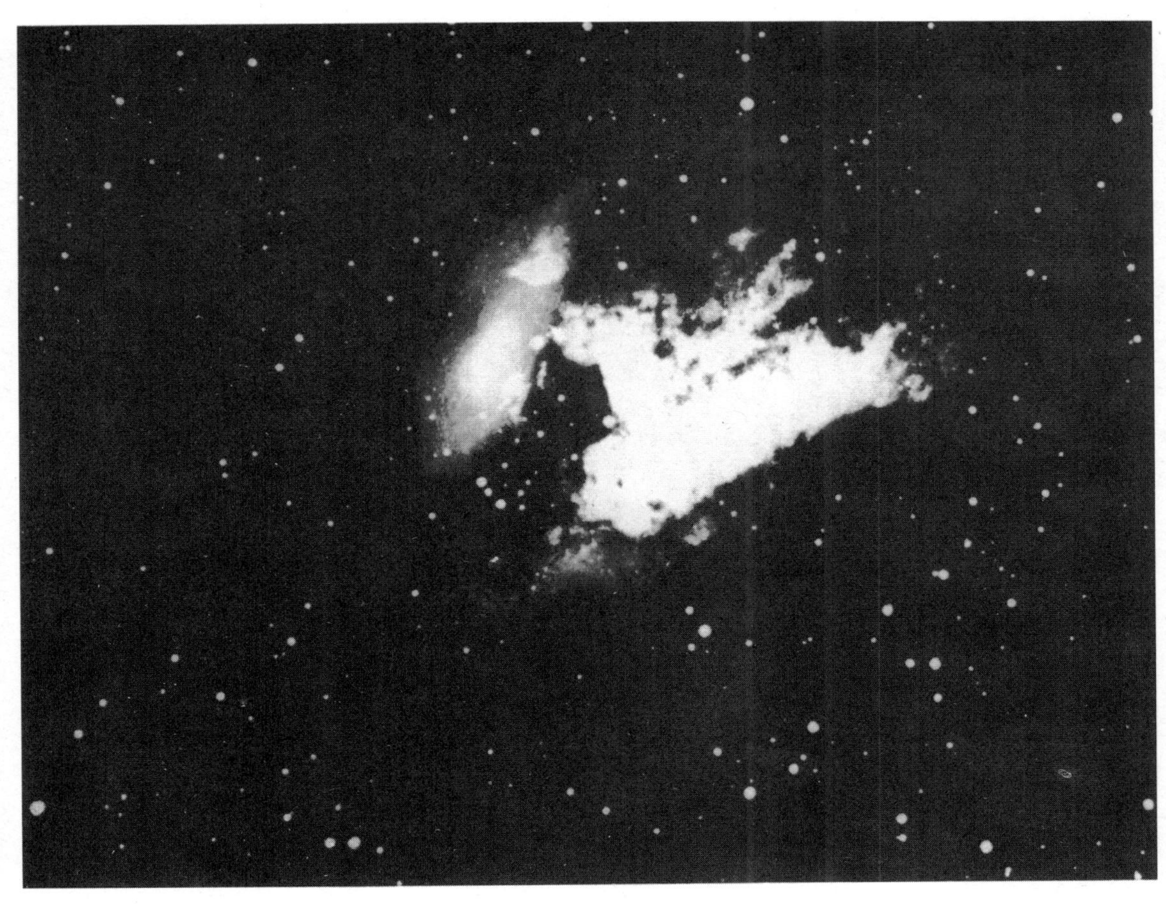

**图7**
位于人马座的天鹅星云（天鹅星云（Swan Nebula）也译作斯旺星云——译者注）（本照片蒙美国宇航局惠许刊登）

显然，银河系中的暗物质占据了银河系总质量的90%。大多数星系都在快速旋转，如果可见的恒星是其唯一的引力源，则这些星系将会因旋转而四下飞散。位于银河系最边缘处的恒星的移动速度与靠近银河系中心的恒星一样快，这说明银河系的质量散布于整个星系中，并非集中于星系中央。

晕轮之外是银河系最外层的区域，该区域被称为银河系的星系冕（corona）。星系冕自银河系中心向外延伸出30万光年，冕中包含燃尽的老年恒星、褐矮星及一种叫做伴星系的光线黯淡的天体。它们包括球状星团、矮球状星系及构成大、小麦哲伦云的不规则星系。大麦哲伦云星系距地球约18万光年，是南天极附近一片明显的光亮。

仙女座星系（图8）距地球约230万光年，是距地球最近的大型旋涡星系。它在很多方面与银河系有相似之处：二者都是二元星系系统，并彼此围

**图8**
*距地球200万光年的仙女座星系（本照片蒙美国宇航局惠许刊登）*

绕一个共同的引力中心旋转。人们相信，银河系沿着一个狭平的椭圆轨道运动，此轨道现在正将其带离仙女座星系。大约40亿年后，两个星系会有一次近距离的相遇。不过，由于恒星之间的间距很大，即使两个星系真的发生碰撞，可以预期，星系也不会发生大的分裂。

## 恒星的演化

每50至100年，在星系中的某个地方，会有一颗比普通的恒星大100倍以上的巨型恒星发生爆炸，这种爆炸就像一次迷你的宇宙大爆炸。爆炸形成的超新星的亮度是太阳的10亿倍。该恒星外部的物质被以难以想象的高速掷到太空中，同时发出大量辐射，产生致命的宇宙射线。这些高能粒子会轰击地球大气层，在空气中与其他粒子相撞，并将其洒落至地面。

人们认为，超新星在恒星的形成过程中起着重要的作用。这些剧烈爆炸的恒星燃烧至很高的温度，其生命期仅为数亿年。形成超新星的恒星创造出了所有已知的化学元素。在此过程中，氢先聚变为氦，氦再聚变为各种轻元素，例如碳、氧等，最后这些元素聚变为位于铁之前的各种重元素（在元素周期表中，铁位于第26位。在铁之前有25种元素，相对而言，这些元素都是较轻的元素，并非重元素——译者注）。

恒星星核的聚变反应释放出的能量保证恒星不会在自身的引力作用下向自身坍塌，然而，当星核的聚变反应进行到铁元素时，不可能再发生新的聚变反应，于是恒星开始坍塌。星核的中心被压碎，密度变为普通物质的数亿倍，这有点像将地球缩小至如高尔夫球般大小。物质落向星核产生的冲击波使得物质弹回太空中，使超新星亮度快速增加。当恒星爆炸时，物质被喷入空无一物的太空中，之后，这些气体和尘埃被新形成的恒星与行星清扫干净。

当恒星进入超新星阶段时，在炽热状态存在了数亿年之后，星核中的核反应变成了一次爆炸性的事件。恒星蜕去了其外层的覆盖物，同时，星核被压缩为一种密度极大、温度很高的星体，叫做中子星。超新星散发出的恒星物质形成星云（图9），星云主要由氢、氦及包含所有已知化学元素的颗粒物质构成。

来自近邻超新星的冲击波将星云的一部分压缩，使星云物质在引力作用下向自身坍塌，形成原恒星。随着星云继续坍塌，它开始旋转，并变为薄饼形状的圆盘。螺旋形的物质逐渐分离为同心圆，并最终聚结成行星。同时，物质压缩产生的热量点燃了星核中的热核反应，一颗恒星就这样诞生了。

一般而言，每隔若干年，银河系中就会有一颗新的恒星诞生。恒星起源于各类星云、分子复合体（molecular complexes）及由气体和尘埃的凝聚云构成的球形体（globule）。球形体的典型半径约一光年，质量约为100个太阳质量。除大量的氢和氦外，银河云中还含有各类有机化合物，包括一氧化碳、甲醛和氨。

随着太阳星云的中心坍塌为一个由氢与氦构成的致密白热的球体，引力压缩所产生的热量点燃了星核中的热核反应。大约在星云开始坍塌之后1000万年，太阳开始燃烧。如果恒星特别大，在恒星周围的气体和尘埃尚未凝结成行星之前，恒星散发出的被称为金牛座T型星风（T—Tauri wind）（金牛座T型星风指的是从金牛座T型星极区流出的超音速物质流，是一种恒星风。这里文中的说法似乎并不妥当——译者注）的粒子辐射已将它们吹走，最终只剩下一个孤独的巨星。

当恒星中心的岩球分裂时，将形成由两颗或多颗恒星构成的多星系统。

***图9***
*太阳系由与猎户座星云相似的星云凝聚形成（本照片蒙美国宇航局惠许刊登）*

此类系统十分常见，银河系中80%的恒星属于多星系统。多星系统中的恒星围绕一个共同的引力中心彼此绕对方旋转。因为强烈的引力作用会干扰行星的形成，所以人们相信，大多数多星系统中的恒星不会拥有自己的行星。

同样，可以预期，高速旋转的恒星不会拥有自己的行星，至少不会长期拥有。在恒星强大的引力作用下，即使行星已经形成，它们也无法保持轨道运动，而是会向恒星做螺旋运动，最终坠入恒星中。幸运的是，就太阳系中的行星而言，几乎所有的角动量，或转动能量，都存在于行星中，这使得行星得以在各自的轨道上运动。太阳系中的大多数行星都有着接近正圆的轨道，这似乎是一种例外，因为太阳系以外的行星一般具有狭长的、卵形的轨道。

## 太阳的起源

大约46亿年前，太阳，一颗普通的主序星（主序星指的是处于氢燃烧阶段的恒星——译者注），在银河系的一条充满尘埃的旋臂中创生。附近的一颗超新星发出的密度波提供的外压启动了星际物质的自引力坍塌过程。随着太阳星云的不断坍塌，其越转越快，旋臂从高速旋转的星云上剥离，形成原行星盘。

围绕太阳旋转的天体包括各大行星（图10，表1）、行星的卫星、小行星碎裂产生的大块岩石（也称为小行星）及彗星。早期强烈的太阳风将残余的气体和冰块刮到了太阳系外，彗星即由这些残余物质所形成。当太阳点燃后，它释放出强烈的粒子辐射。粒子辐射的辐射压形成了太阳风。如果将今天的太阳风比作拂面的微风，太阳刚开始燃烧时的太阳风则是咆哮的飓风。

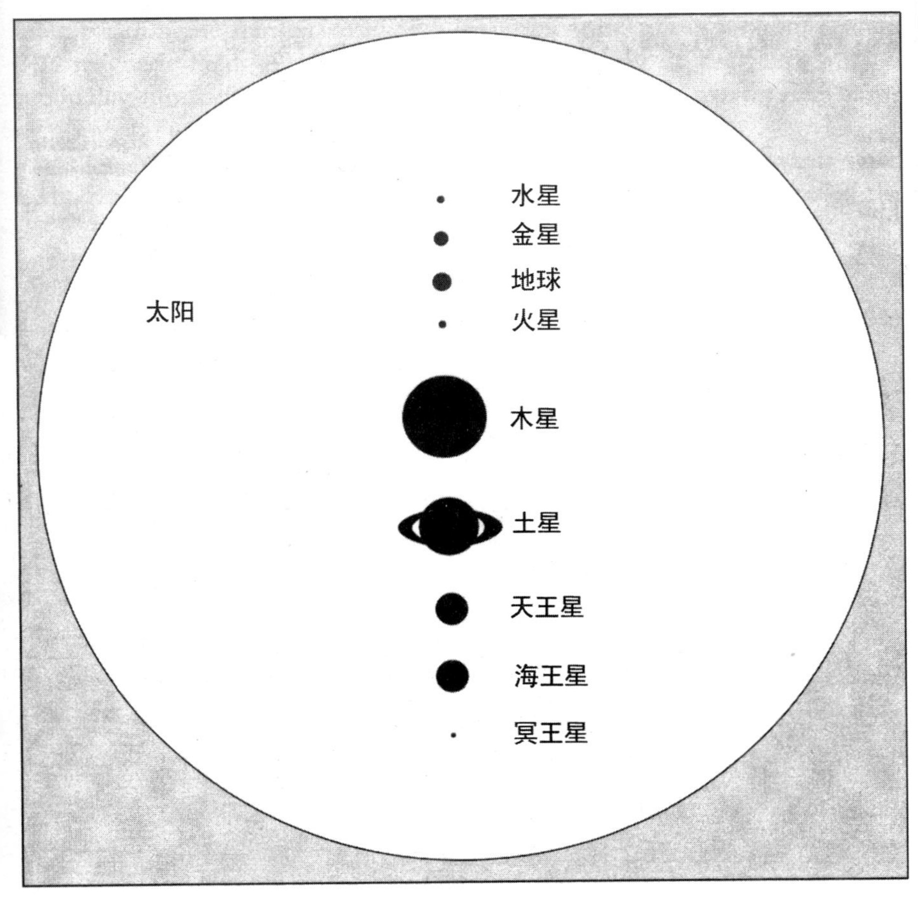


*图10*
*太阳与行星的近似相对大小*

**表1　太阳系数据概要**

| 行星 | 轨道半径（万英里） | 半径（英里） | 相对质量 | 密度 | 自转轴倾角 | 自转周期 | 公转周期 | 温度（℃） | 大气成分 |
|---|---|---|---|---|---|---|---|---|---|
| 水星 | 3,600 | 1,500 | 0.1 | 5.1 | 10 | 58.6天 | 88天 | 425 | 二氧化碳 |
| 金星 | 6,700 | 3,760 | 0.8 | 5.3 | 6 | 242.9天 | 225天 | 425 | 二氧化碳<br>少量水蒸气 |
| 地球 | 9,300 | 3,960 | 1 | 5.5 | 23.5 | 24小时 | 365天 | | 78%氮<br>21%氧 |
| 火星 | 14,100 | 2,110 | 0.1 | 3.9 | 25.2 | 24.5小时 | 687天 | −42 | 二氧化碳<br>少量水蒸气 |
| 木星 | 48,300 | 44,350 | 318 | 1.3 | 3.1 | 9.9小时 | 11.9年 | 2000 | 60%氢<br>36%氦<br>3%氖<br>1%甲烷和氨 |
| 土星 | 88,600 | 37,500 | 95 | 0.7 | 26.7 | 10.2小时 | 29.5年 | 2000 | 与木星相同 |
| 天王星 | 178,300 | 14,500 | 14 | 1.6 | 98 | 10.8小时 | 84年 | | 与木星相似，不含氨 |
| 海王星 | 279,300 | 14,450 | 18 | 2.3 | 29 | 15.7小时 | 165年 | | 与天王星相同 |
| 冥王星 | 366,600 | 1,800 | 0.1 | 1.5 | | 6.4天 | 248年 | | |

注：1英里≈1.61千米

强劲的太阳风可能带走了近日行星（近日行星指的是水星、金星、地球和火星，这些行星的轨道离太阳较近——译者注）上的挥发物，并将其堆积在离太阳较远的地方，这些挥发物为大型气态行星的形成提供了原料。

在太阳系刚开始形成时，来自近邻的超新星的、混杂有原始气体和尘埃的岩屑参与了太阳系的构建过程。在此之后到来的、来自近邻超新星的物质则独立凝结为一类原始陨星，叫做碳质球粒陨星。这类陨星的成分与太阳系中其他星体的成分不同。有很多这样的残余岩屑在沿着不稳定的轨道绕太阳旋转，其轨道可能与地球轨道相交。

在太阳形成后的前10亿年中，太阳的状态极不稳定，其释放的能量强度大约只有今天的70%。因此，当时地球上的温度只相当于现在火星上的温度。太阳星核内强有力的核反应带来的巨大的热压强会使太阳周期性地膨胀，太阳的体积会膨胀至比当前还大1/3。太阳内部的骚动引起了巨大的太阳耀斑（太阳耀斑是一种剧烈的太阳活动，一般认为发生在色球层中，也叫“色球爆发”。其主要观测特征为，太阳表面突然出现迅速的亮斑闪耀，持续时间仅为几分钟到几十分钟，亮度上升迅速，下降较慢——译者注），耀斑的火焰跃至数百万英里的高空。一种高温原子粒子的等离子体形成了强烈的太阳风。这种剧烈的太阳活动使得太阳辐射出更多的热量。这一过程会使星核冷却下来，太阳变回通常的大小。

早期的太阳绕其转轴高速自转，自转一周只需要几天，而现在太阳自转一周则需要27天。高速自转产生了巨大的磁场，这与发电机转速加快时可以产生更多的电能类似。强大的磁场有助于减慢太阳的旋转速度，并将太阳的角动量转移给绕其运动的行星。同时，磁场在太阳的表面引起了相当大的骚动，带来无数巨大的黑子和太阳耀斑，这些黑子与耀斑比人们今天所看到的大得多（图11）。

太阳可分为内核、中间层和外层。其中内核由氦构成；中间层由氢构成，称为辐射区；外层由炽热气体构成，称为对流区（图12）。光球层，即太阳的可见表面，温度约6，000摄氏度。光球层常被太阳黑子污损。黑子是光球层上大块的斑点，其由相对较冷的气体构成。黑子的形成与磁涡流及剧烈的太阳耀斑有关。人们用黑子来确定太阳自转的速率，因为黑子是裸露的太阳表面上的唯一标识。高能的太阳粒子从太阳赤道处发出，以强大的粒子辐射强度轰击着地球。

色球是太阳的大气，它由数千英里厚的、略呈红色的炽热气体构成。一个炽热的晕轮向太空中延伸出数百万英里，此晕轮称为日冕。日冕只有日全食时才能看到，此时月亮正好移动到太阳的正前方。太阳表面处于激烈动荡之中，气流喷射至数百万英里的高空，划出一道弧线，然后回落至太阳表面。由白热气体构成的小球浮起至太阳表面，冷却，然后再次沉下。此沸腾层向日心延伸，厚达太阳半径的1/3，层内温度可达数百万度。但此区域的温度尚不足以支持核反应的发生，核反应只发生于日核中。

人们预计，太阳将再正常发光50亿年。现在，太阳风很微弱，因而不会显著地影响太阳的自转速率。剧烈的太阳活动，如日冕，可能也将变得不那么显著。随着日核中的氢不断损耗，太阳仍将继续被加热。日核中的氢不断被氦的“灰烬”所污染。（在太阳内部，氢发生核聚变放出能量，并生成氦，所以文中把氦称为核聚变反应的“灰烬”——译者注）

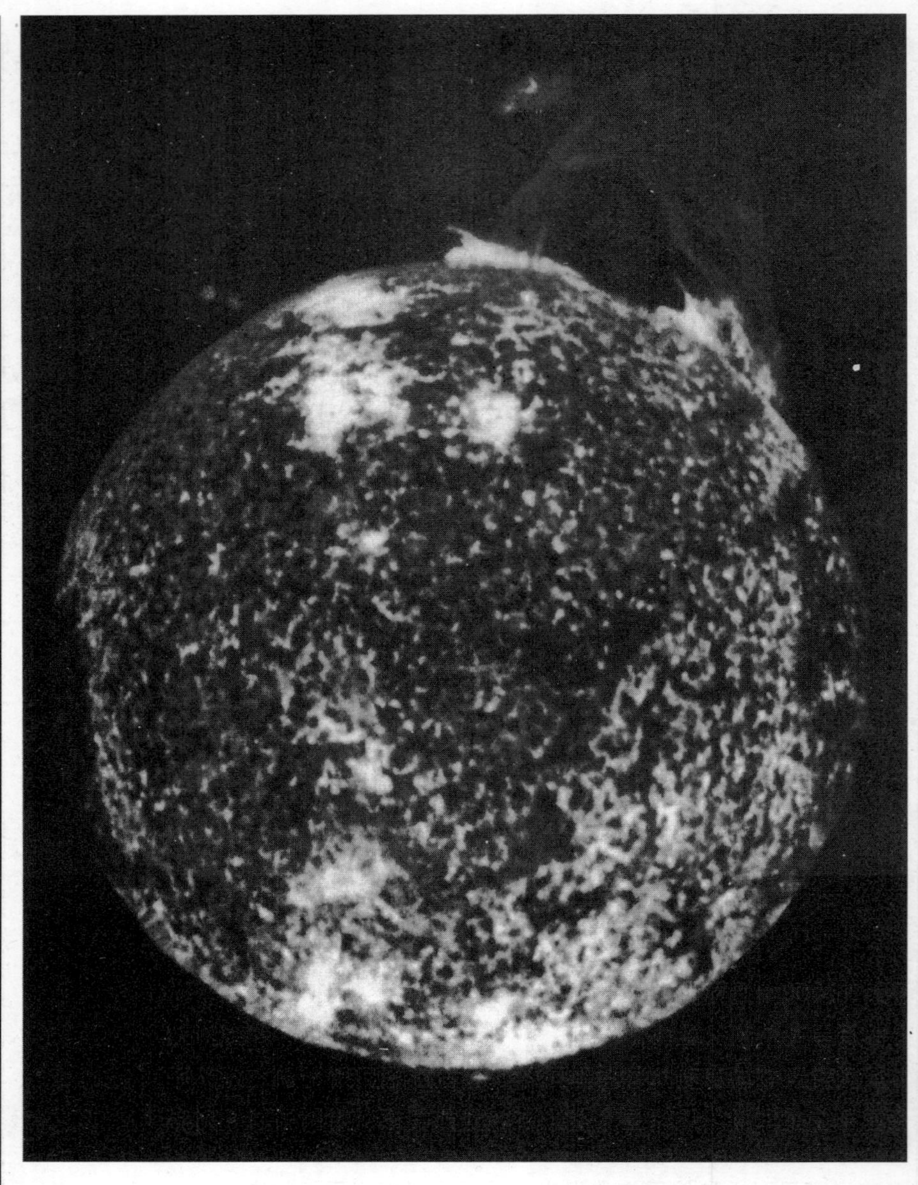

***图11***
*壮观的太阳耀斑爆发（本照片蒙美国宇航局惠许刊登）*

约15亿年后，太阳的发光度，或亮度，将增加约15%。地球上的冰冠将会融化，这将导致洪水大规模泛滥，同时，地球北部的区域将变为炎热的沙漠。为了生存，生物必须进化以适应较高的气温。如果人类还存在，我们必须得改变自己居住的环境以对付高温。也许人们会在城市上空建造带有空调的圆顶，就像现代足球场所使用的圆顶那样。

等太阳100亿岁时，太阳星核中的核火焰事实上已将所有的氢转化为氦，核火焰开始熄灭。在太阳临死前的呼吸中，它将向外膨胀，其半径将比现在大40%，亮度也将增加一倍。同时，地球上的所有生命都将灭绝。

再过15亿年，当氢燃料最终消耗殆尽时，由于缺乏足够的压力抵御外面诸层的重量，星核将逐渐收缩。引力收缩的出现将使星核温度上升，最终将外层的氢燃料点燃。随着这些氢燃料的燃烧，太阳将不断膨胀，其表面最终将到达现在水星轨道的位置。然后，太阳将变为红巨星，此时，太阳表面温度只有现在的一半，但亮度却比现在高500倍。这时，地球将化为灰烬。

太阳在红巨星状态下存在的时间相对较短，也许仅2.5亿年。此后，日核中的核反应开始将氦变为碳和氧。此反应的速度如此之快，以至形成了爆炸性的事件，称为氦闪。此时，太阳外层将被吹落，在带走太阳的很大一部分质量的同时，行星也将被掷向星际空间中。接下来，太阳的直径将收缩为

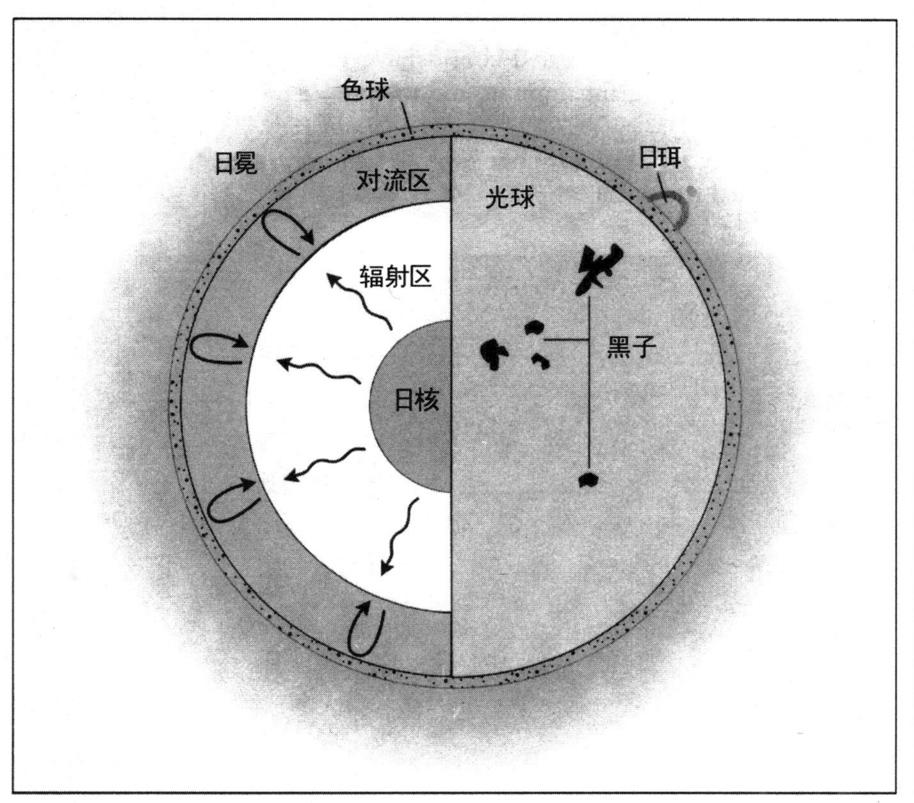


***图12***
*太阳的结构*

NGC 6720

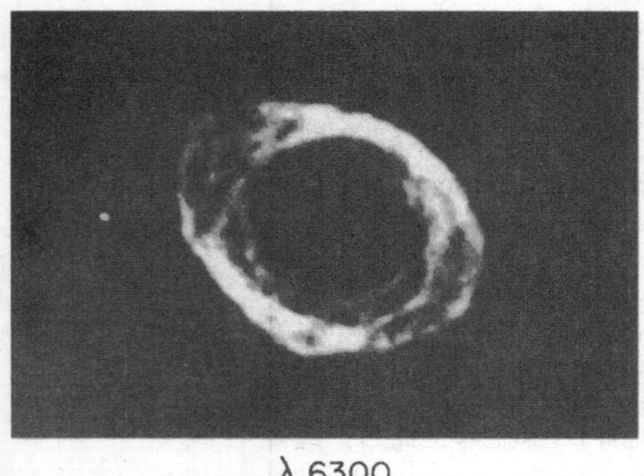

λ 6300

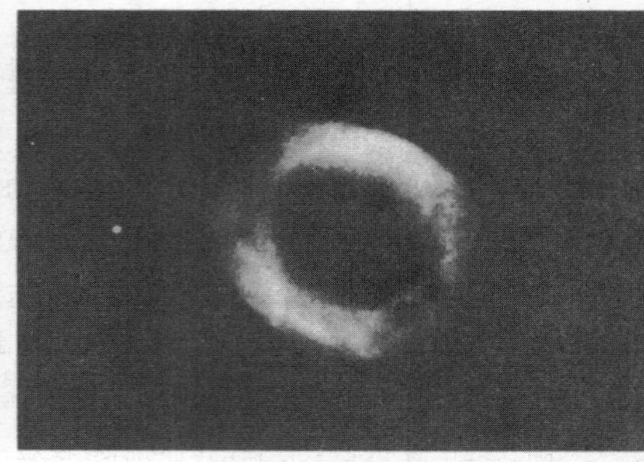

λ 4861

λ 5007

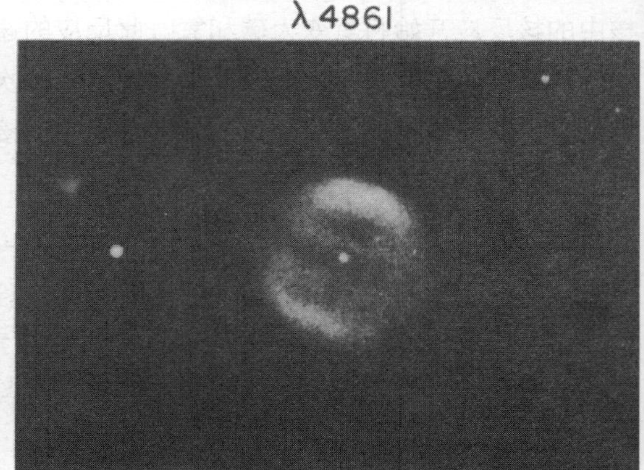

λ 4686

***图13***

*天琴座的环状星云（本照片蒙美国国家光学天文台惠许刊登）NGC 6720（NGC 6720是天琴座环状星云在NGC星表中的编号。NGC 星表是由丹麦天文学家德雷尔（J.L.E.Dreyer）于1887 年所编集的星云、星团与星系总目录，其出版后经常在星图编制及各种研究中被引用——译者注）*

当前直径的10倍左右。太阳开始平静下来，以氦为原料稳定地燃烧。

随着太阳再次逐渐膨胀，其外层将依次被强大的太阳风吹走，直到日核露出。太阳最终会形成一片环状星云，被岩屑环绕的星云中心是一颗非常炽热的残余恒星（图13）。最终，岩屑将会散去，露出孤独而炽热的恒星。此时，太阳的质量只剩其先前质量的一半左右，并被压缩为如地球一般大小。星体上极高的热度使其发出白热的光芒，因此称为白矮星。太阳将以白矮星的形式存在150亿年，然后逐渐冷却下来，变为黑矮星，并终了余年。

## 行星组合

在太阳成长的初期，其四周环绕着一个原行星盘。原行星盘包含数条由砂砾大小的粗粒子构成的带状物，这些粗粒子被称为星子（图14）。星子起源于超新星产生的原始尘埃颗粒，这些颗粒在弱电和引力作用下凝聚在一起，形成星子。

当太阳开始燃烧时，强大的太阳风把太阳星云中较轻的成分吹走，并将其沉积在太阳系外围的区域中。内太阳系中剩下的星子主要是石质或金属质的碎片，这些星子小的细如细砂，大的大如巨石。外太阳系的温度要低得多。在那儿，石质物质、大块的冰、固态的二氧化碳及晶态的甲烷和氨凝聚在了一起。

人们相信，外行星（外行星指的是木星、土星、天王星、海王星和冥王星，这些行星的轨道离太阳较远——译者注）拥有如一个地球般大小的星核、一个可能由冰与固态甲烷构成的星幔及一个由压缩气体组成的厚层。厚层中的压缩气体的成分主要是氢和氦，也包括少量的甲烷和氨。就其本质而言，冥王星、彗星及外行星的卫星要么是被厚厚的冰层所包裹的石质星核，要么是岩石和冰块的混合物。木星的成分与太阳相似。如果木星继续成长，它也许会变得足够

***图14***
*太阳星云分离为一些由星子构成的同心圆环，这些圆环最终形成行星*

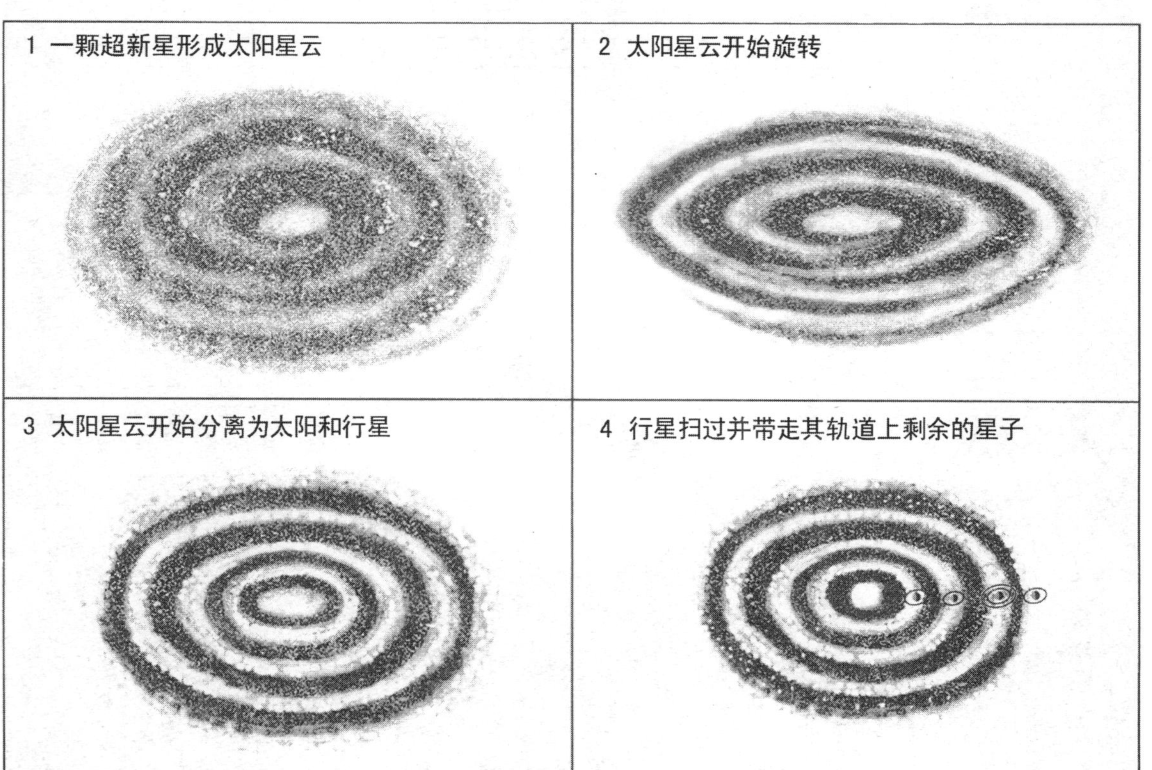

热，并将自身点燃，从而变为一颗小型褐矮星，最终使太阳系成为一个双星系统。在银河系中有很多这样类似的双星系统存在。

在太阳系形成的初期，围绕太阳旋转的星子多达100万亿颗。随着星子的成长，小型的岩块沿极扁的椭圆轨道围绕处于婴儿期的太阳旋转。这些轨道位于同一个平面内，这一平面称为黄道。星子间持续的碰撞使其形成较大的个体。在形成后约10，000年，一些星子个体的半径已达50英里（约81千米）以上。然而，绝大部分行星质量仍然为小型星子所占据。

如果不是太阳星云中巨大的气体介质的出现减慢了星子的运动，星子中较大的个体将继续清扫剩余的星子。如果这样，太阳系将会由数千颗直径约为500英里（约810千米）的行星构成，这大约是今天实际存在的最大的小行星的大小。如此生成的太阳系看上去就像土星与它的光环（图15）。

*图15*
*1980年11月，旅行者1号（Voyager 1）拍摄到的土星（本照片蒙美国宇航局惠许刊登）*

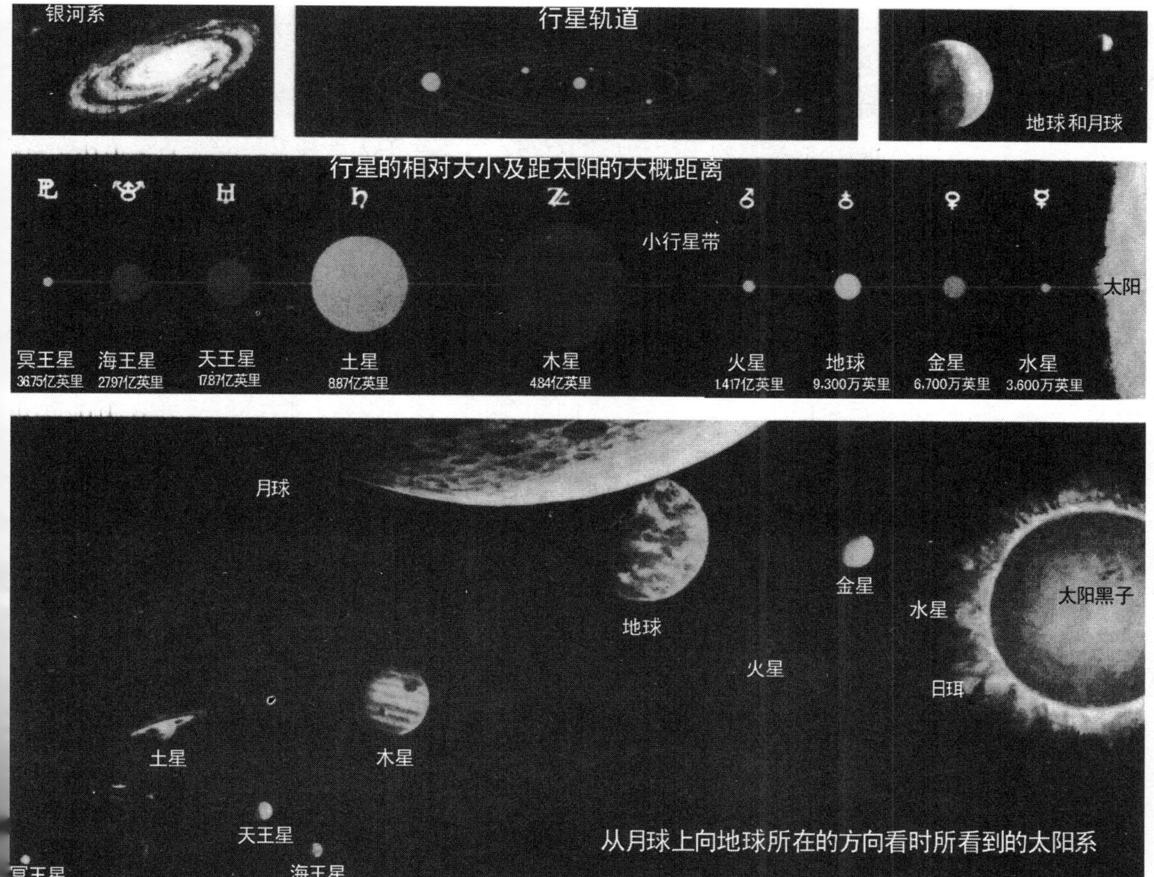


*图16*
*太阳系。图中绘出了行星轨道及其相对大小与相对距离*

水分子是结构最简单的分子之一，太阳系中存在数量多得不可思议的水。随着太阳自气体与尘埃中诞生，小块的冰与岩石开始聚集在一个由星子构成的、寒冷而平坦的圆盘中，这一圆盘环绕着初生的太阳。圆盘上某些部分的温度可能升至足够高，使液态水得以存在于太阳系最初的固态天体之上。此外，类地行星（类地行星指的是水星、金星、地球和火星——译者注）原始大气中的水蒸气也许已将星子轰击留下的痕迹侵蚀殆尽，之后，水蒸气被初生的太阳强大的太阳风吹至火星轨道之外。在太阳系的遥远的边缘，水遇冷凝结成冰，并在那里形成由冰构成的星体，这些星体就是飞速掠过太阳的彗星。

太阳系由9颗已知的行星及其卫星构成（图16）。太阳系非常大。通过观察行星的运动，我们可以描绘出太阳圆盘最初的图像。所有行星绕太阳公转的方向都与其自转方向相同。事实上，除了冥王星外，所有行星的轨道平面与黄道的夹角都在3度以内。冥王星的轨道与黄道有17度的倾角，因此它可能是一颗被太阳俘获的行星，也可能是天王星的一颗卫星在彗星的碰撞作用下脱离原轨道所形成的行星。天王星的另一颗卫星名叫米兰达（米兰达（Miranda）即天卫五——译者注）（图17），它看上去好像是由被撞碎后的碎片以不同的方式重新组合而成。据预言，在水星轨道以内，存在一颗不可见的小型行星，人们以罗马神话中火神的名字将其命名为火神星（Vulcan）。（中文也译为祝融星，是一颗假想中的行星——译者注）

太阳风层顶（heliopause）位于距太阳约70亿光年处，那里是太阳系与星际空间的分界。在距太阳200亿英里（约320亿千米）的地方有一个充满气体与尘埃的区域，可能是原始太阳星云的遗迹。在距太阳数万亿英里处有一

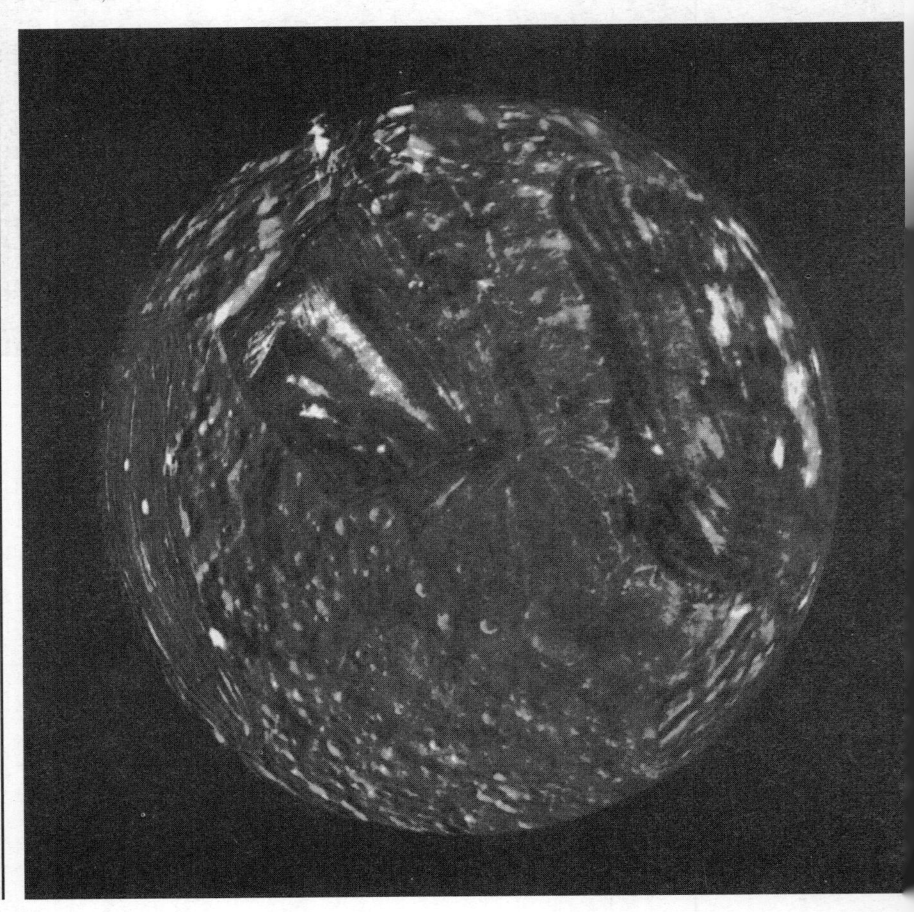

***图17***

*天王星的卫星米兰达（天卫五）。旅行者2号（Voyager 2）于1986年1月拍摄。米兰达的地形特征是所有行星中最奇怪的，图中显示了这一点（本照片蒙美国宇航局惠许刊登）*

个彗星壳层，该壳层由原始太阳星云的残余气体和冰块形成。或许是由于经过太阳系附近的恒星的引力作用，有的彗星会从壳层中挣脱，并进入内太阳系，这些彗星有时会从离地球很近的地方经过。

在讨论完宇宙、星系及太阳系的起源之后，下一章我们将探讨地球和月球的创生及生命的产生。

# 2

# 地球的形成

## 行星的起源

**本**章将探讨地球、月球及生命的起源。在太阳系的所有行星及60多颗卫星中，地球是唯一具有不断漂移的大陆及不断进化的生命的星球。地球是一颗中年行星，约度过了其生命周期的一半。据推算，地球的年龄约为46亿岁，这一推算是基于与太阳系其余部分差不多同时形成的陨石的年龄作出的。地球上最古老的岩石约形成于42亿年前，人们推算出的地球年龄与地球上最古老的岩石的年龄之间具有很好的一致性。

在地球形成的初期，一波巨大的撞击物曾连续重击初生的地球。人们认为，多达3个如火星一般大小的星体曾撞击过地球，月球就形成于其中的一次撞击。剧烈的地质作用并未将地球表面的这些古老的陨石坑完全抹去，地球上几个古老的陨石坑的遗迹表明，地球与太阳系中的其他行星和卫星一样，曾经被陨星同样剧烈地轰击过。同时，陨星的撞击可能带走了地球的原始大气，并为大陆的形成拉开了帷幕。在太阳系中的其他星球上都没有与地球相似的大陆存在。众多撞向地球的、巨大的陨星为地球这口沸腾的大锅添加了独特的成分，导致了生命的产生。

## 大碰撞

在太阳系形成的初期，太阳周围环绕着一个由几条带状物构成的原行星盘。原行星盘中的带状物由粗粒子组成，这些粗粒子称为星子（planetesi-mals）。原始的尘埃颗粒在以太阳为中心的、高度同心的轨道上运行。在彼此间的引力作用下，星子不断地长大。离太阳最近的星子为石质或金属质的无机物，这些星子大小差异很大，小的状如砂粒，大的可宽达50英里（约81千米）以上。离太阳较远的带中则主要包含挥发物及被早期时强烈的太阳风吹至太阳系外围的气体。

大约46亿年前，随着太阳第一缕火红的光线穿过天际，原始地球在环绕着初生太阳的旋转的、汹涌动荡的星云中显现，此星云由气体、尘埃和小行星构成。在接下来的7亿年中，太阳系变得更加平静，由岩屑构成的星云也沉静下来，太阳系中的第三颗行星（指地球。按距离太阳从近到远排序，地球在太阳系的行星中位列第三——译者注）开始成形。地核与地幔的分离可能发生于最初的1亿年间。在此期间，由于星子撞击地球产生的冲击摩擦及放射性同位素的作用，地球处于熔融状态。年龄达35亿岁的磁性岩石的存在，表明早期时地球的地核大小同现在相当，外地核处于熔融状态，内地核为固态。

地球的金属地核可能最早形成于金属质星子相互间的磁性吸引作用。这些金属质星子原本是早期小行星的星核，后来，小行星在与其他星体的碰撞中碎裂，其星核也分离开来。人们对一些原本是小行星星核的金属质陨星进行了研究。研究结果表明，地球的地核由铁和镍构成。当地核接近完全形成时，其引力作用已经很强，足以吸引住石质的星子。这些石质星子层层堆积于地核之上，整个堆积过程用了约1亿年。此过程的结果是将地球分离为一个金属质的、熔融的地核，一个塑性的地幔和一个石质的地壳（图18）。此后，地球最初的地壳消失了，它在巨型陨星的撞击之下混入到了地球内部。这些撞击地球的巨型陨星是太阳系创生后的剩余物质。

地球也可能形成于一种由岩石与金属构成的、均匀的、未分离的混合

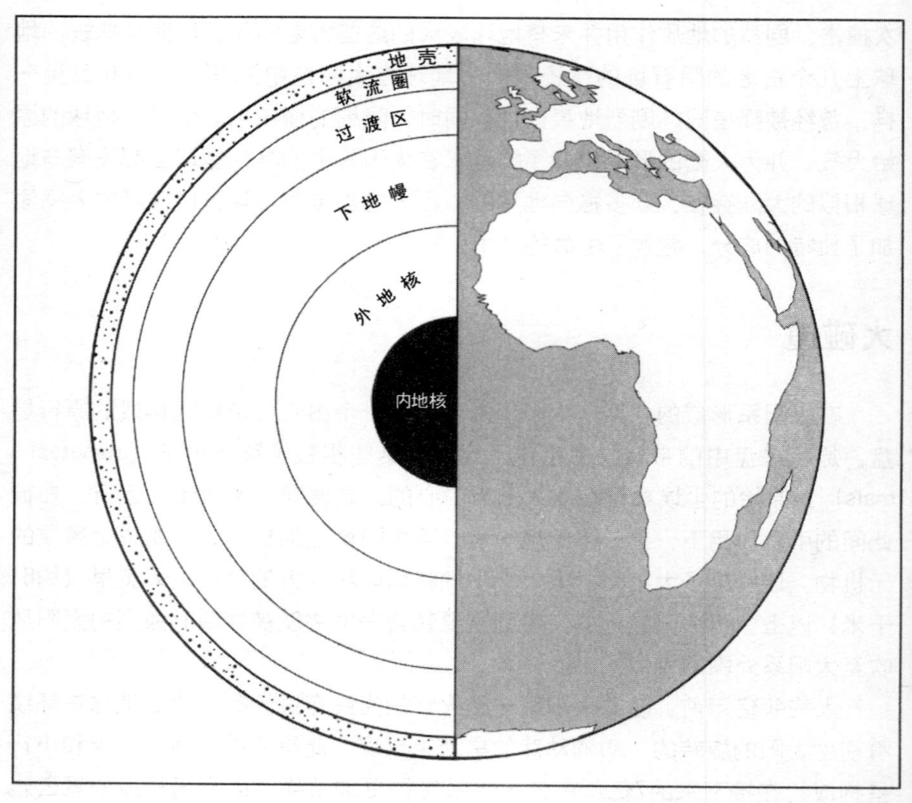


*图18*
*地球的结构。图中标出了地核、地幔和地壳*

物，这种混合物源自地球捕获的星子。入侵的星子带来的冲击摩擦使地球表面变热。同时，在放射性元素的作用下，地球的温度自内向外升高。地球熔化了，并分离为同心的诸层。较重的金属元素沉至地球中心，较轻的元素浮至表面。亲铁的元素如金、铂及其他产生于地球形成初期陨星轰击作用的特定元素被吸引到地心。整个地核与地幔分离的过程发生于地球形成之初的1亿年间，该过程造就了一个完全处于熔融状态的地球。

地核由一个位于内部的固体球和包裹着这个固体球的外层构成。内部的固体球的成分是铁、镍及硅酸盐，（此处原文似乎有误。一般认为内地核由固态的铁和镍构成，不包含硅酸盐。硅酸盐是构成地幔和地壳的成分——译者注）外层的成分是液态铁。在地球高速旋转的作用下，这种双层结构产生了电流，电流又激发出强大的磁场。在地磁场作用下产生的磁层（magnetosphere）向太空中伸出很远，并将地球包裹起来保护住，使地球免遭源自太阳和星系其他部分的致命的宇宙辐射的伤害。

随着星子的积累，地球不断地长大。在此过程中坠落到地球上的星子的温度常常超过1，000摄氏度。随着这一红热的行星的不断演化，在星际空间中的剩余气体的曳力作用下，地球的轨道开始退化。成长中的地球慢慢地沿螺线向太阳靠近，并将沿途的星子卷走。最终，地球绕太阳运动的轨道上的星际物质被完全清扫干净。于是，在由星子构成的原行星盘上出现了一个缺口，同时，地球的轨道也就稳定在现在的位置附近。

早期时，地球内部的温度比现在高，黏性比现在小，性质也更活泼。地幔剧烈地动荡。当时，地幔中的热流强度比现在大三倍，热流使地幔表面产生了剧烈的搅动。剧烈的动荡使地球表面出现了巨大的裂隙，岩浆从裂隙中喷向天空，形成巨大的喷泉。在裂隙旁边产生了一片由岩浆与碎裂的、熔融与半熔融的岩石构成的海洋。

在最初的5亿年中，地球表面处于灼热状态。原始大气的气压是如今的100倍。气体压缩产生的热量使地球表面温度高到可将岩石熔化的程度。当太阳开始燃烧后，强烈的太阳风吹走了地球大气层中较轻的成分，剩余的气体也在大量陨星的轰击下飞散到太空中，这使地球被置于接近真空的环境中，与月球现在的情况相似。

没有了大气层，地球无法将其内部产生的热量保持住，地球表面快速冷却，形成原始地壳。原始地壳就像熔融的铁矿石表面的矿渣。这个由玄武岩构成的薄地壳与金星现在的地壳相当（图19）。的确，月球与其他近日行星为人们探寻地球早期的历史提供了线索。能够产生大量的玄武岩岩浆是所有类地行星共有的特点之一。

然而，这个由变硬了的玄武岩构成的岩层并不是真正的地壳，因为地球内部仍然处于高度熔融与激荡的状态。强烈的对流搅动着地幔，使其混合均匀，防止轻重不同的化学组分发生分离。因此，凝固于表面的岩石的密度与地幔中岩浆的密度相同。此时的地壳高度不稳定，它最终可能在地球表面被再次熔化；或是先沉到地幔中，然后被再次熔化；也可能变得头重脚轻，在翻转之后再次熔化。由于强大的对流作用及巨型陨星的撞击，地球的原始地壳重新混入到了地球内部。

当陨星坠入地球的玄武岩薄壳上时，会在地表掘出大量熔融的和半凝固的岩石。地壳表面的这一疤痕很快便被治好了，因为大批新鲜的岩浆从巨大的裂隙中渗出，倾泻到地壳表面，形成岩浆海。早期的地壳如此不稳定，因此，在最初的7亿年中，地球上没有留下任何地质记录。这段时期被称为冥古宙。因此，人们没有发现任何年龄大于40亿岁的撞击构造。

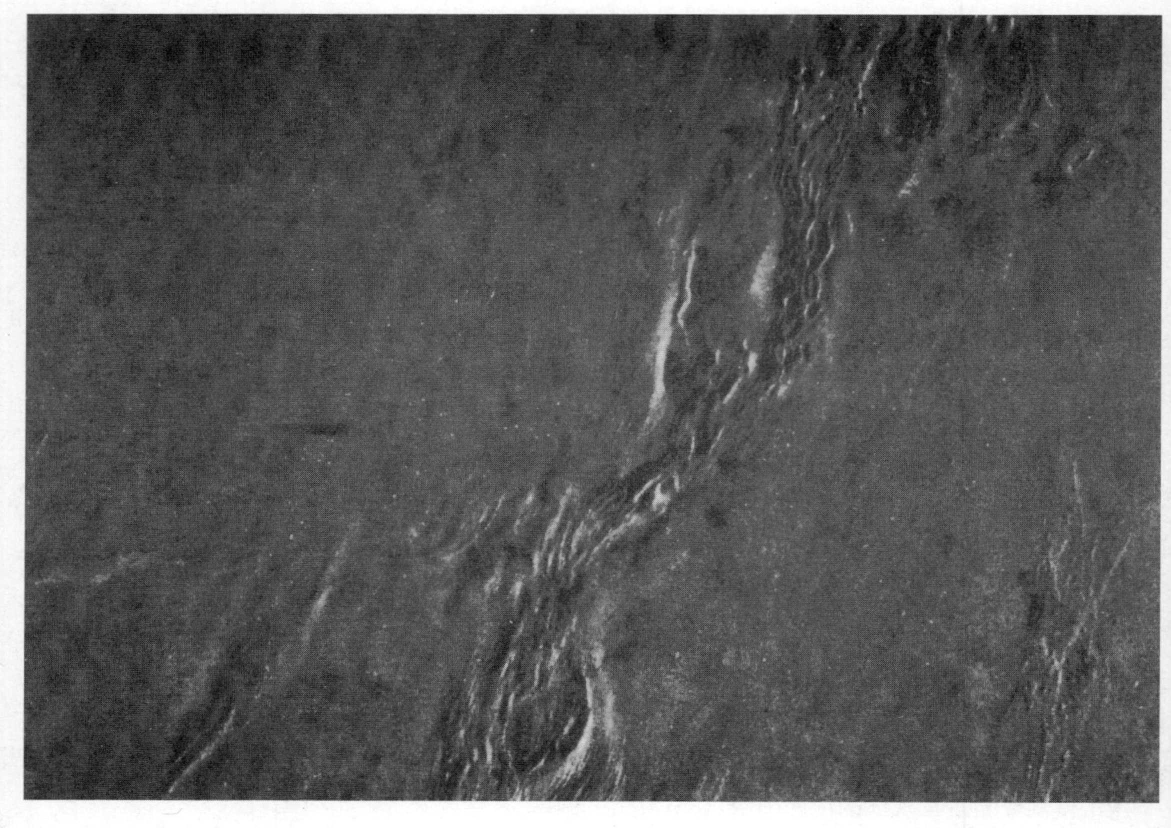

**图19**
*苏联金星号（Venera）飞船拍摄的金星北纬地区的雷达图像（本照片蒙美国宇航局惠许刊登）*

成长中的地球所遭受的剧烈的火山作用和陨星轰击一次次地将企图固化的地壳毁坏，这解释了为何在地球前5亿年的历史中，没有留下任何地质记录。当时地球尚未形成一个稳定耐久的地壳，因此，撞向地球的撞击物会直接陷入到炽热的地球内部。

当地壳开始形成时，大量陨星轰击所带来的冲击摩擦将大部分初生的地壳熔去。岩浆形成熔岩海，熔岩海凝固后形成类似于月海（月海（maria）指的是月球表面的阴暗区——译者注）的熔岩平原。大部分地壳变成了大型的撞击盆地，盆地边缘的山壁高出周围地带近2英里（约3.2千米），盆地底部陡降至10英里（约16千米）深。

最初的地壳与现代的陆壳有很大区别。现代陆壳最早出现于40多亿年前，其体积不到地球总体积的0.5%。此时，地球沿地轴高速自转，自转一周只需14小时。早期地球较高的自转速率很可能出现于地球形成时吸积（accretion）星子的过程中。撞击地球的星子把自己的角动量传递给地球，使地球越转越快。较高的转动能量使地球各处维持高温。

今天的板块构造（图20），即大块地壳间的相互作用，不可能在这样的高温环境下实现。高温环境会导致更多纵向的、冒泡似的运动，而不是横而滑动。因此，现代类型的板块构造过程可能直到约27亿年前，即地壳的形成基本完成时，才开始完全起作用。讽刺的是，由于板块构造使海洋板块沉入到地球内部，大洋底部没有年龄超过2亿岁的陨石坑存在。

地球的地壳是所有类地行星中最薄的（图21）。那些历经万古仍然完好无损的古老的岩石向我们提供了有关早期地壳的信息。这些岩石在地球诞生后数亿年时形成于地壳深处，但在不久之前才露出地面。在古老的花岗岩中发现的锆石晶体（图22）非常稳定坚固，它向我们讲述着地球早期的历史，这段历史发生于约42亿年前，那时地壳刚刚形成。

艾加斯塔（Acasta）片麻岩是发现于加拿大西北地区（Northwest Territories）（西北地区（Northwest Territories）是加拿大第四大自治区，位于北纬60度以外，接近北极圈。省会城市为黄刀市（Yellowknife）——译者注）的一种变质花岗岩，其年龄约40亿岁，是世界上最古老的岩石之一。这种岩石的存在说明，在40亿年前，地壳已经处于形成过程中。这一发现表明，在很早的时候，地球表面至少就已存在小块的陆壳。显然，形成当前大小的陆壳所花的时间不足地球历史的一半。

***图20***
*板块构造模型。产生于大洋中脊的岩石圈在深海沟处沉入地幔，致使大陆在地球上四处漂移*

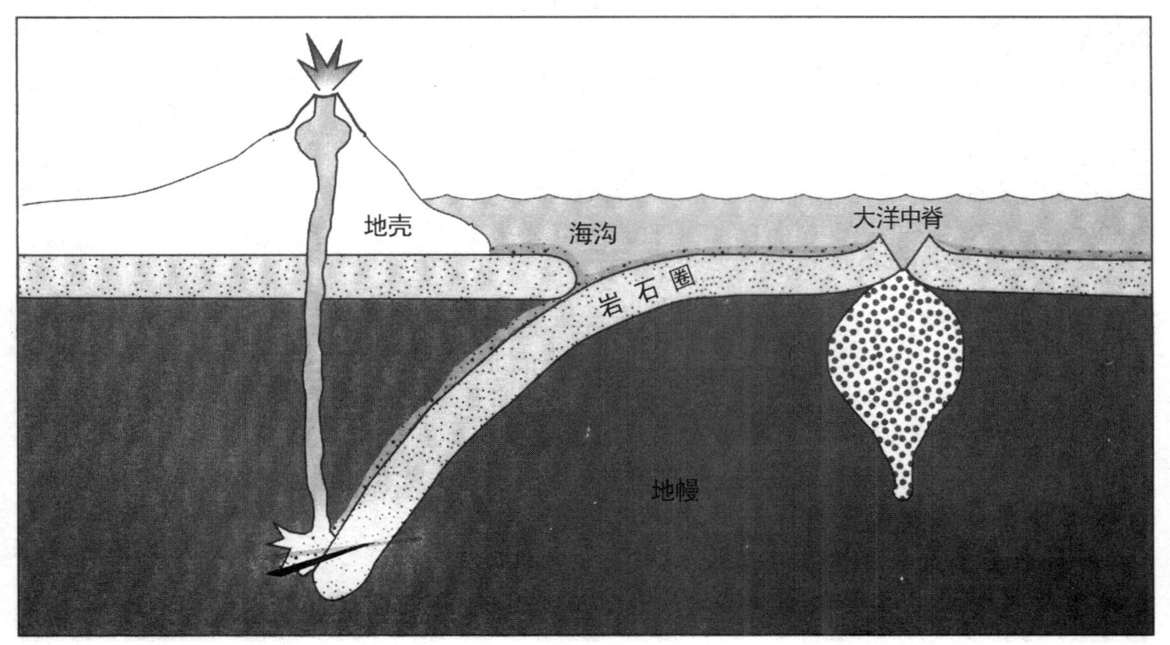

地壳形成之后，在距今约39至42亿年前，地球与月球受到了一场包含数千颗陨星的陨星雨的轰击，很多陨星的直径都长达50英里（约81千米）以上。太阳系形成时的剩余物质构成了密集的岩屑群，这些岩屑群轰击了地球。在轰击过程中，陨星可能在给地球带来热量的同时将有机物带到了地球上，导致原始生命快速形成。另一种可能是，陨星撞击将地球上原已存在的生物消灭，形成一次大灭绝。

陨星对地球的轰击逐渐变弱，由小行星和彗星组成的流星雨的强度逐渐稳定下来。当地球拥有了稳定的大气和海洋后，强大的气候系统将在这次撞击中形成的所有陨石坑侵蚀殆尽。因此，人们无法找到有关这次陨星大轰击的迹象。

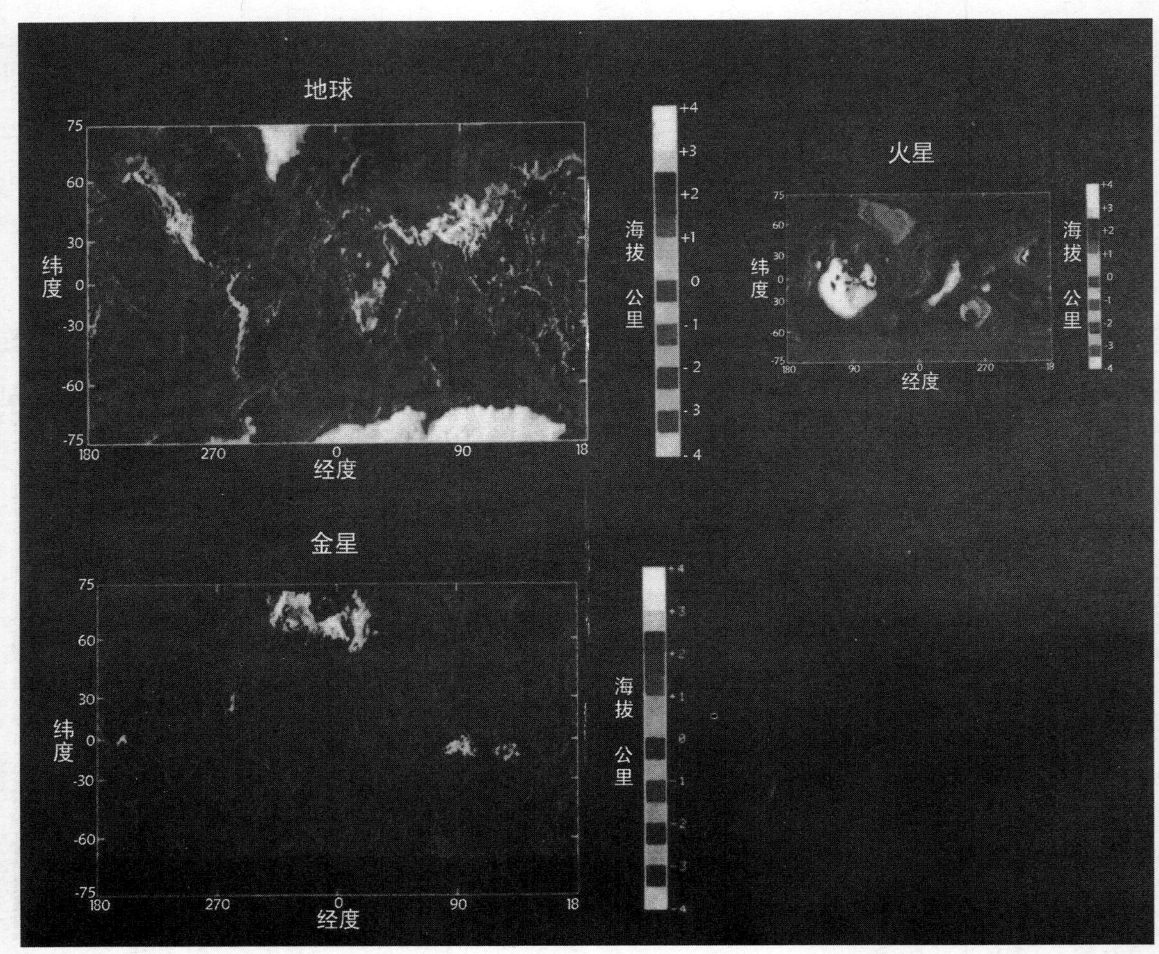


***图21***
*地球、火星及金星的地貌对比（本照片蒙美国宇航局惠许刊登）*

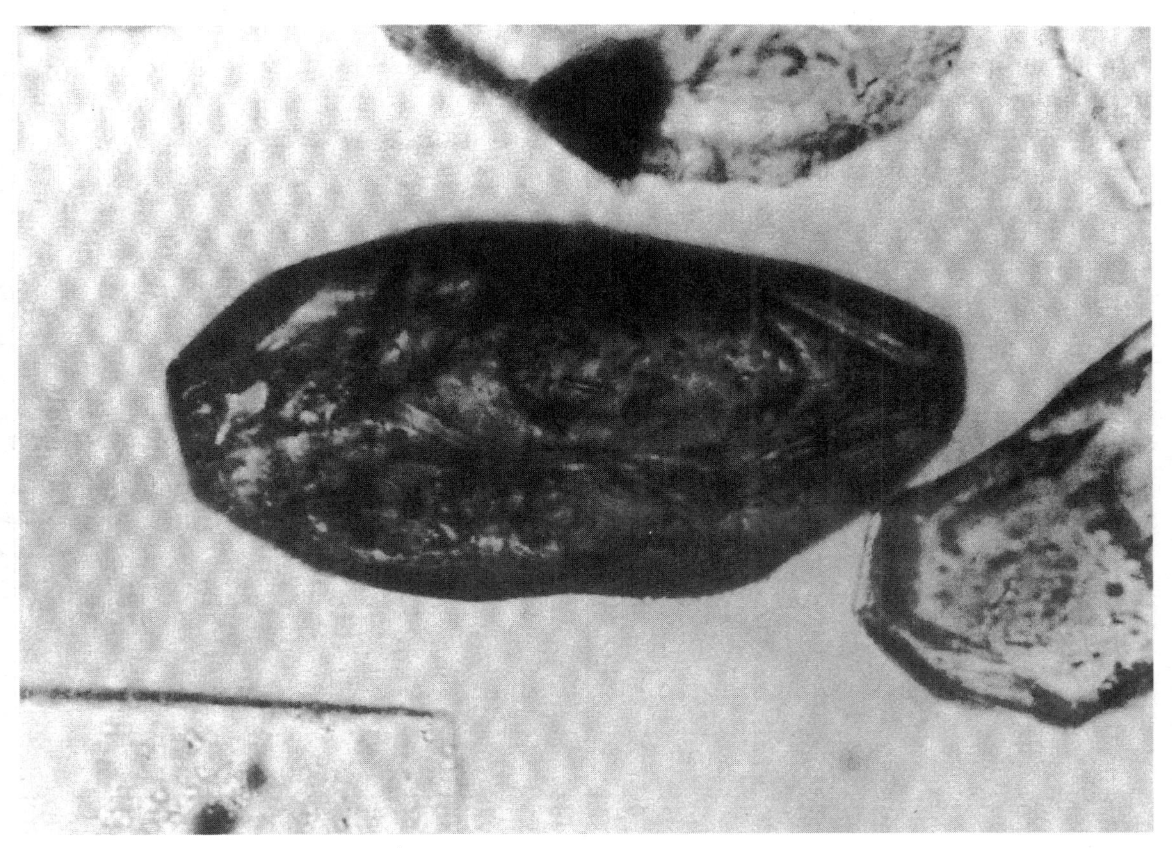

*图22*
*美国科罗拉多州（Colorado），吉尔平县（Gilpin County），贾斯珀卡茨区（Jasper Cuts area）的稀土区产出的锆石（E. J. Young 摄，本照片蒙美国地质调查局惠许刊登。）*

## 大飞溅

一种解释月球成因的很有说服力的理论声称，在早期，一个巨大的天体曾与地球相撞。当时地球的体积比现在小得多，而且尚处于熔融状态。早期地球由小块的金属与岩石聚集而成。当地球正处于形成过程中时，可能是由于行踪不定的彗星的撞击，也可能由于木星强大的引力作用，一颗与火星大小相当的小行星飞出了其围绕太阳运行的轨道，转而在太空中游荡。在飞往内太阳系的途中，该小行星与地球斜擦而过，此过程有点像宇宙中两个巨大的台球发生的碰撞（图23）。

这次为期约半小时的切线碰撞产生了威力巨大的爆炸，其威力与和该小行星体积相同的炸药爆炸时的威力相当。撞击在地球表面撕出一道巨大的伤口。很大一部分物质从熔融的地球内部飞溅到环绕地球的轨道上，形成一个由岩屑构成的圆环，称为前月盘（prelunar disk）。碰撞过程产生的

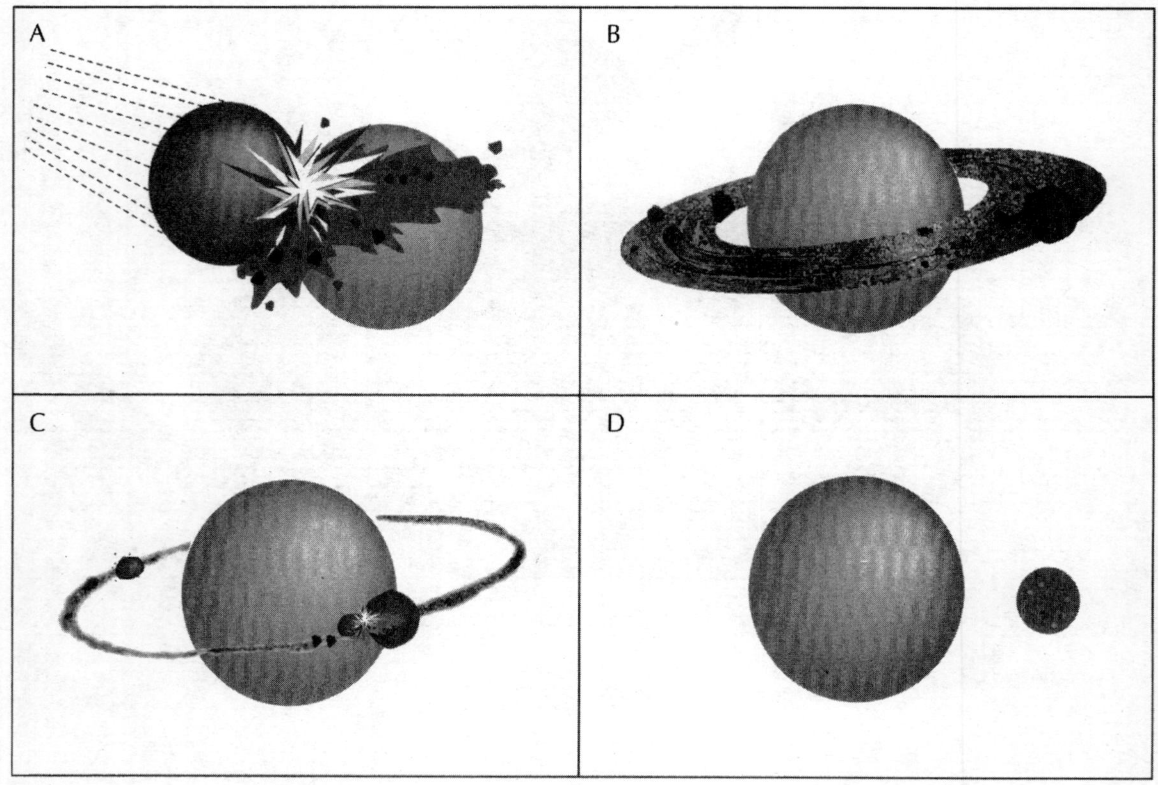


**图23**
*月球形成的大碰撞假说认为，一颗如火星般大小的星子（A）与原始地球相撞。碰撞导致了巨大的爆炸，两个天体在爆炸中的喷出物落到环绕地球的轨道上（B），形成前月盘（prelunar disk）。原始月球开始在前月盘中生成（C），前月盘中的物质最终聚集在一起并形成月球（D）*

许多岩屑如雨点般坠落到地球上，落入由融熔的岩石构成的海洋中，激起点点浪花。

这次碰撞可能将地球撞得翻转过来，使地轴变得倾斜，从此地球上有了四季（图24）。行星的自转轴与黄道平面存在不同倾角。天王星的倾角尤其大，它像保龄球一样，侧着身子绕太阳转动。（大多数的行星的自转轴几乎与黄道面垂直，而天王星的自转轴却几乎平行于黄道——译者注）发生于其他行星与较大的天体间的类似碰撞也许可以解释行星公转的轨道的椭圆性及行星自转轴与黄道平面的不同倾角。除金星与天王星外，太阳系中其他行星的自转方向都相同。金星与天王星较高的自转速率或许产生于大型小行星的轰击。（此处疑原文有误。金星的自转是九大行星中最慢的，自转一周需约243天；天王星自转周期为17小时14分，较短——译者注）

同时，此次斜碰或许增大了地球的角动量。碰撞前地球每星期自转一周，碰撞后，地球的自转速度则比现在快得多。高速自转产生的高温足以将整个地球熔化。与早期的月球形成假说，如分裂说、俘获说、原地形成说等不同，此理论更好地解释了当前地月系统的自转速度。

地球的这颗新形成的卫星不断地将绕地轨道上的石质物质卷走，在此过程中它不断长大。一些环绕月球运动的物体也坠落至月球表面。最终，月球将位于其绕地球运动的非正圆轨道上的所有岩屑全部清理干净。同时，在放射作用、压缩作用及冲击摩擦的作用下，月球温度升高，成为一颗熔融的子行星（daughter planet）。在万有引力的作用下，月球与地球联系在了一起。月球的自转周期与公转周期相同，因此，在任何时候，月球都以同一侧面对着它的母亲。这一特点为很多环绕其他行星运动的卫星所共有，说明这些卫星形成的方式相似。

轰击过地球的大规模陨星雨同样也轰击过月球。不计其数的大型小行星撞向月球表面，将薄薄的月壳击破。环绕月球运动的大块岩石也曾坠入月球表面，这解释了我们在月球表面所看到的很多大型陨石坑的成因。深色的玄武岩岩浆如洪水般溢出，在月球表面形成了巨大的陨石坑与平整的熔岩平原

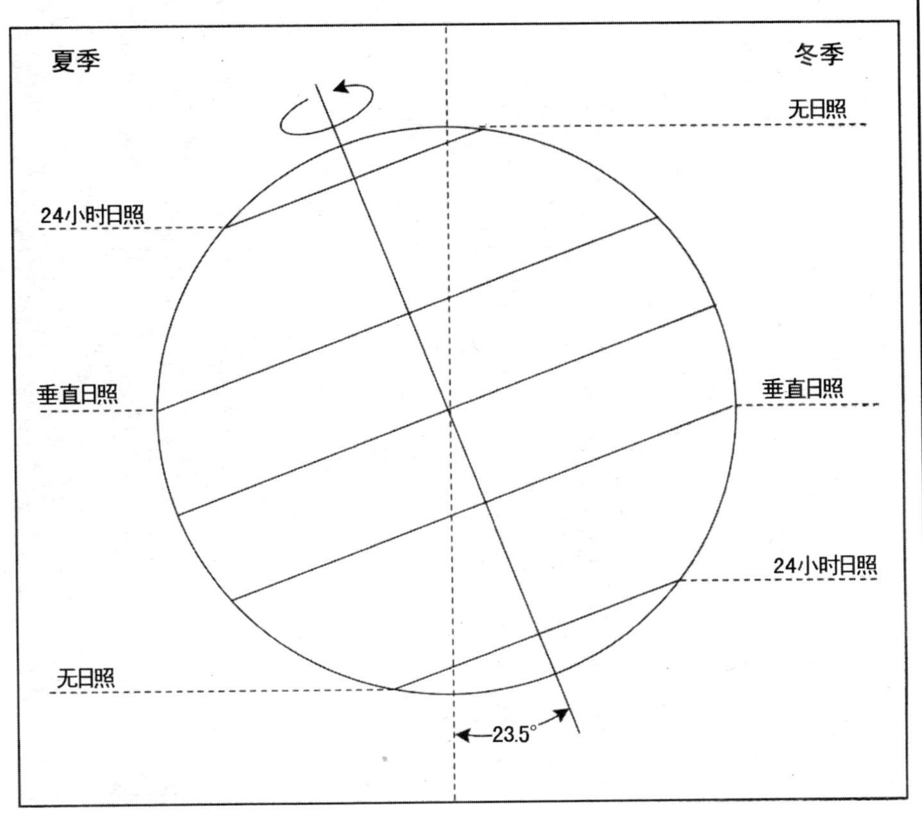


***图24***
*地轴倾斜对地球获取太阳能量的影响，四季因此而确定*

共存的景象（图25）。

金星是地球的姊妹行星，它的形成过程与地球相似，因此，金星在很多方面都与地球相同。但是，金星没有卫星，这一点让人难以理解。金星的卫星可能已坠落至金星表面，也可能挣脱了金星的吸引，改为绕太阳运动。水星的大小与成分都与月球相似（图26），它可能曾是金星的卫星。

月球的质量与体积都比地球小得多。早在地壳形成之前，月球就已迅速冷却，形成了厚厚的月壳。熔融的铁质月核与月幔间的对流也许产生了微弱的磁场。然而，对流运动不够强，不能像地球那样推动月壳板块运动。在剧烈的陨星轰击过程中，月球表面变得伤痕累累。然而，因为没有大气对表面的侵蚀，月球大部分原始的地形特征得以存留下来。

***图25***
*地球从月球的地平线上升起，阿波罗号（Apollo）宇宙飞船摄（本照片蒙美国地质调查局《地震信息通报》52卷（Earthquake Information Bulletin 52, USGS）惠许刊登）*

**图26**
*水手10号（Mariner 10）探测器1974年3月与水星相遇的模拟图（本照片蒙美国宇航局惠许刊登）*

在20世纪60年代晚期和70年代早期的阿波罗任务（Apollo mission）所取回的月球岩石（图27）中，人们找到了关于"碰撞说"月球起源理论的证据。月球岩石的成分似乎与地球的上地幔（upper mantle）相同，岩石年龄介于32亿岁至45亿岁之间。人们没有在月球上发现比这更年轻的岩石，因此，在早年时，月球的火山活动可能就已停止，月球内部也开始冷却固化。

***图27***
*阿波罗（Apollo）号的宇航员带回的月球岩石标本，该岩石与喷射到陨石坑周围的岩石碎片相似（H.J. Morre摄，本照片蒙美国地质调查局惠许刊登）*

此外，月核相对较小，月核的直径约500英里（约810千米），其质量约占月球质量的2%，而地核约占地球质量的30%。这说明月球诞生时铁元素严重缺乏。这一特征表明月球形成于相对贫铁的地幔物质，形成月球的物质是在一次巨大的撞击中从地球上扯下的。（月球上铁元素较少，地球的地幔中铁元素也较少，二者成分相似，这一事实支持了月球形成的"碰撞说"——译者注）

在月球刚形成时，其轨道高度很低。当时，月球占据了地球的大半个天空。刚形成的月球在高度仅14，000英里（约22，500千米）的轨道上绕地球飞速旋转，每两小时绕地一圈。月球巨大的引力在地球薄薄的地壳上引起了巨大的潮汐隆起（tidal bulge）。在太阳系中，月球是与母行星相对质量最大的卫星。月球形成后，它便与地球构成一个双行星系统，这一系统的形成也许对生命的产生起了重要的影响。地–月系统的独特性质在海洋中唤起了海潮（图28）。在很早的时候，潮水坑（tidal pool）（指在海岸的潮间带，退潮时海水在低凹处贮留形成的水坑。其大小千差万别，干涸时间随低潮面的高度而异，每日都有变化——译者注）中的干湿循环可能就对生命的进化产生了刺激与促进作用，此作用大大早于人们先前对进化开始的可能时间所作的设想。

此外，地球相对稳定的气候可能与月球的存在有关。地轴的倾角决定了四季，而月球使地轴的倾角趋于稳定，从而使地球的气候适宜于生命生存。如果没有月球，地球上的生物很可能要面对如火星般剧烈的气候波动。火星的气候自古以来一直处于剧烈变动之中。如果没有月球维持住地轴的倾斜角，在仅数百万年内，地轴的倾角将彻底改变，使地球的两极变得比热带地区还热。

当时，地球自转的速度比现在快得多。那时的一天仅有几个小时。直到9亿年前，地球自转的速度还比现在快30%，那时一天的长度为18小时（图29）。月球对自转中的地球所施加的一种力称为章动，它导致地轴产生进动，或像玩具陀螺一样摇摆。（章动并不是一种力，而是指地轴倾角的周期性变化。有理论认为，地轴的章动是由月球对地球的作用引起的。进动指的是地轴所作的锥式周期性运动，进动与章动是陀螺运动常见的两种现象——译者注）潮汐摩擦力，即海水在月球的

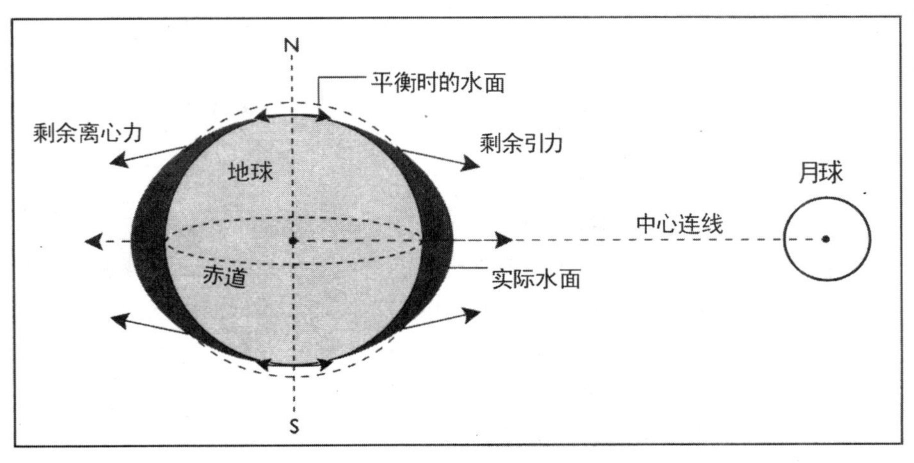


***图28***
*潮汐在月亮万有引力的作用下形成*

*图29*
*一天的长度随时间的变化情况*

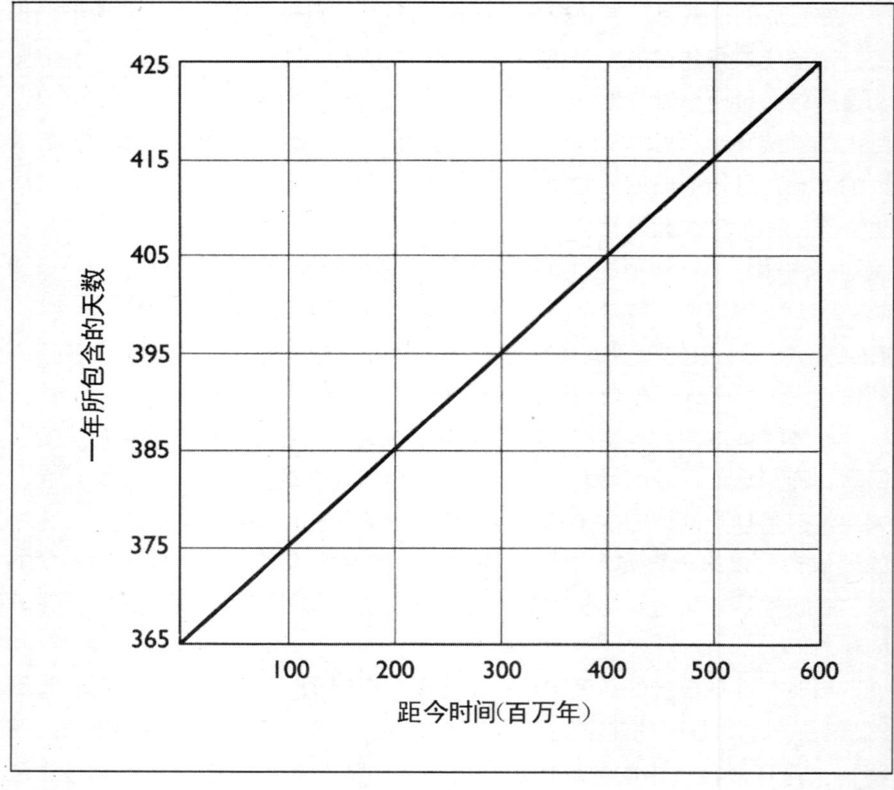


作用下溅泼至陆地上时所带来的能量损失，减慢了地球的自转速度。随着时间的推移，月球逐渐沿螺旋轨迹不断向外移动，其轨道也不断变宽。最终，月球轨道变宽至240，000英里（约386，000千米）。即便现在，月球仍在以每年约1.5英寸（约3.8厘米）的速度漂离地球，地球自转也仍在变慢，一天中所包含的时间也正慢慢变长。

## 大打嗝

在最初的1亿年中，随着太阳在气体和尘埃中形成，在一个环绕着初生的太阳的、由星子组成的、寒冷而平坦的圆盘中，岩屑与小冰块聚集起来。早期太阳系某些部分的温度也许已经足够高，使液态水得以在最初的固态星体上形成。此外，内类地行星原始大气中的水蒸气可能已在陨星轰击过程中被消耗掉，并被初生太阳强烈的太阳风吹到火星轨道以外。一旦到达太阳系边缘，冰晶就凝聚形成彗星，彗星又回到地球，给地球提供水分。

在地球形成的早期，小行星和彗星如雨点般撞向处于婴儿期的地球和月球(图30)。一些撞击物为石质，由岩石和金属构成，其余的撞击物则为冰质，由冰和固态的气体构成。很多撞击物中含有大量碳元素。也许，在这些富含碳的陨星上具有有机分子，地球上的生命可能就起源于此。Ⅰ型碳质球粒陨星如小行星般大小，是其母星体的碎片，其所含的碳酸盐可能与地球上流水中的沉积物相同。因此，早期液态水的存在可能促进了地球上生命的创生。

由岩屑与冰块构成的彗星也坠入地球，并释放出大量的水蒸气及其他气体。这些星际入侵者在放气过程中放出的气体主要是二氧化碳、氨及甲烷，这些气体是早期大气的主要成分。早期大气约于44亿年前开始形成。彗星来

*图30*
*月球上陨石坑众多的马利厄斯丘陵地区（Marius Hills region），在图中可看到月球表面的穹丘、山脊和月面沟纹*

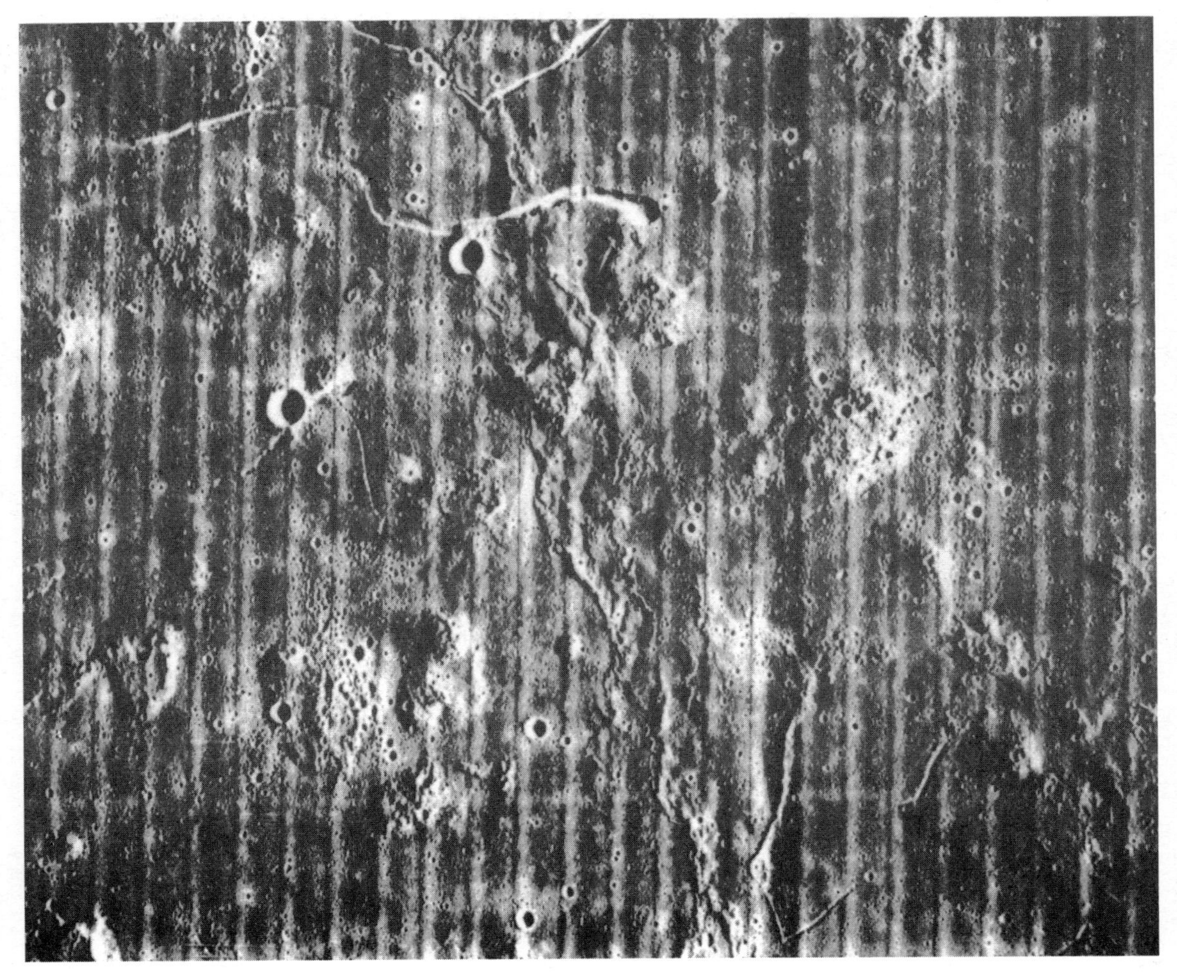

自太阳系外沿，初生太阳强烈的太阳风将挥发物吹到太阳系外沿，这些挥发物在那里形成彗星。这样，地球原始大气中一些被吹走的挥发物又被彗星带回到地球上。

在陨星的大规模轰击开始后不久，地球就获得了一个由二氧化碳、氮气、水蒸气及其他从地球上众多火山中喷出的气体构成的原始大气，原始大气的成分中也包括由不断撞向地球的彗星所释放的氨气和甲烷。原始大气中所含的氨气和甲烷的量很大，足以为生命的创生提供足够的有机物。

大多数水蒸气和其他气体源自地球自身的火山释气作用。在地球形成初期的一段称为“大打嗝”的时期中，巨大的火山喷出了大量水蒸气和其他气体。在最初的数亿年间，地球内部释放出的气体约占大气层的80%，剩余的气体则在接下来的40亿年中逐渐放出。早期的火山极具爆发性，因为当时地球内部比现在热，岩浆中包含更多由水和各种气体构成的挥发物。

火山的释气作用和陨星的放气作用造就了一个浓密的、富含水蒸气的大气层。浓厚的云层笼罩着整个地球和如今金星的情况相似（图31）。的确，金星具有浓密的、由二氧化碳构成的大气层，人们一直将金星用作描述早期地球的模型。当时，空气中的水蒸气极度饱和，表面气压高达100个大气压（海平面处的大气压强）以上。早期大气中二氧化碳的含量是现在的1，000倍。这是一件幸运的事，因为当时太阳输出的热量仅为当前值的70%，正是二氧化碳所导致的温室效应使得地球没有被冻成一个冰冷的固态星球。地球得以保持温暖还依赖于两个方面的因素：一是较高的自转速率，二是当时不存在大陆，海水的流动不会受到阻碍。

原始大气中氧气的含量很小。火山与陨星是氧气的直接来源。此外，氧气还间接来源于阳光中的强烈的紫外线造成的水蒸气与二氧化碳的分解。如此产生的氧气很快便与地壳中的金属结合，或与氢或一氧化碳重新结合生成水蒸气和二氧化碳。在上层大气中可能存留有少量的氧，这些氧形成了一个薄薄的臭氧屏蔽层。臭氧层阻挡住了能够分解水分子的太阳紫外线，使海洋免于消失。很久以前，海洋消失的厄运可能曾在金星上降临。

氮气源自火山喷发和氨的分解。氨是一种由一个氮原子和三个氢原子构成的分子，是原始大气的主要成分。与大多数后来再次生成或被替换过的气体不同，地球上保留有很多初始时生成的氮，这是因为氮气易于转化为硝酸盐，硝酸盐容易溶解到海洋中，海洋中的反硝化细菌又会将硝态氮还原至气态。因此，若没有生命，地球上的氮气应该早已丧失，地球的大气压强也只会是现在的几分之一。

**图31**
*金星。先驱者号（Pioneer）金星轨道飞行器摄于1980年12月（本照片蒙美国宇航局惠许刊登）*

## 大洪水

在大气层形成的过程中，具有龙卷风般威力的大风横扫过干燥的地球表面，激起剧烈的尘暴。整个地球都被悬沙所覆盖。这与如今火星表面的尘暴类似，尘暴使火星表面覆满风蚀物（图32）。巨大的、明亮的闪电前后飞奔，震彻大地的惊雷发出的巨大的冲击波在空中回响，剧烈的火山爆发一次接一次地发生。

剧烈的地震将薄薄的地壳震裂，不得安宁的地球就这样裂开了，大批岩

**图32**
*探路者号（Path-finder）着陆器拍摄的火星地形。图中展示了被风蚀物所包围的巨石（本照片蒙美国宇航局惠许刊登）*

浆从裂隙中流出。大量熔岩流在地球表面泛滥，形成平整的、无特征的平原，平原上点缀着高耸的火山。剧烈的火山作用将大量岩屑抛到大气层中，使天空呈现出可怕的红色辉光。数百万吨火山岩屑涌入大气层中，并长期保持悬浮状态。浓密的灰尘和尘土遮蔽了太阳，使地球冷却下来，同时，这些尘埃为水蒸气的凝聚提供了凝结核。

随着上层大气温度的下降，水蒸气凝结为厚厚的云层。云层非常厚重，以至完全挡住了太阳，使地球表面陷入近乎完全黑暗的环境中。同时，地表温度进一步下降。随着大气的持续降温，巨大的雨点从空中落下。雨水落下形成洪流，产生了地球历史上已知最大的洪水。

深深的陨石坑很快就落满了雨水，看上去如同盛满水的大碗一般。陨石坑中的水溢出，流到平坦的熔岩平原上。咆哮的洪水从陡峭的山坡和陨石坑边缘泻落，在岩石平原上掘出深深的峡谷。火山不断地向大气层中喷射水蒸气和其他气体，水流沿高高的火山壁冲下，切出一个个巨大的山谷。由冰构成的彗星不断坠入地球，并释放出其所携带的水分。

随着厚厚的云层散去，天空终于变晴朗了。此时的地球变成了一个闪亮的蓝色球体。整个地球几乎完全被遍及全球的、深深的海洋所覆盖，海洋上点缀着不计其数的火山岛。数不清的火山在海底爆发。热液喷口喷出含有硫磺和其他化学物质的热水。有的火山刺破海面，在海面上形成散布的小岛。然而，此时，为地球布满海水的表面增色不少的大陆尚未形成。

位于格陵兰岛西南（图33）的伊苏阿岩层（Isua Formation）中的古老的变质海洋沉积物为上述海洋形成的情景提供了支持。上述沉积物位于形成于约38亿年前的、地球上最古老的岩石中。这些沉积物表明那时地球上已经有表面水存在。这些岩石源于火山岛弧，因而证实了板块运动在地球历史的早期便已开始起作用。海水被下沉的板块带入地球深处，又通过火山回到海洋中。这些来自地球内部的水中含有大量的矿物成分，使海水的盐度变得很高。

从大规模的陨星轰击结束到第一批沉积岩形成之间，大规模的洪水在地球表面泛滥。由于火山提供了丰富的氯元素与钠元素，海水开始变咸。然

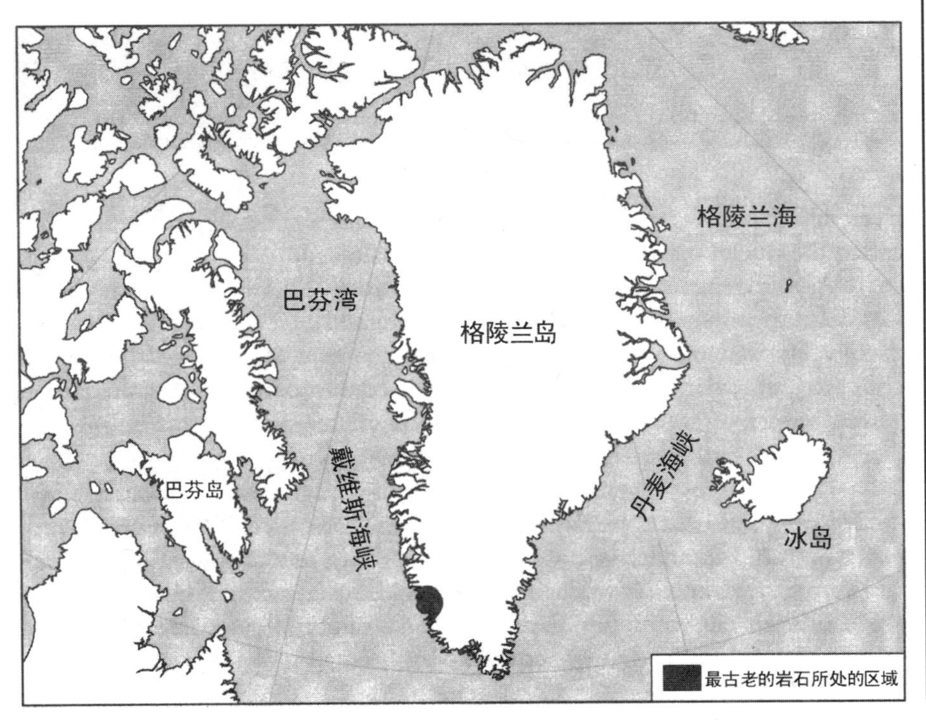


***图33***
*位于格陵兰岛西南的伊苏阿岩层（Isua Formation）的位置。该岩层中包含有地球上最古老的岩石*

而，直到5亿年前，海洋的盐浓度才达到现在的水平。上有太阳、下有海底活火山为海洋加热，因此海洋一直保持温暖。海底的活火山不断地为海水提供着构成生命的元素。

## 大沸腾

地球上的生命出现于地壳形成、火山向大气与海洋释气的时期（表2）。在这一时期内，地球承受了剧烈的陨星轰击。石质的小行星和冰质的彗星如雨点般坠落在初生的地球上，向地球这口沸腾的大锅内加入了独特的成分。这些陨星有的源于太阳系的其他位置，有的来自深远的太空。因而，构成生命的分子可能正是搭载着这些陨星才得以到达地球。

流星体是有机物赖以在星系中四处传播的交通工具之一。它们要么是超新星上脱落的岩屑，要么是宇宙尘埃粒子凝聚成的小型星子或小行星。星际岩屑或许在地球上种下了有机化合物的种子，这些岩屑来自银河系的其他部分。银河系内的尘埃云中含有有机分子，这些有机分子可能会混入彗星和小行星内部。即便在接近绝对零度的低温下，在宇宙射线的触发下，有机分子也可能会在暗云内合成。

**表2　生物的进化与大气的演化**

| 生物进化 | 距今时间（万年） | 大气主要成分 |
|---|---|---|
| 人类 | 200 | 氮，氧 |
| 哺乳动物 | 20,000 | 氮，氧 |
| 陆生动物 | 35,000 | 氮，氧 |
| 陆生植物 | 40,000 | 氮，氧 |
| 后生动物 | 70,000 | 氮，氧 |
| 有性生殖 | 110,000 | 氮，氧，二氧化碳 |
| 真核细胞 | 140,000 | 氮，二氧化碳，氧 |
| 光合作用 | 230,000 | 氮，二氧化碳，氧 |
| 生命起源 | 380,000 | 氮，甲烷，二氧化碳 |
| 地球起源 | 460,000 | 氢，氦 |

星际空间中布满了流星体，这些流星体不断撞向新生的行星。一些太空垃圾可能为生命进化提供了所需的有机物。照此理解，在太阳系内，地球可能不是唯一一颗接收到生命种子的行星。氨基酸是蛋白质的前体，地球一直不断地被含有氨基酸的陨星撞击。

地球富含碳元素，这些碳元素大多来自地球内部，并在火山爆发时以二氧化碳和其他碳的化合物的形式从火山中喷出。部分碳元素来自陨星，这些碳元素大部分是随着一种叫做碳质球粒陨石的原始陨星一起坠入地球的。事实上，这种陨星是一种大块的、富含碳的岩石，它们有的是太阳系形成时的残留物，有的是太阳系形成后被超新星炸入太空的碎片。现在，氨基酸和DNA碱基同样存在于形成于太阳系其他地方的陨星中。

早期的生命创生理论依赖于所谓的“原始汤”假说。该假说认为，经过不计其数的结合与置换，所有的生命前体结合到了一起，演化为一个可进行自我复制的有机分子。20世纪50年代初，人们做了一些实验：在一个火花室（图34）中放入早期大气和海洋中的各种元素，用电火花代替光照，使这些元素进行化学结合。实验产生了一锅由氨基酸构成的汤。然而，在自然环境下发生这样的随机事件可能需要数十亿年。此外，人们从地球、月球和陨星上的古老岩石上采集到的证据表明，原始大气中氨和甲烷的量并没有原先预想的那么充足。

1969年，默基森陨星（Murchison meteorite）坠落于澳大利亚西部，人们用它的坠落地为其命名。在这颗45亿岁的陨星内部，研究生命机制的生物物理学家们发现了有关生命起源的迷人的证据。此陨星中具有类脂有机化合物，这种化合物可以自组装为类似细胞的膜状结构——这样的膜结构是世界上第一个活细胞得以产生的重要要求。该陨星为碳质球粒陨石，人们认为它是小行星上脱落下来的碎块，此小行星的成分与形成时间都与地球相近。这些有机化学物质第一次为地球之外存在氨基酸提供了明确证据。这样说来，陨星中包含生命创生所需的很多重要成分。含有蛋白质的前体——氨基酸的陨星仍在继续撞向地球。

在地球历史早期发生的大规模陨星撞击使生存环境变得相当严酷，当时的“生物”正在努力将蛋白质组织为活细胞。最早的细胞可能在诞生后一次次遭到毁灭，迫使生命一次次地重新创生。当原始的有机分子试图自组织为生命物质时，频繁的陨星轰击会在其能够繁殖之前将其炸散。

一些大型的撞击物在撞击过程中可能产生了足够的热量，从而一再地将大部分海洋煮沸蒸干。气化的海洋使地表气压升高至100个大气压以上，撞击产生的高温会将地球上所有的生物消灭。直到数千年以后，地球才渐渐冷却下来，水蒸气凝结成雨水降下，再次将洋盆填满，以待下一次引起海洋蒸发的撞击。如此严酷的环境可能将生命出现的时间延后了数亿年。

对生命进化而言，也许深海海底是唯一安全的地点。分布密集的热液喷口（图35）在海底如间歇泉一般喷出被浅岩浆房（magma chamber）加热的

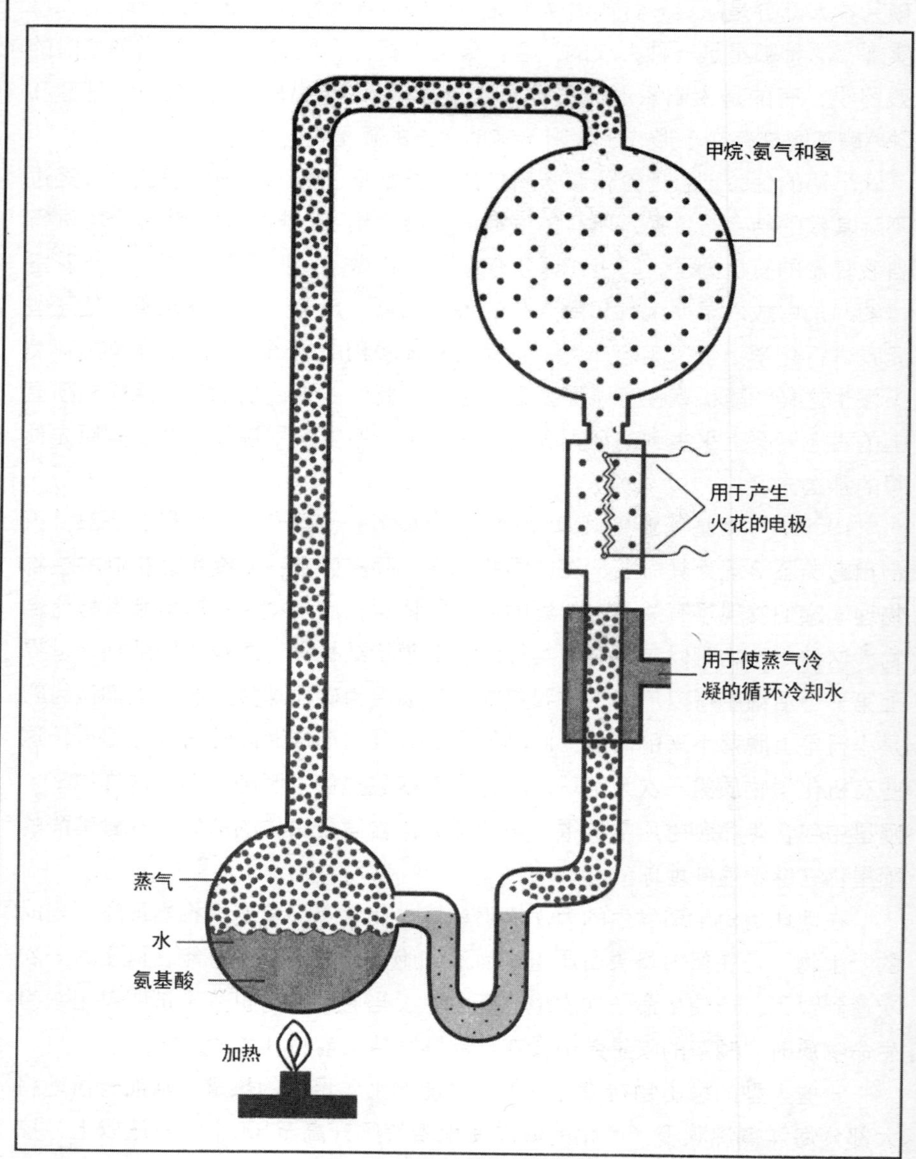


***图34***
*米勒–尤里（Miller–Urey）实验。该实验试图用火花放电装置模拟生物刚开始进化时的早期地球环境*

*图35*
*东太平洋海隆的硫化矿物矿床及活动的热液喷口（本照片蒙美国地质调查局惠许刊登）*

热水，这些热水中富含矿物。热液喷口可能创造了一个能够发生有机化学反应的环境，藉此，生命本可在早达42亿年前创生。因而，生命可能并非仅存在于地球上，只要具有水环境与火山活动，生命完全可以存在于太阳系的其他地方。

在讨论完地球的形成后，下一章我们将探讨历史上的陨星撞击事件。

# 3

# 成坑事件

## 历史上的陨星撞击

**本**章探讨地质史上重要的陨星撞击事件。在漫长的历史过程中，地球不断地遭到小行星和彗星的轰击。在早期，陨石坑生成的速率要比现在快得多，对生物而言，这是一件幸事。因为，如果陨星轰击的频率一直居高不下，物种的进化之路将截然不同。陨星轰击使得早期生物的生存环境非常严酷。在有机分子有机会得以组成活细胞之前，频繁的陨星轰击本应将其炸散。

人们也常把陨星轰击视为物种灭绝的原因，物种灭绝在地质史上的各个不同区间都有出现。有时，如山一般大小的小行星或如冰山般巨大的彗星撞向地球，并造成浩劫。在这种情况下，大量物种的灭绝将不可避免地发生。大规模彗星群中可能包含数以千计的撞击物，这样的彗星群可能曾经撞击过地球，这样的撞击也许可以解释地质史上的物种消失现象。

## 太古代的撞击

地球诞生之后的前40亿年构成了前寒武纪（地质年代划分的单位从大到小依次为：宙、代、纪、世。其中“纪”是较小的一个单位，然而，前寒武纪(Precambrian)并不是一个“纪”，其指的是古生代的寒武纪之前的所有地质年代。准确地说，应该翻译为“寒武纪之前”。具体请参看本节的地质年代表——译者注），前寒武纪约占据了地质时代的90%（表3）。这是地球历史上最漫长的一段时期，也是人们最不了解的一段时期。人们对其缺乏了解的主要原因是古老的岩石已经严重蚀化。前寒武纪分为冥古宙、太古宙和元古宙。其中，冥古宙也称无生代（Azoic eon），意思是“生命出现之前的时代”，范围为距今46亿年前至距今40亿年前。太古宙的意思是“古生物的时代”，范围为距今40亿年至距今25亿年前。元古宙的意思是“原始生物的时代”，范围为距今25亿年前至距今5.4亿年前。

冥古宙时，在剧烈的火山活动与陨星轰击作用下，地壳不断地被毁坏，地球一直处于动荡不安之中，于是，在地球历史的前5亿年中，地球上没有留下任何地质学记录。这一时期地质现象的特征表现为大规模的岩浆侵入和不计其数的大型陨星撞击。大约40亿年前，在大规模陨星轰击活动到达顶点时，一颗质量很大的小行星陨落在苏必利尔地质省（Superior Province）（苏必利尔省是一个地质省，是加拿大地盾的一部分——译者注）中央，此位置位于今天加拿大安大略省（Ontario）中部（图36）。这次撞击的威力非常巨大，以至在地面上炸出了一个直径宽达500至900英里（约810至1450千米）的巨型陨石坑。撞击产生的大量热能可能使得一块陆壳开始形成，这一陆壳构成了如今的北美大陆的大部分。北美大陆是地球上最古老的大陆。地球上岩石的年龄很少超过38亿岁，这表明几乎没有陆壳在此之前形成，此前的陆壳都不稳定，在后来的地质过程中再次回到了地幔中。

在太古宙早期，地球表面可能有小块的陆壳存在。加拿大西北地区（Northwest Territories）的艾加斯塔（Acasta）片麻岩证明了这一点。艾加斯塔片麻岩是一种变质花岗岩，其年龄已达40亿岁。这种岩石的存在说明当时此陆壳已处于形成过程中。此陆壳中包含长条状的花岗岩，在强有力的构造

## 表3 地质年代表

| 代 | 纪 | 世 | 距今时间（万年） | 新生生物 | 地质情况 |
|---|---|---|---|---|---|
| 新生代 | 第四纪 | 全新世 | 1 | | |
| | | 更新世 | 300 | 人类 | 冰河时期 |
| | 第三纪 | 上新世 | 1,100 | 乳齿象 | 卡斯卡德山 |
| | | 晚第三纪 | | | |
| | | 中新世 | 2,600 | 剑齿虎 | 阿尔卑斯山 |
| | | 渐新世 | 3,700 | | |
| | | 早第三纪 | | | |
| | | 始新世 | 5,400 | 鲸 | |
| | | 古新世 | 6,500 | 马，扬子鳄 | 落基山 |
| 中生代 | 白垩纪 | | 13,500 | | |
| | | | | 鸟 | 内华达山脉 |
| | 侏罗纪 | | 21,000 | 哺乳动物 | 大西洋 |
| | | | | 恐龙 | |
| | 三叠纪 | | 25,000 | | |
| 古生代 | 二叠纪 | | 28,000 | 爬行动物 | 阿巴拉契亚山脉 |
| | 宾西法尼亚纪 | | 31,000 | | 冰河时期 |
| | | | | 乔木 | |
| | 石炭纪 | | | | |
| | 密西西比纪（下石炭纪） | | 34,500 | 两栖动物 | 泛古陆 |
| | | | | 昆虫 | |
| | 泥盆纪 | | 40,000 | 鲨鱼 | |
| | 志留纪 | | 43,500 | 陆生植物 | 劳亚古陆 |
| | 奥陶纪 | | 50,000 | 鱼类 | |
| | 寒武纪 | | 57,000 | 海洋植物 | 冈瓦纳古陆 |
| | | | | 有壳动物 | |
| 元古代 | | | 70,000 | 无脊椎动物 | |
| | | | 250,000 | 后生动物 | |
| | | | 350,000 | 最早的生物 | |
| 太古代 | | | 400,000 | | 最古老的岩石 |
| | | | 460,000 | | 陨星 |

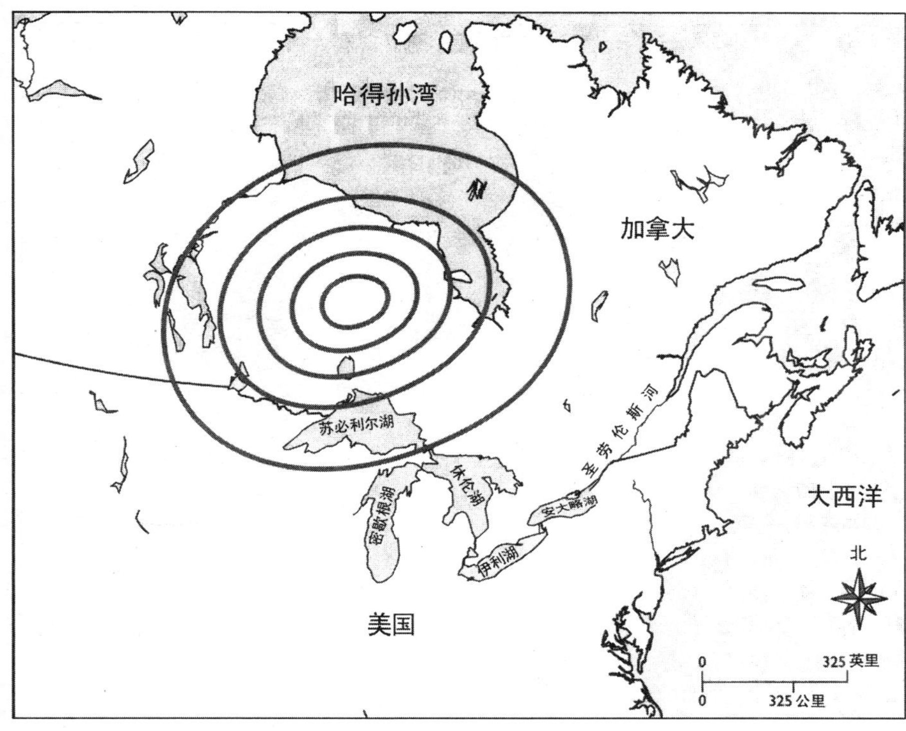


**图36**
图中用圆环标示出了加拿大安大略省中部的太古代撞击构造的位置

板块运动的推动下，这些花岗岩长条在地球表面任意漂动。

随着陨星对地球的轰击变弱，动荡不安的地球渐渐平静下来，地球的内部也逐渐冷却。于是，一个能够长期存在的地壳得以形成。此地壳由一个玄武岩薄层构成，薄层中嵌有离散的花岗岩块，这些花岗岩块称为岩山（rockbergs）。地壳的薄片结合为稳定的基岩体，其他的岩石沉积于基岩之上。基岩构成了陆核，其暴露出的部分形成地势低矮的、宽广的穹顶状构造，称为地盾。

前寒武纪地盾为广阔的隆起区域，周围包围有被沉积物所覆盖的基岩，这些基岩被称为大陆台地。台地由几乎被沉积岩填平的、宽阔的、浅度凹陷的基底岩系构成。其中最广为人知的区域是北美的加拿大地盾（图37）和欧洲的芬诺斯堪迪亚（Fennoscandian）地盾。澳大利亚1/3以上的区域为前寒武纪地盾。同样，大型地盾也存在于非洲、南美洲和亚洲的内部。在冰河时期，流动的冰盖将地盾表面的沉积覆盖物侵蚀殆尽，于是，许多地盾完全暴露出来。地盾在数十亿年中一直处于稳定状态，因此，地盾上的古老的撞击构造被很好地保留了下来，其保留情况比其他地质环境

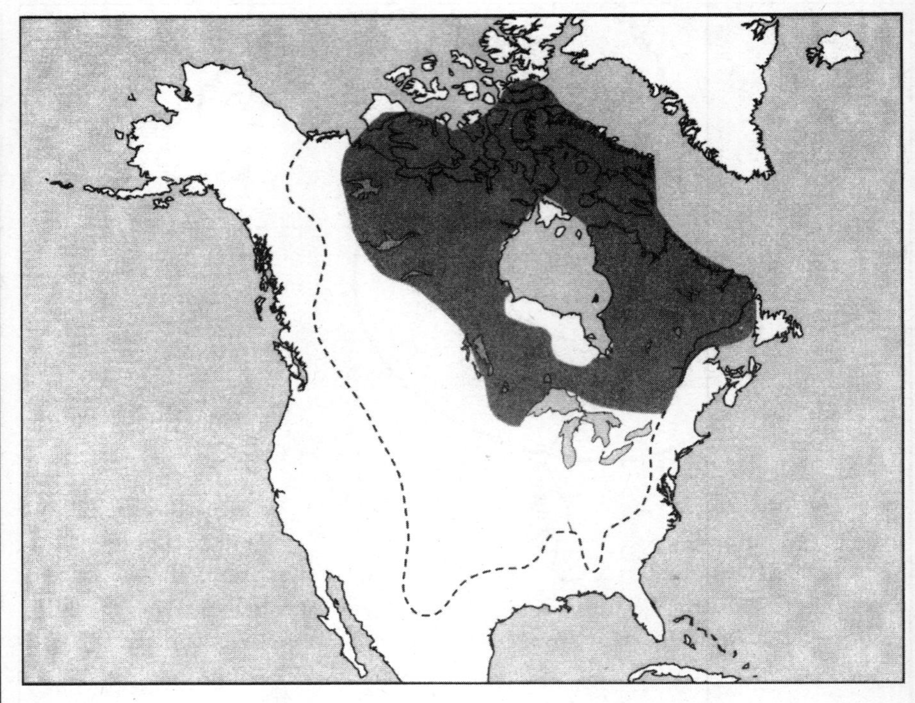

*图37*
*加拿大地盾（深色区域）和大陆台地（虚线所包围的区域）*

好得多。

有的岩石在地球历史的早期就暴露于地表，并且在漫长的地质时代中未发生重大改变。世界上只有三个地方具有这样的岩石，这三个地方分别位于加拿大、澳大利亚和非洲。在南非（South Africa）和澳大利亚发现的一些地球上最古老的岩石中含有球状硅酸盐颗粒层，人们怀疑这些硅酸盐颗粒层是人类已知最古老的陨星撞击所带来的岩屑。这些岩屑源于35亿年前，那时，大型陨星撞击对塑造地表所起的作用比后来大得多，陨星撞击的次数大大多于其他时期，撞击的威力也更大。

陨星的冲击力产生了极高的温度，沉积物被熔化为玻璃状的小球体。在南非的巴伯顿绿岩带（Barberton Greenstone Belt）中，沙粒大小的小球体广泛存在，有的地方厚度超过1英尺（约0.31米）。这些小球体似乎源于约35亿年前至32亿年前的大型陨星撞击所产生的熔融物质。在澳大利亚西部的皮尔巴拉地块（Pilbara Block）东部，也存在有年龄相近的小球体。这些小球体与于碳质球粒陨星中发现的玻璃状陨石球粒相似。碳质球粒陨星是一种原始的、富含碳的陨星，其在月球的土壤中也有发现。（图38）

分布广泛的硅酸盐小球体中富含铱。铱在地壳中的含量非常少，但在小行星和彗星中丰度较大。在地球形成的最早期，熔融的铁将地壳中的铱、铂及其他亲铁元素擦去，并将它们带入到地核深处，于是，地壳中便没有这些元素存在。所以，地球表面来源不明的铱浓度表明这些铱来自地球之外的陨星或彗星。

绿岩带是一种变质熔岩流与沉积物的混合物，它占据着古老的陆核（图39）。绿岩带跨越数百平方英里，被巨大而广阔的片麻岩所包围。片麻岩是

**图38**
*1969年7月20日，阿波罗11号登陆月球时，宇航员在月球土壤上留下的脚印（本照片蒙美国宇航局惠许刊登）*

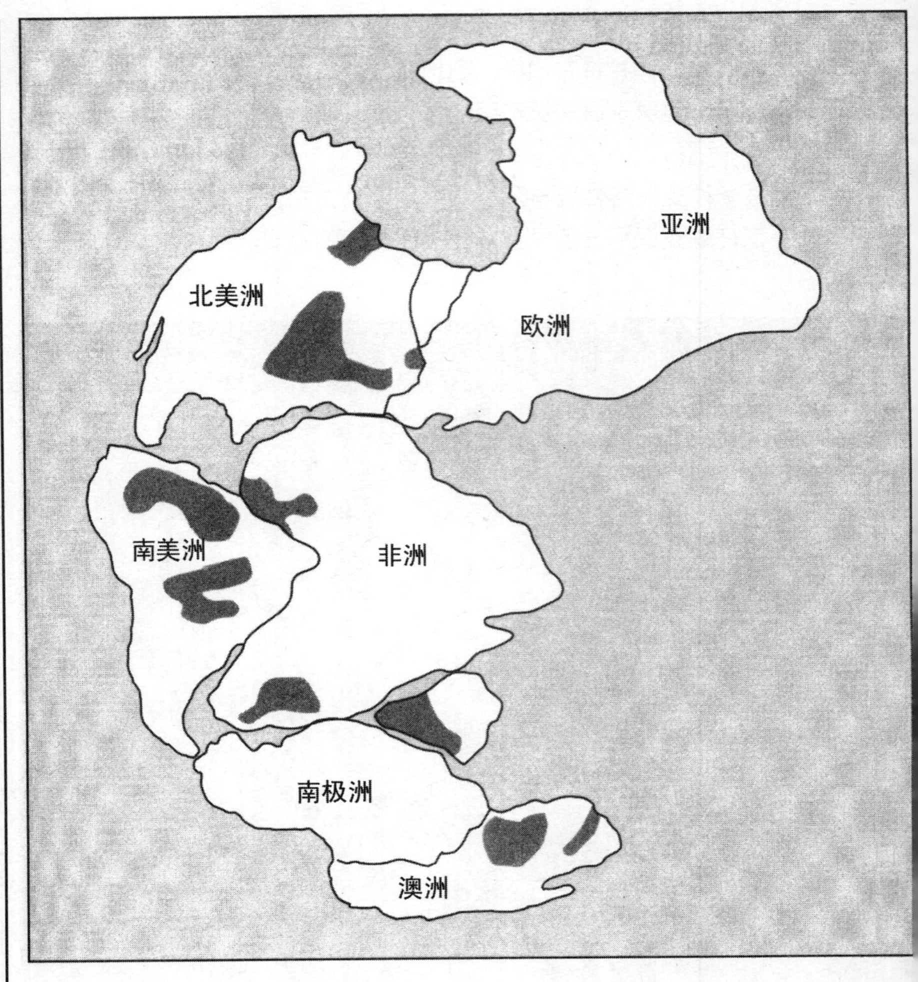


*图39*
*太古代绿岩带构成了古老的陆核*

一种变质的花岗岩等效物，是太古代最主要的岩型。绿岩的颜色得自绿泥石—— 一种呈微绿色的、类似云母的矿物。

人们认为，绿岩带的存在是早期板块构造的证据。板块构造指的是地壳板块间的相互作用，在板块构造作用下产生了各种地表特征。板块构造过程可能在27亿年前的太古代时便已开始起作用。在早达40亿年前，小型板块之间便已存在相互碰撞。最著名的绿岩带是位于非洲东南部巴伯顿山地（Barberton Mountain Land）的斯威士兰岩序（Swaziland sequence），它的厚度接近12英里（约19千米），年龄超过30亿岁。在地质学上，绿岩带是太古代所独有的，其于25亿年前的消失标志着太古代的结束。

# 元古代的撞击

元古代与太古代有着显著的不同，它代表地质条件向更加稳定的方向转变。在元古代，地球由一个躁动的少年成长为一位安静的成年人，并具备了如今存在的许多地质特征。元古代开始时，现代陆壳多达80%的部分已经形成。大陆不再像从前那样漂泊不定，而是相互焊接在一起，形成一整块超大陆，叫做罗迪尼亚（Rodinia）。“罗迪尼亚”在俄文中意思是“祖国”。在元古代渐近结束时，罗迪尼亚分裂为四、五块独立的陆块。

元古代的大陆中包含各式各样的太古代克拉通，这些克拉通由古老的花岗岩地壳块构成。最初的克拉通形成于地球诞生之后的15亿年间，总和约占当前陆块的1/10。在大约18亿年前，北美大陆的祖先劳伦提亚（Laurentia）大陆由一些克拉通聚集形成（图40）。劳伦提亚大陆的大部分形成于一段相对短暂的时期内，这段时期仅1.5亿年。

与太古代相比，元古代时全球气候相对较冷。约22亿年前，地球经历了第一次大冰期，当时，几乎整个陆块都被冰层所覆盖，从两极到赤道都盖满了冰层。也许只有真正的灾难性事件，例如大规模的陨星撞击，才能将地球从冰冻状态下解冻。否则，地球可能直至今日仍被冰雪封冻。

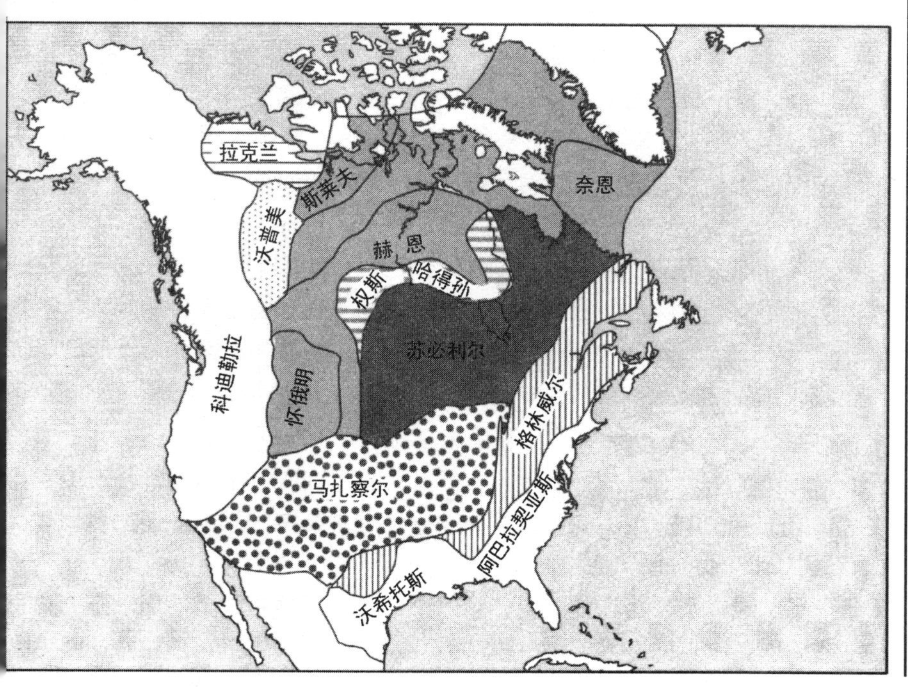


*图40*
*构成北美大陆的克拉通(这幅图中的英文是构成北美大陆的克拉通的名字，有的并没有习惯的译法，此处按读音译出——译者注)*

*图41*
*加拿大安大略省萨德伯里火成杂岩的位置*

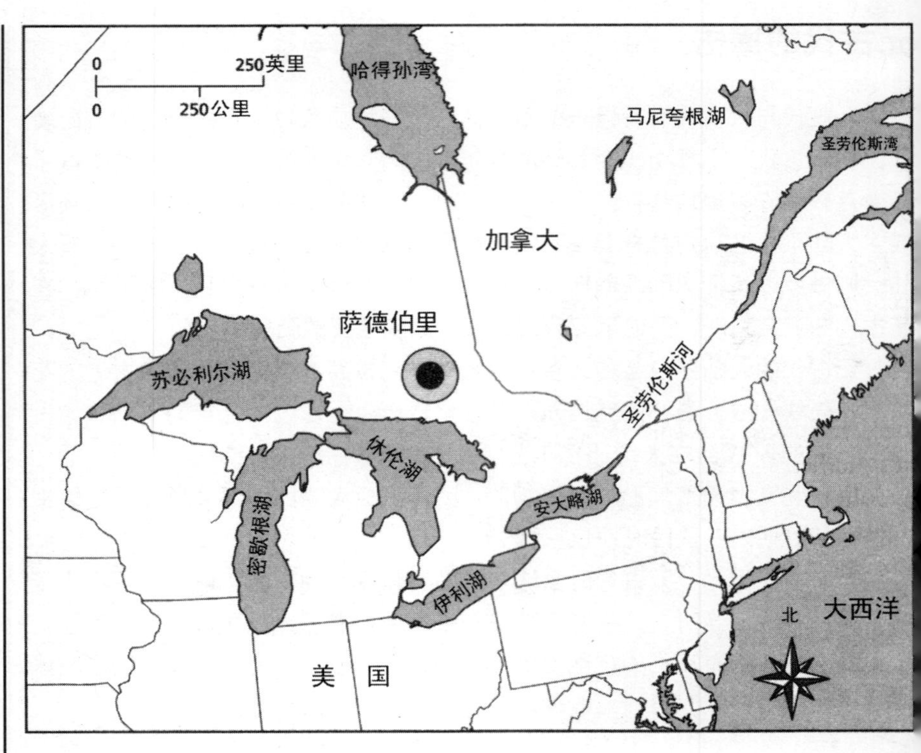


那时，一个巨型陨星陨落于南非（South Africa），造就了宽广的弗里德堡（Vredefort）撞击构造。人们估计，此陨石坑的初始半径达100英里（约160千米）以上，但其半径在后来的20亿年间发生了很大的改变。撞击产生的熔融物质中包含高浓度的稀有元素铱，说明此陨石坑源自地球之外物质的撞击。

大约18.5亿年前，一颗大型陨星与北美大陆相撞，撞击地位于如今加拿大安大略省（Ontario）境内，撞击产生的能量足以将地壳岩石熔化。大量玄武岩和花岗岩于瞬间被液化。金属从熔融的岩石中分离出来，形成了世界上最大的、丰度最高的镍铜矿床，即萨德伯里火成杂岩（Sudbury Igneous Complex）（图41）。显然，只有撞击才能在萨德伯里产生丰度如此出众的矿石。这一长40英里（约64千米）、宽25英里（约40.1千米）的构造中包含多个由不同岩型的火成岩构成的区域，各区域层叠在一起，好像一系列相互层叠的、椭圆形的碗。

萨德伯里是陨星撞击的结果，证明此结论的证据主线是发现于萨德伯里的冲击变质矿物颗粒与震裂锥（shatter cone）。震裂锥是一种独特的、带有条纹的锥形岩石，其产生于强有力的冲击波导致的断裂。人们仅在已知的陨星撞击地点发现过震裂锥。陨石坑是一种古老的，被侵蚀过的撞击构造。在这一位置所呈现出的是世界上最古老的陨星坑之一。最初，陨石坑呈圆形，后来由于构造活动的作用而变形。此陨石坑的直径约125英里（约201.3千米），是地球上已知最大的撞击构造之一。

## 古生代的撞击

寒武纪见证了新物种的爆发，这次物种爆发是生物历史上最不平凡的事件，也是最令人不解的事件。在寒武纪早期迅速增殖的带壳动物群（图42）是今天地球上所有生物的祖先。生物的增殖于5.3亿年前到达顶峰，此时，海洋中塞满了各式各样的生物。在短得令人吃惊的时期内，大量动物不知从哪里冒了出来，数量多得令人不可思议。这些动物都具有由外骨骼构成的、奇怪的衣装。硬骨骼器官的引入被人们称为地球历史上最大的中断，它表示着通过加快新生物的发展步伐而带来重大进化变革。不幸的是，这些新物种中的许多在后来的陨星撞击过程中灭绝了。

在休伦湖（Lake Huron）湖底1英里（约1.6千米）之下，有一个直径30英里（约48千米）的、带环边的圆形结构，它看起来像是大型陨星撞击炸出

***图42***
*寒武纪早期的硬壳动物群*

的陨石坑，该陨石坑的年龄至少有5亿岁。人们最先用磁探测器发现了这一环型的地层。因为这一撞击构造所处的位置横跨加拿大和美国的边境，所以人们将它命名为加-美构造（Can—Am structure）。要撞击产生这样大小的陨星坑，陨星的直径需达3英里（约4.8千米），撞击时产生的压强将与地核中的压强相近。在近5亿年内，地球上至少产生了150多个大型陨石坑，此撞击构造是这些陨石坑中的一个。

在古生代早期时，所有的大陆都散布于巨神海（lapetus）上。巨神海位于今天的大西洋中部。波罗地古陆(Baltica)是古欧洲大陆，在大约4.2亿年前自3.8亿年前间，劳伦提亚大陆（Laurentia）与波罗地古陆相撞，并将巨神海与外部隔离开。这次碰撞使两块大陆融合在了一起，形成北半球的巨大陆块——劳亚古陆（Laurasia），（劳亚古陆也译为北方大陆——译者注）其名称来源于加拿大劳伦地质省（Laurentian province）和欧亚大陆（Eurasian continent）。劳亚大陆包括今天的北美洲、格陵兰岛（Greenland）及亚洲。

当时，位于南方的陆块称为冈瓦纳古陆（Gondwana），其名称来源于印度中东部的一个地质省。冈瓦纳古陆包括今天的非洲、南美洲、澳大利亚、南极洲和印度。在距今约3.6亿年前至2.7亿年前间，冈瓦纳古陆与劳亚古陆连为一体，形成了泛大陆（Pangaea）（图43）。“泛大陆”的意思是“所有

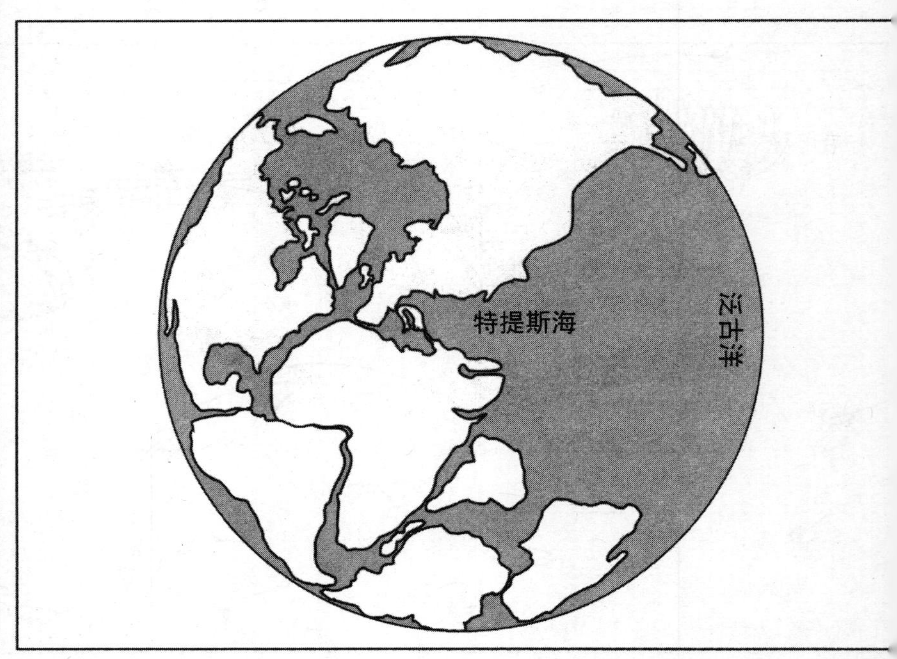


*图43*
*上古生代的超大陆——泛大陆*

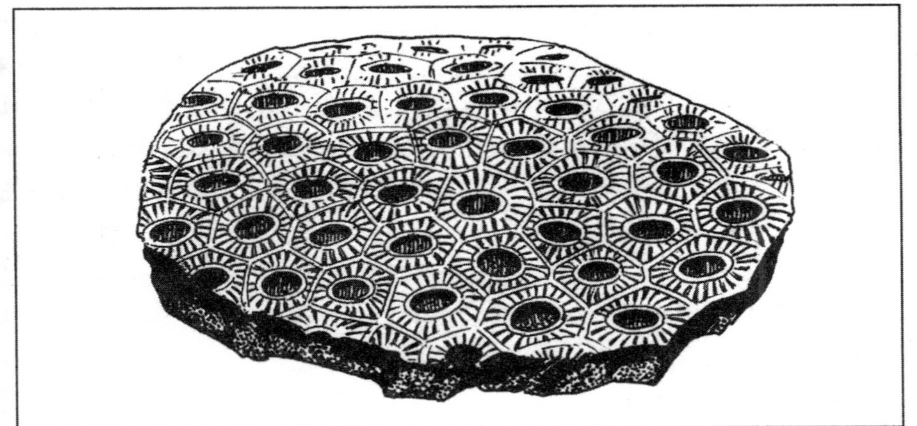

*图44*
*已灭绝的四射珊瑚曾是一种主要的造礁珊瑚*

的大陆”。泛大陆呈月牙形，它差不多从地球的南极一直延伸到北极。泛大陆被一个世界性的海洋所包围，这个海洋称为泛古洋（Panthalassa）。“泛古洋”的意思是“全世界的海洋”。在泛大陆上，火山喷发和陨星撞击非常频繁。一颗直径1英里（约1.6千米）以上的小行星曾与地球相撞，产生了一个8英里（约12千米）宽的陨石坑。该陨石坑位于今天的芝加哥（Chicago）以南70英里（约13千米）处。

在约3.65亿年前，即泥盆纪快要结束的时候，地球上发生了一次重大的物种灭绝事件，许多热带海洋生物群在此事件中灭绝。人们可以明显地看出，这次物种灭绝为期约700万年，在此期间，多种珊瑚虫及众多海底生物彻底绝迹。原始珊瑚虫（primitive coral）和海绵动物是石灰樵岩的建造者。在泥盆纪早期，这些动物数量很多，然而，它们在这次大灭绝事件中受损严重，并且再也没能恢复原有的繁盛。大量腕足动物科的动物同样在泥盆纪末期灭绝。在上述这些物种消亡之时，许多生物群体，例如玻璃海绵，以及一种重要的造礁珊瑚——四射珊瑚（图44），却迅速走向多样化。

一至两颗大型小行星或彗星对地球的撞击可能奏响了物种灭绝的前奏。微玻陨石是一种玻璃质的小珠，人们在中国河南省及欧洲比利时（Belgium）发现了包含微玻陨石的沉积层，这些沉积层为这次陨星撞击提供了证据。微玻陨石形成于陨星撞击。当大型陨星撞击地球时，会将由熔融岩石构成的液滴高高地抛入大气层中，这些熔岩液滴迅速冷却为小块的玻璃，即微玻陨石。黑曜石也是一种天然玻璃，其形成于火山活动，但微玻陨石与黑曜石不同。微玻陨石很少发现于年龄大于4，000万岁的岩石中，因此，在比利时和中国发现的这些微玻陨石值得人们关注。

这些沉积层中的铱含量很高，说明其源自地球之外。位于瑞典的锡利扬（Siljan）陨石坑的年龄与这些微玻陨石相近，人们认为，这些撞击沉积物源自该陨石坑。有证据表明，地球历史上的许多次大灭绝都与陨星轰击有关。

在美国密苏里州（Missouri）、伊利诺斯州（Illinois）南部和堪萨斯州（Kansas）东部分布着8个坡度不大的大型凹坑，坑宽2至10英里（约3.2至16千米），坑与坑之间平均相距60英里（约97千米）。这些构造产生于3.1亿年前至3.3亿年前之间。由于这些凹坑彼此相似，且几乎分布在同一条直线上，有的地质学家认为它们形成于一系列地下火山喷发。然而，人们没有在这些地点发现火山岩。

一种更为合理的解释是：这些凹坑是一系列陨石坑被风化侵蚀后留下的遗迹。当碎裂后的小行星或彗星后撞向地球时，各碎块分别与地面相撞，于是造就了这一系列外观相似的凹坑。人们在月球及外行星的卫星上也发现了许多与此相似的撞击构造系列。冰彗星（指主要由冰构成的彗星——译者注）在经过内太阳系时会不断发生碎裂。如果一颗彗星在距地球数百万英里处发生分裂，其产生的碎块将有足够长的时间彼此分开，并以60英里（约97千米）的间距陨落于美国中西部（the Midwest）。

撞击假说能够解释这些凹坑的许多特征。凹坑中的岩石沿环形断面折叠，自中心呈放射状，宛如公牛的眼睛。此外，人们在美国密苏里州（Missouri）的两个凹坑中发现了冲击石英晶体。只有当石英在瞬间受到极高的压

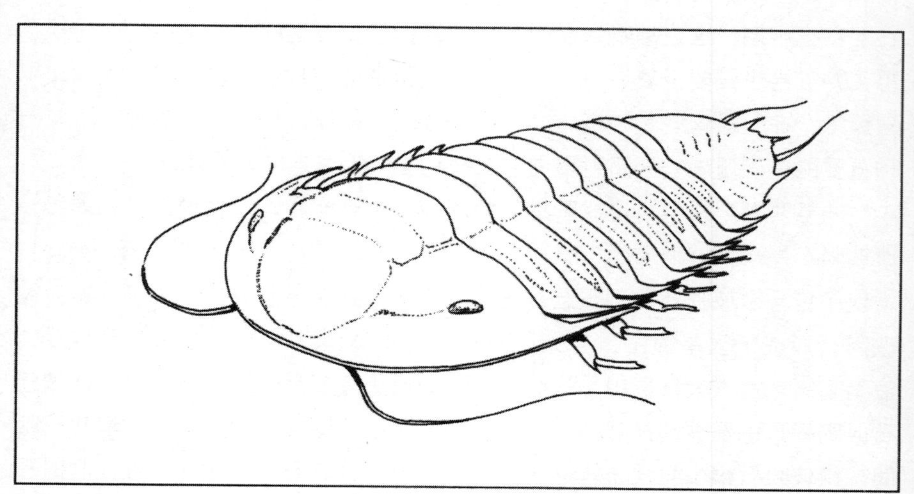

***图45***
*已灭绝的三叶虫，鲎（鲎也称马蹄蟹，与三叶虫有亲缘关系——译者注）的祖先三叶虫的遗体形成了珍贵的化石。*

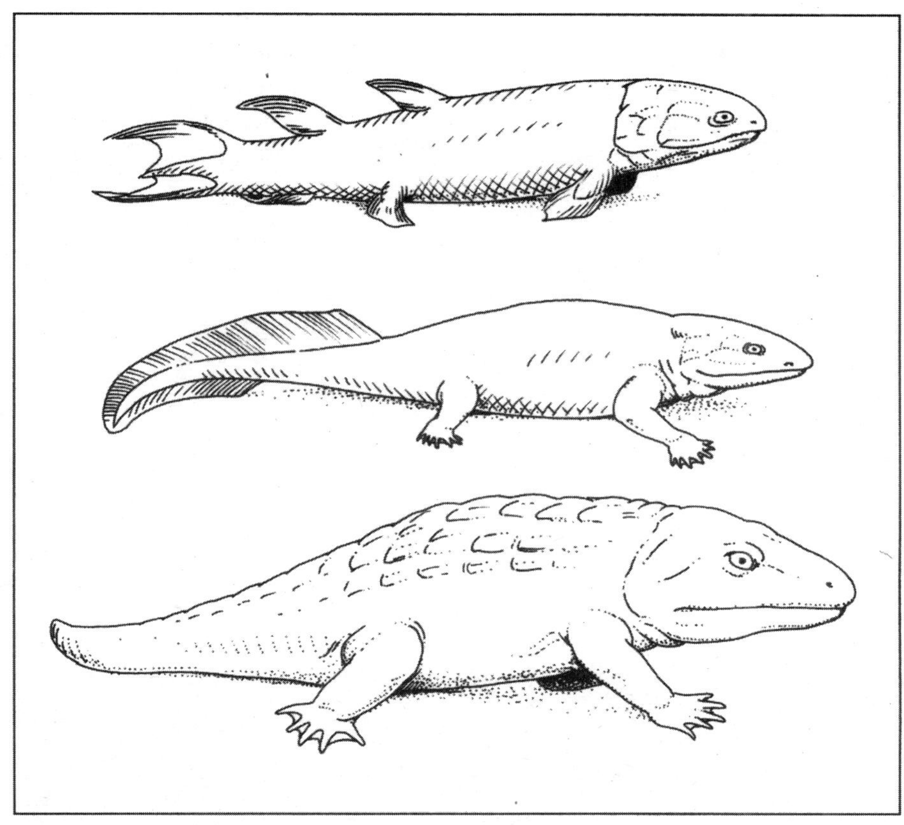

*图46*
*从两栖鱼到两栖动物的进化*

强时才会产生此种断裂。此外，人们还在另外两个凹坑中发现了震裂锥。震裂锥是一种圆锥形的、重叠的岩石碎片，只有在撞击产生的高压下才会形成。在这些陨石坑生成的年代，大量的海洋生物离奇地消失了。

在古生代末期，约2.5亿年前，95%的物种在一次物种大灭绝灭亡了，此次灭亡的物种主要是海洋无脊椎动物。这也许是地球历史上最大的一次大灭绝。三叶虫（图45）是一种著名的海洋甲壳类动物，三叶虫化石是化石收藏家们的最爱。在此期间，三叶虫受损严重，并最终走向了灭亡。在陆地上，爬行动物中80%的生物科、两栖动物中75%的生物科（“科”是生物学中的一个分类单位。生物学中各分类单位从大到小依次是：界、门、纲、目、科、属、种——译者注）（图46）也在这次大灭绝中消失了。此次大灭绝是逐渐开始的，但在后期时物种灭绝速度忽然增加，形成一个高峰。只有灾难性的事件，例如小行星撞击或大型火山喷发，才可能导致如此大规模的生物学灾难。

## 中生代的撞击

在约2.1亿年前的三叠纪末期，一颗巨大的陨星与地球相撞，此次撞击造就了加拿大魁北克省（Quebec）的马尼夸根（Manicouagan）撞击构造（图47）。马尼夸根撞击构造呈环形，宽约60英里（约97千米），马尼夸根河（Manicouagan River）及其支流环绕着该撞击构造，形成了一个环形的水库。当陨石坑部分被水淹没时，坑边缘较低矮的部分先被浸没，露出隆起的中央，于是形成了一个近乎完美的“水环”。人们在这里发现了冲击变质的前寒武纪岩石，这种冲击变质作用源自大型天体的撞击。撞击引起的巨大爆炸似乎与发生于之后不到100万年间的大灭绝相一致。

位于加拿大马尼托巴省（Manitoba）温尼伯市（Winnipeg）西北的圣马丁（Saint Martin）撞击构造宽25英里（约40.1千米），该撞击构造大部分隐藏于年轻的岩石之下。其他的撞击构造，包括位于法国的宽16英里（约25.8千米）的罗什舒瓦尔（Rochechouart）撞击构造、位于乌克兰（Ukraine）的宽

*图47*
*加拿大魁北克省的马尼夸根撞击构造，“太空实验室”（SkyLab）太空站1973年拍摄（本照片蒙美国宇航局惠许刊登）*

*图48*
*恐龙统治了陆生动物的世界1.4亿年。*

9英里（约14.5千米）的陨石坑、位于美国北达科他州（North Dakota）的宽6英里（约9.7千米）宽陨石坑等。这些陨石坑似乎与马尼夸根撞击构造形成于同一时期，约距今2.1亿年前。

这些撞击发生的时间与三叠纪末期的一次大灭绝相一致，20%以上的动物科在这次大灭绝事件中灭亡了，其中包括爬行动物接近一半的动物科。大灭绝使地球上生物的特征发生了永久性的改变。此后，现代动物的直系祖先开始出现，恐龙（图48）就是其中之一。在恐龙出现之后，它统治陆地生物达1.4亿年之久。小行星的撞击导致恐龙失去了竞争对手，这是恐龙得以获得在陆生生物界的统治地位的部分原因。

在距今1.8亿年前的侏罗纪初期，泛大陆分裂为如今的各块大陆。这一超大陆的分裂创造了三个新的水体：大西洋、北冰洋和印度洋。大陆之间被一片叫做特提斯海（Tethys）的大海分隔开，特提斯海建立起了独特的环球循环系统。地球在大部分时期气候温和，这种温和的气候很大程度上得益于这一环球循环系统。特提斯动物群中最成功的动物当属数量极多的鹦鹉螺（图49）。鹦鹉螺是一种海洋腹足动物，它带有各种各样的螺壳。

大约在1.3亿年前的白垩纪初期，一颗大型的陨星撞击了斯堪的那维亚（Scandinavia）北部的海底，宽25英里（约40.3千米）的马约尼尔（Mjol-nir）（Mjolnir是北欧神话中雷神Thor手中的锤子，意译为“雷神之锤”——译者注）陨石坑就产生于此次撞击。马约尼尔陨石坑位于巴伦支海（Barents Sea）1，300英尺（约400米）深的海底。人们在该地点周围发现了冲击石英，并在附近的沉积物中探测到高浓度的铱，从而确认这是一个陨石坑。因为位于海底，马约尼尔陨石坑和周围的岩屑都保存得相当完好，是地球上保存得最完好的几个陨石坑之一。

捷克共和国（Czech Republic）西部的大部分地区被世界上最大的撞击构造所覆盖，该撞击构造的中心位于捷克首都布拉格（Prague）附近。此陨石坑直径约200英里（约320千米），年龄至少有1亿岁。高地与凹陷形成同心圆，环绕着整个城市，这表明布拉格盆地（Prague basin）的确是一个陨石坑。城市中的建筑以岩石建成，在这些岩石中包含撞击产生的古老的岩屑。此外，人们在沿该盆地南部边缘的弧状地带中发现了撞击时熔融产生的绿色玻陨石。第一次发现此撞击构造的圆形轮廓的是欧洲的一颗气象卫星。事实上，这一撞击构造如此巨大，以至人们无法通过除卫星之外的其他方法注意

*图49*
*鹦鹉螺是白垩纪海洋中最成功的生物之一*

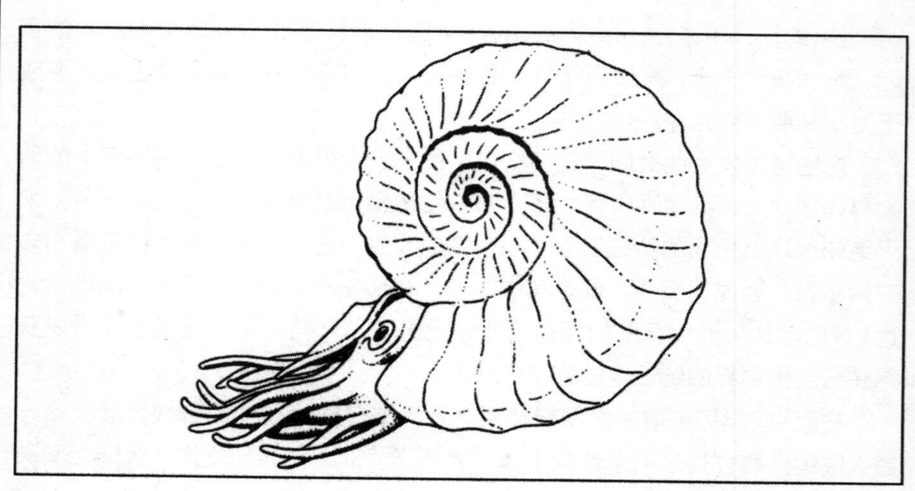

到它的存在。

美国犹他州（Utah）峡谷地国家公园（Canyon Lands National Park）中的景点“穹状隆丘”（Upheaval Dome）（Upheaval Dome是美国峡谷地国家公园中的一个景点，该景点是一个位于山顶的巨大深坑，整个结构类似一个倒置的圆顶——译者注）位于科罗拉多河（Colorado River）与格林河（Green River）附近。穹状隆丘像是一个被严重侵蚀过的陨石坑，即一个古老撞击构造的残留物，它产生于约1亿年前一个大型天体的撞击。穹状隆丘也许是地球上受侵蚀最严重的陨石坑，从撞击发生至今，侵蚀作用已将陨石坑上方1英里（约1.6千米）以上的地层侵蚀殆尽。

此陨石坑原本宽4.5英里（约7.25千米），在多年严重的侵蚀作用下，其形貌已发生了巨大的改变。圆丘本身是一个直径1.5英里（约2.42千米）的隆起，像是地表遭受撞击后隆起的反弹峰。人们估计，撞击物的直径约1，700英尺（约520米），撞击地球时的速度为每小时数千英里。撞击时陨星产生的火球将数百英里之内的一切烧为灰烬。

约7，500万年前，一颗小行星或彗星陨落在今天美国爱荷华州（Iowa）的小城曼森（Manson），并炸出一个直径22英里（约35.4千米）的陨石坑。这是美国大陆上已知最大的陨石坑。在撞击发生时，今天的曼森地区是一片浅内陆海。如今，此陨石坑被埋在100英尺（约31米）深的冰碛物之下，这些冰碛物产生于新生代更新世冰期接二连三的冰川作用。

在白垩纪早期，南亚次大陆从冈瓦纳古陆（Gondwana）中分裂出来，越过古印度洋，并于约4，500万年前与亚洲大陆南部相撞。在约6，500万年前的白垩纪晚期，当南亚次大陆正在向亚洲大陆运动时，它遭到了一个大型撞击物的撞击，此次撞击在非洲以东的印度洋洋底留下了一个直径185英里（约297.9千米）的深坑（图50）。

在同一时期，一颗直径约6英里（约9.7千米）的陨星撞击了墨西哥尤卡塔半岛（Yucátan peninsula），这次撞击使地球的环境陷入混乱之中。希克苏鲁伯构造（Chicxulub structure）（图51）得名于位于其中心的一个小村庄的名字，“希克苏鲁伯”在玛雅语中的意思是“恶魔之尾”。希克苏鲁伯构造的宽度介于110英里（约177千米）至185英里（约285千米）之间，是地球上已知最大的陨石坑之一。该撞击陨石坑掩藏于约1英里（约1.6千米）厚的沉积物之下。陨星撞击在全世界都留下了它的足迹。

各大洲白垩纪与第三纪交界处（图52）的沉积物中都含有冲击石英颗

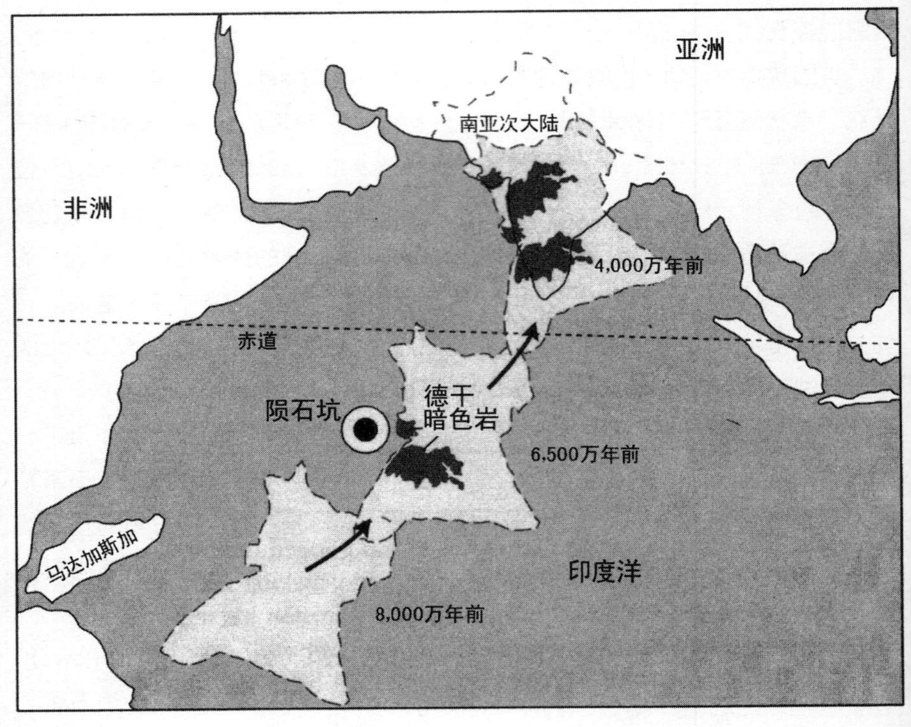


*图50*
*此陨石坑位于塞舌尔海底高地（Seychelles Bank）南部，产生于6500万年前，当时南亚次大陆正在向亚洲大陆漂移*

粒，这些冲击石英颗粒中带有与众不同的片晶。这些沉积物中还含有形成于全球性森林大火的煤烟、在陨星中才有的稀有氨基酸、独特的铱浓度及斯石英—— 一种仅发现于陨星撞击地的、密度较大的二氧化硅。此次陨星撞击可能导致了恐龙的灭亡，半数以上的其他物种（主要是陆生动植物）亦在此次大灭绝中灭亡。

人们认为，白垩纪末期的几个陨石坑或许形成于两颗或多颗彗星对地球的撞击，这或许是对这些陨石坑的成因最好的解释。撞击地球的彗星来自位于太阳系边缘的奥尔特云，它们在某种作用下被从奥尔特云中撞出。其中一颗彗星可能陨落于太平洋中，在该海域附近发现的成分明显不同的小球体证明了这一点。的确，在落基山脉（Rocky Mountains）中，这一时期的沉积层具有出两种不同的黏土层，这两种不同的黏土层或许产生于两次撞击。多次撞击的说法也解释了为何发生于白垩纪末期的物种大灭绝是近2亿年间最厉害的一次，生物足足用了5，000年才从这次环境灾难中恢复过来。

海尔克里克岩层（Hell Creek Formation）位于美国蒙大拿州（Montana）东部和北达科他州（North Dakota）西部富含化石的荒地上，此岩层形成于白垩纪的最后250万年间。那时，这一区域是一片布满湿地的三角洲，这片三角洲是一大片内陆海向南退却后留下的遗迹。人们在此发现了大量的陆生生物的化石，这使得人们开始怀疑，恐龙和其他生物的灭绝是否是由某次单一的灾难性事件所导致。此外，人们发现的花粉化石表明，此区域内的许多植物在白垩纪末期发生了非常突然的灭绝。将位于此区域内的物种数目及位于美国怀俄明州（Wyoming）与加拿大艾伯塔省（Alberta）的一些更古老的遗址的物种数目进行编目，结果表明，此区域内恐龙的种类在白垩纪的最后800万年中从30种降至仅剩12种。

在白垩纪末期之前的数百万年间，许多物种，包括恐龙在内，就已经在走下坡路了。因此，陨星的撞击只是给予了这些物种最后的一击。有一种假设甚至认为，有几种恐龙甚至在陨星撞击之后仍继续存活了100万年以上。然而，人们尚未在白垩纪之后的沉积层中找到过没有争议的恐龙骨骼，这似乎表明，恐龙的灭亡发生得的确很突然。

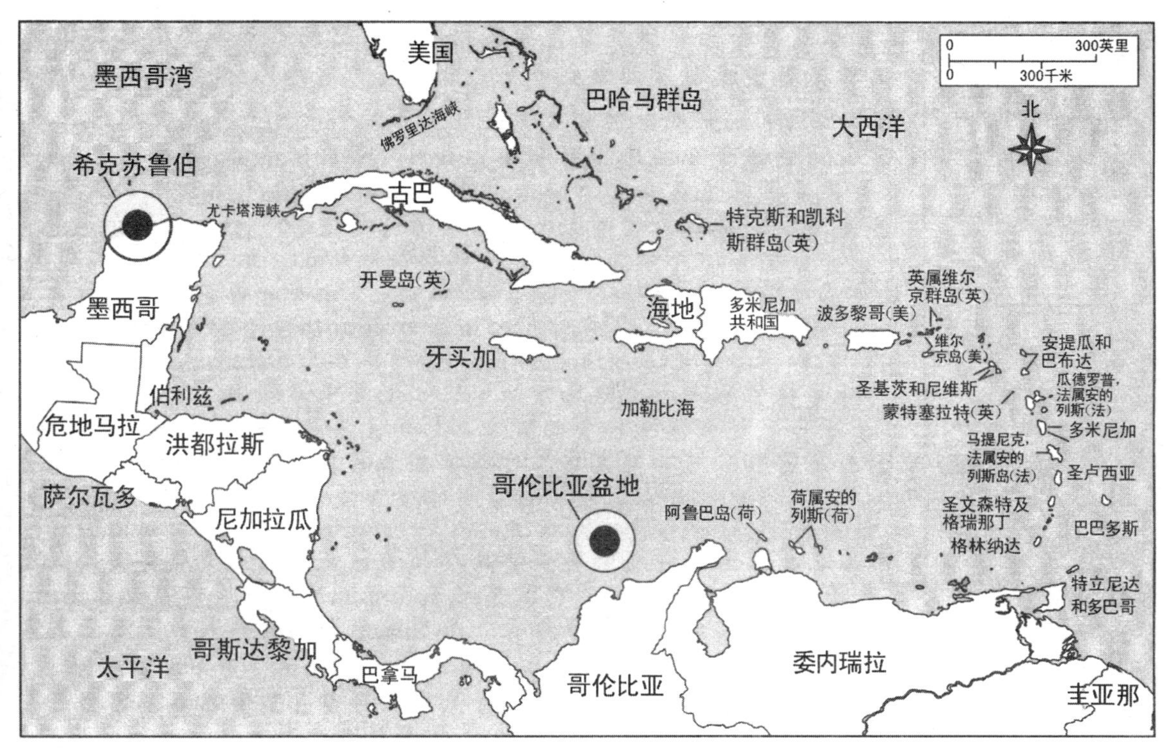


***图51***

*位于加勒比地区（Caribbean area）的撞击构造的估计位置，这次撞击可能使白垩纪走向终结*

*图52*
*白垩纪-第三纪的交界位于照片中心白色砂岩的底部，即靠近山脚的部位。此照片拍摄于美国科罗拉多州（Colorado）杰斐逊县（Jefferson County）（R. W. Brown摄，本照片蒙美国地质调查局惠许刊登）*

## 新生代的撞击

因为地球表面的3/4被海水覆盖，所以大多数陨星都陨落在了海洋中。人们认为，有几个地点可能具有位于海底的陨石坑。蒙塔格奈（Montagnais）构造（图53）位于距加拿大新斯科舍省（Nova Scotia）东南海岸125英里（约201.3千米）处，直径35英里（约56.4千米），带有明显隆起的中心，是最为明显的海底陨石坑。19世纪70年代，一个石油公司最早发现了这个环形的地层。他们没有找到石油，但找到了许多曾在大型陨星的突然撞击下熔化过的岩石，这些岩石的化学成分与位于美国新泽西州（New Jersey）海岸之外的玻陨石层相似。

这个陨石坑的年龄已达5，000万岁，它的情况与位于旱地上的陨石坑非常相似，只不过它的边缘位于375英尺（约115.7米）深的海底，陨石坑底部则深达9，000英尺（约2，800米）。撞击产生此陨石坑的陨星直径达2英里（约3.2千米）。与月球上的陨石坑类似，撞击使得此陨石坑的中央向上隆起，形成了一个中央峰。同时，陨石坑中也含有在突然撞击时熔化的岩石。这样的撞击必定激起了巨大的海啸，使海水咆哮着冲上附近的海岸。因为这次撞击的位置与撞击物的大小都正好合适，人们认为，此次撞击是北美玻陨石的可能来源之一。然而，据估计，这次撞击的年龄可能比北美玻陨石年轻数百万岁，因而不应是这些玻陨石的来源。

在大约3，700万年前，地球上发生了两、三次陨星撞击事件，这几次撞击可能导致了古哺乳动物的灭绝。古哺乳动物体形庞大，形状怪异。显然，它们已经进化得过于专门化，因此无法适应气候条件的变化。当时发生的气候变化可能是陨星撞击引起的。人们在始新世末期前后的沉积层中发现了聚集的微玻陨石和大量反常的铱元素，这表示当时发生过陨星撞击事件。在位于美国新泽西州（New Jersey）大西洋城（Atlantic City）以东约80英里（约128千米）处有一个长15英里（约24.2千米）、宽9英里（约14.5千米）的陨石坑，该陨石坑可能是这次撞击的撞击地。撞击激起的巨浪冲上了从新泽西州到北卡罗莱纳州（North Carolina）的广大滨海地区。

另一颗陨星可能落入了维吉尼亚（Virginia）海岸以外的大西洋中，撞击产生的巨浪可能高达100英尺（约31米）以上。海啸在海底挖出了一个与美国康涅狄格州（Connecticut）一样大的坑，坑中堆满了大块的石头，巨砾层厚200英尺（约62米），单个的巨砾直径可达3英尺（约0.93米），这一巨砾层现在被埋于1，200英尺（约370米）深的沉积物之下。巨砾层中含有被称作“玻陨石”的玻璃质的岩石，以及带有冲击特征的矿物颗粒，这表明陨星曾撞入被海水覆盖的大陆架内。

北美洲最大的地外撞击陨石坑可能隐藏在切萨皮克湾（Chesapeake

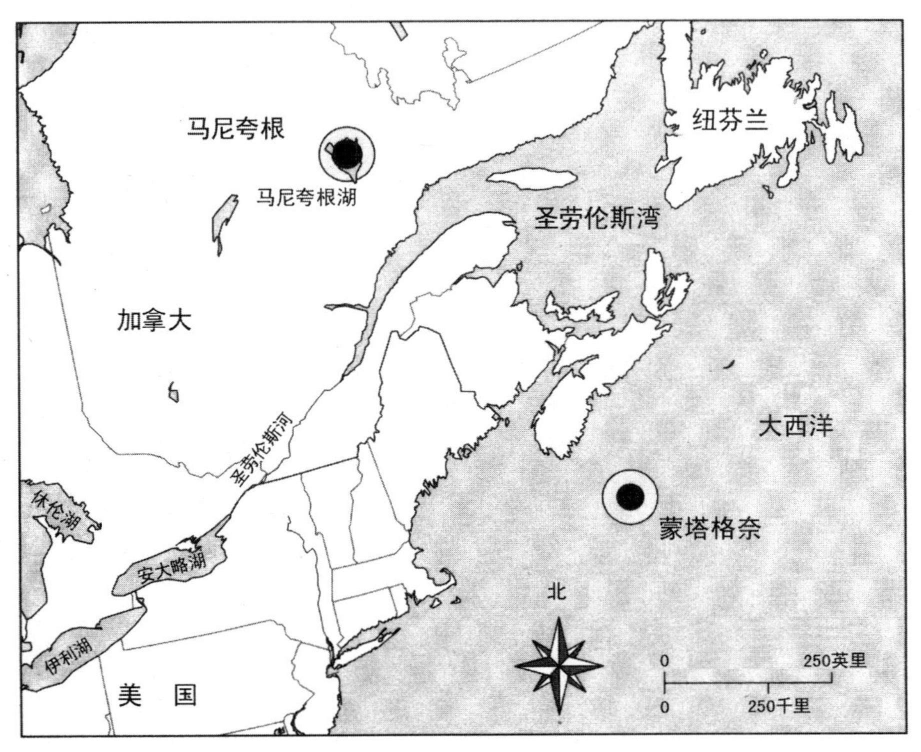


**图53**
*北美洲马尼夸根（Manicouagan）和蒙塔格奈（Montagnais）撞击构造的位置*

Bay）下面。此撞击构造直径达50英里（约81千米），大小在世界上已发现的撞击构造中位居第七。它形成于3，500万年前。撞击生成此陨石坑的陨星直径可达2.5英里（约4.03千米）。巨大的撞击将岩层搅拌在一起，并喷射出玻璃质的小型碎片（微玻陨石），这些微玻陨石散落在东海岸的大部分地区，有的甚至被抛射到了遥远的南美洲。陨星在大陆架上撞出了一个巨大的陨石坑，当海平面下降时，陨石坑中填满了河流沉积物。数百万年后，当洋面再次上升时，就形成了切萨皮克湾。

约2，300万年前，一颗小行星或彗星撞向位于加拿大北极地区（Canadian Arctic）的德文岛（Devon Island）。撞击的力量如此之大，以至位于地下半英里深处的岩石都被射向天空。陨星在地面上撞出了一个直径15英里（约24.1千米）的陨石坑，叫做“霍顿坑”（Haughton Crater）。粉碎的花岗片麻岩回落至地面，形成炽热的角砾岩。半径约100英里（约160千米）内的动植物全部被消灭。当时，这一地区比现在温暖得多，到处被云杉林和松林所覆盖。如今，这个陨星坑已被人们用作未来火星之旅的实验台，因为火星上有着与此非常相似的陨石坑（图54）。

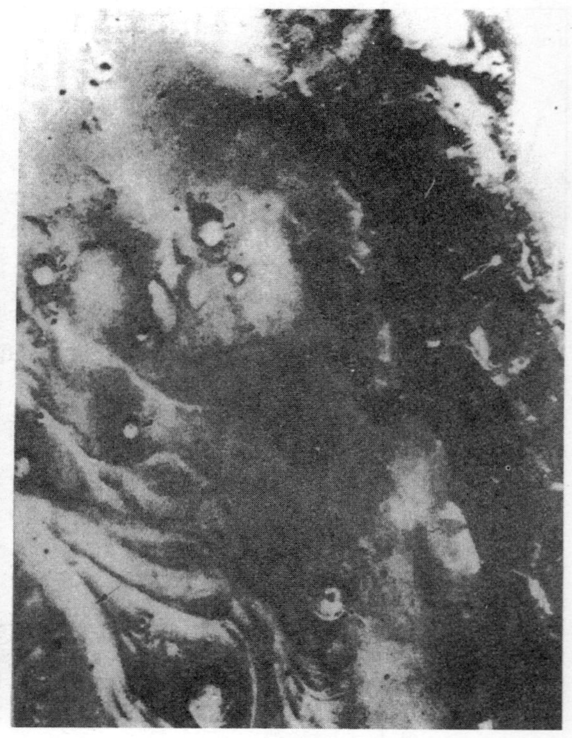

***图54***

*海盗1号（Viking 1）轨道飞行器观察到的火星陨石坑（本照片蒙美国宇航局惠许刊登）*

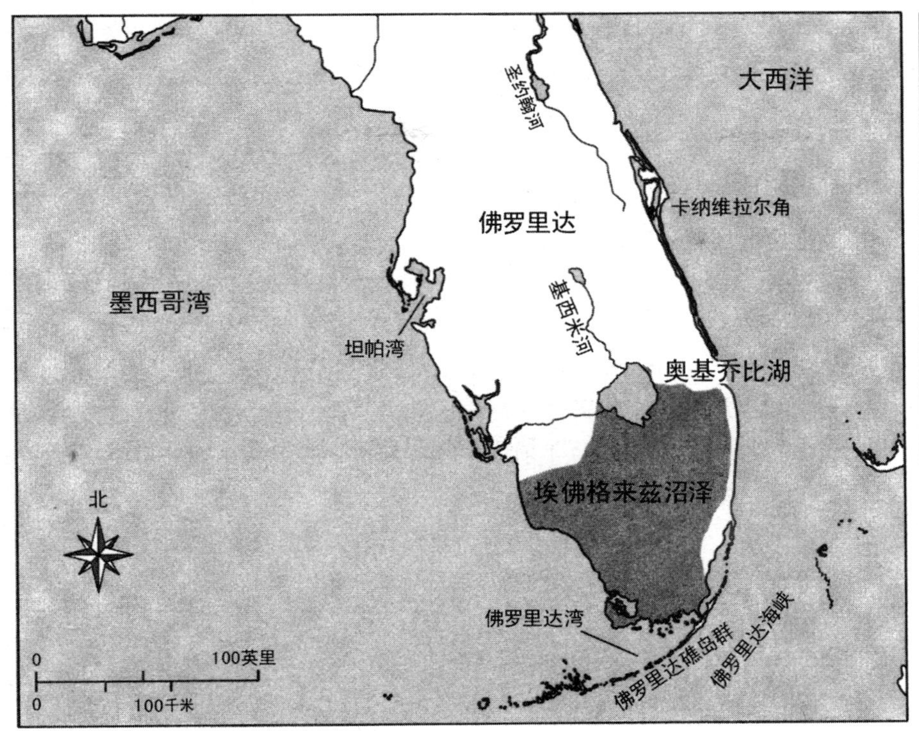


***图55***
*佛罗里达州西南部的埃佛格来兹沼泽可能形成于陨星撞击*

位于美国佛罗里达州（Florida）南端的埃佛格来兹(Everglades)沼泽的成因也许与近代的一次陨星撞击有关（图55）。这一地区具有被一系列椭圆形山脊包围的沼泽与森林。佛罗里达州南部的大部分城市就位于这些山脊之上。人们在周围地区发现了一层厚度达1，000英尺（约310米）以上的石灰岩层，人们猜测，同样的石灰岩层在埃佛格莱兹沼泽南部的大部分地区也应存在，但是，由于某种原因，这些石灰岩层缺失了。在埃佛格莱兹沼泽的外边缘下方，埋有一块约形成于600万年前的、巨大的椭圆形珊瑚礁。这块珊瑚礁可能围绕着整个由陨星撞击产生的圆形盆地生成。一颗大型的陨星似乎冲进了位于水下600英尺（约190米）的石灰岩层中，并使岩层发生断裂。同样，此次撞击可能也引发了巨大的海啸，并将岩屑卷入大海深中。

大约330万年前，一颗直径约半英里（约800米）的星体陨落在阿根廷中海岸以外的海面，此次撞击产生了一个巨大的陨石坑，其直径可能达到12英里（约9.3千米），这个陨石坑现在已被埋没。撞击过程中，黄土（一种风蚀沉积物）被熔化，形成一种玻璃质的厚片，这些厚片被抛向空中，并散落在至少长达35英里（约56.4千米）的海岸线上。这些玻璃厚片上具有条纹状的流动花纹，这是高速冷却的冲击玻璃的典型特征。在此次撞击发生的前后，大西洋和太平洋发生了一次突发性的短暂降温。此外，在撞击发生的前后，一次重大的突发性大灭绝使36种哺乳动物灭亡。

大约230万年前，一颗较大的小行星陨落在南美大陆顶端以西约700英里（约1，120千米）的太平洋洋面上。虽然人们没有找到有关的陨石坑，但该区域所含的过量的铱元素及在该区域发现的沙粒大小的玻璃质岩石表明此处曾有地外来客造访。撞击至少炸出了3亿吨岩屑，与此相对应，撞击物的直径至少在1，800英尺（约555米）以上。

此次撞击产生的爆炸威力比当今最大的氢弹还大100倍以上，因而，撞击对当地的生态产生了毁灭性的后果。此外，地质学上的证据表明，地球的气候在220万年前至250万年前间发生了剧烈的变化。在此期间，冰川开始在北半球的大部分地区游走。也许这次撞击对更新世冰期的产生起了部分作用。

流星坑（图56）也叫巴林杰陨石坑（Barringer Crater），位于美国亚利桑那州（Arizona）北部的温斯洛（Winslow）附近。此陨石坑形成于50，000年前的一次大型陨星撞击。该陨星直径约150英尺（约46米），重约300，000吨，撞击时的速度约每小时30，000万英里（约48，000万千米）。撞击使沙漠中的沙粒汽化蒸发。这次陨星撞击喷射出近2亿吨岩石，形成了一个由岩屑构成的、巨大的蘑菇云，并凿出一个宽约4，000英尺（约1，200米）、深约600英尺（约190米）的陨石坑。

隆起的沉积层构成了流星坑陡峭的边缘。边缘比沙漠地面高出150英尺（约46米）。陨石坑周围的区域铺满粉碎的岩石，碎石层厚达75英尺（约23.1米）。由于地处沙漠，流星坑是地球上同等大小的陨石坑中保存最为完好的一个，它得以幸免于侵蚀作用的损害。地球上大多数撞击构造都已被强大的侵蚀作用摧毁，只留下了一些非常不明显的特征。

新魁北克陨石坑（New Quebec Crater）位于加拿大魁北克省（Quebec），是世界上已发现真实陨石岩屑的陨石坑中最大的一个。新魁北克陨石坑直径约11，000英尺（约3，400米），深约1，325英尺（约409米），是流星坑的两倍以上。这个陨石坑形成了一个很深的湖，湖面比陨石坑边缘低500英尺（约150米）。人们估计，这一撞击构造的年龄只有几千岁。在寒冷的冻原上，一切事物都很少变化，因此该陨石坑得以保存完好。

狼溪陨石坑（Wolf Creek Crater）是另一个相对年轻的撞击构造。狼溪坑位于大沙沙漠（Great Sandy Desert）的北部边缘，大沙沙漠则坐落于澳大利亚西部的霍尔斯克里克（Halls Creek）南面。最初，人们在飞机上发现了

**图56**
位于美国亚利桑那州（Arizona）科科尼诺县（Coconino County）的流星坑
（本照片蒙美国地质调查局惠许刊登）

这个陨石坑。当时，人们认为它可能起源于火山喷发。狼溪坑直径2，800英尺（约864米），深140英尺（约43米）。人们在陨石坑附近发现了一些大块的陨石碎片（图57），有的碎片重达300磅（约140千克）以上。狼溪坑位于沙漠中，因此得以保存完好。在撒哈拉（Sahara）塔林赞恩（Talemzane）附近的一个年轻的陨石坑同样因地处沙漠而得以保存完好，这个陨石坑深220英尺（约68米），直径在1英里（约1.6千米）以上。

在近达3，000年前，一颗陨星陨落在美国内布拉斯加州（Nebraska）中部，炸出了一个直径1英里（约1.6千米）的陨石坑。这个80英尺（约25米）深的凹坑位于布罗肯鲍县（Broken Bow）以西12英里（约19.3千米）处，是陨石坑的风化残留物，当年的陨石坑大部分已被埋于土壤之下。风化作用不断侵蚀着陨石坑，并将它逐步填满。据估计，此陨石坑的原始深度可达300英尺（约93米）。人们在距陨石坑边缘1英里（约1.6千米）多的地方发现了

**图57**
*采自澳大利亚西部的狼溪陨石，该陨石的切割面上带有扩展的裂纹（G.T. Faust摄，本照片蒙美国地质调查局惠许刊登）*

玻璃质的碎块。人们断定，这些埋在地下的玻璃质碎片实际上是撞击时被抛出的、熔融的散落物。虽然这样规模的撞击不会使全球气候产生显著改变，但爆炸本身可能着实惊吓到了居住在附近的印第安人。

在讨论完地球历史上的陨星撞击之后，在下一章里，我们将一起去看一看其他行星上的陨石坑。

# 4

# 行星上的撞击事件

## 探索陨石坑

**本**章探讨太阳系中其他行星和卫星上的陨石坑。太阳系中共有9颗已知的行星和约60颗卫星上，要在它们身上找出一些共同点是一件困难的事。也许，拥有大量陨石坑是它们之间唯一真正的共同点。具有巨大的陨石坑是近日石质行星最显著的特点之一，这些陨石坑宽数百英里，深达数英里，比地球上所有已知的陨石坑都大。

发生于太阳系历史早期的巨大撞击可使行星走向截然不同的演化道路，这样的撞击导致行星的轨道运动各不相同。保留在月球、火星、水星及外行星的卫星的表面的众多凹坑表明，撞击事件在太阳系诞生之初频繁发生。通过研究围绕太阳运动的其他星体的情况，我们可以建立起对地球撞击历史的准确说明。

## 月球上的陨石坑

在约46亿年前，地球和月球一起形成了一个双行星系统。在月球历史的早期，大规模的陨星轰击使月球表面熔化，这些陨星轰击造就了月球表面主要的地形特征（图58）。然而，由于陨石坑相互重叠，很多陨石坑已经失去了其规则的、可辨认的图案特征，因此，人们难以精确地确定它们的年龄。在月球远离我们的一侧，有着众多带有放射状线条的陨石坑。这些陨石坑似乎相对年轻，因为那些明亮的放射状线条是由物质构成的，在经过数十亿年

**图58**
*阿波罗11号（Apollo 11）于1969年7月11日拍摄的月球（本照片蒙美国宇航局惠许刊登）*

之后，这些线条会逐渐变得黯淡。这一发现表明，曾有一群小行星来到过地球和月球附近，这些小行星的直径可达半英里（约800米），比人们预想的要大。

早先时的大型撞击在月球表面造就了直径达250英里（约403千米）的陨石坑，并将大多数原始月壳岩石摧毁。地球上已知最大的陨石坑宽约185英里（约297.9千米），而月球上共有35个宽度在185英里（约297.7千米）以上的撞击盆地。艾特肯（Aitken）盆地是位于月球南极的一个巨大的凹坑，坑深7.5英里（约12.08千米），直径1，500英里（约2，414千米），相当于月球周长的1/4。最初，艾特肯盆地可能产生于巨型小行星或彗星的撞击，撞击物穿入到月幔深处。位于绕月轨道上的克莱门特号（Clementine）探测器曾探测到这一巨大的陨石坑内部有类似冰的物质存在。人们认为，其中的冰层可能厚达数百英尺。这一冰层也许能为人类未来的月球基地提供水源。

自约42亿年前起，大量的玄武岩熔岩从月球表面薄弱的陨石坑底部涌出，熔岩将大块月球表面淹没，许多陨石坑被浸没并填满，这种情况一直持续了数亿年。玄武岩熔岩流覆盖了约17%的月球表面。熔岩变硬后，形成了光滑的平原，称为“月海”。从地球上看月球时，“月海”确实像海洋一般。玄武岩的成分表明其源于月球深处。熔岩大量倾泻至月球表面，形成熔岩海。

位于月海边缘的陨石坑们曾在不久前崩塌，崩塌时，陨石坑边缘山壁上的物质滑落到陨石坑中央。崩塌激起的尘埃和从月球表面逃逸出的挥发性气体也许可以解释人们所看到的许多不可思议的现象，这些奇怪的现象包括：耀眼的闪光、红色或绿色的辉光以及月球上特定位置发出的一片片的烟雾。早至中世纪时，就有人目击过这些现象。

在泛滥的熔岩表面，有着狭窄的、蜿蜒曲折的凹陷，这些凹陷称为月面沟纹（图59）。月面沟纹从陨石坑向外散发。在某些区域，褶皱的出现使熔岩表面发生断裂，这些褶皱也许是由月震（月震（moonquake）指月球上的地震——译者注）引起的。月球探测器监测到月球上存在广泛的地震活动，这与前面的解释相一致。曾经发生过火山造山运动的区域在月球表面广泛存在，在这些区域内，高达数百英尺的山脊绵延数百英里。最后一批泛滥的熔岩约于30亿年前硬化。那时的月球看上去与今天的月球非常相似，只不过今天的月球表面上多了许多新生的陨石坑。

月球表面岩石（图60）的年龄介于45亿岁至32亿岁之间。最古老的那部分岩石是原始岩石，它们最初形成于熔岩，在形成之后没有发生过显著的变化。最初的月壳由所谓的起源石（Genesis Rock）形成，起源石由一种粗颗

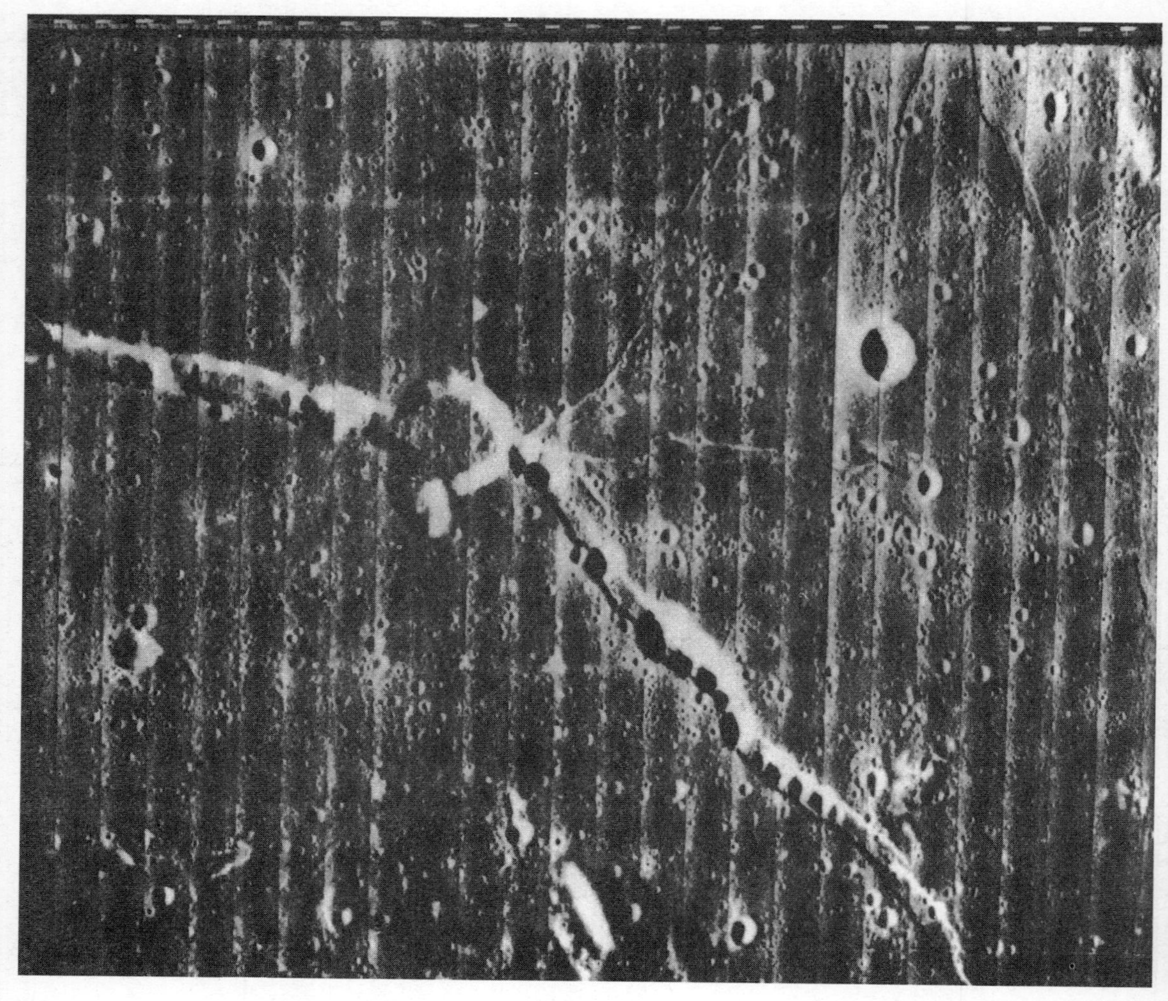

**图59**
*月球表面的伊纪努斯（Hyginus）陨石坑及伊纪努斯月面沟纹（D.H. Scott 摄，本照片蒙美国地质调查局及美国宇航局惠许刊登）*

粒的长花岗岩构成，这种长花岗岩形成于月球深处的岩浆。月球表面最年轻的岩石起源于火山作用，并在巨型陨星的撞击过程中发生了重构。在玄武岩熔岩流终止后，月球岩石的形成似乎停止了。人们没有在月球上发现年龄小于32亿岁的岩石。

月球上的岩石是火成岩，即形成于熔融的岩浆的岩石。月球表面上形成了由疏松的石质物质构成的风化层。风化层厚约10英尺（约3.05米），但人们认为，在月球的高原上，风化层的厚度会更厚一些。在大型陨星轰击的过程中，高原地区所受的冲击尤为严重。月球的岩石包括粗颗粒的辉长玄武岩、陨星冲击角砾岩、辉石橄榄岩、源自陨星撞击的被称作陨石球粒的玻璃质珠状物及陨星炸出的尘埃大小的土质物质。因为玄武岩的颜色很深，月球表面反射阳光的能力很差，反照率只有7%左右，这使月球成为太阳系中最暗的星体之一。

## 水星上的陨石坑

水星与月球在外观上异常相似（图61），这种相似性使促使人们猜想，水星可能曾是金星的卫星，因为金星在许多方面都与地球相似。与月球一样，水星表面也是伤痕累累。水星表面众多的陨石坑源自太阳系创生初期的大规模陨星轰击。水星的照片很容易被错看成月球背离我们一面的照片。然而，水星表面没有杂乱的山区，也没有月球上那样宽阔的熔岩平原，即月

**图60**
*月球表面陶拉斯－利特罗地区（Taurus-Littrow）的巨砾原。阿波罗17号（Apollo 17）摄于1972年12月（本照片蒙美国宇航局惠许刊登）*

*图61*
*水星上陨石坑密布的地面，水手10号（Mariner 10）探测器摄于1974年3月（本照片蒙美国宇航局惠许刊登）*

海。水星表面有着绵延曲折的、低矮的峭壁，这些峭壁像是长达数百英里的断层线。

水星表面伤痕累累，陨石坑遍布。这些陨石坑源于40亿年前的大规模陨星轰击。巨大的陨星击破了水星脆性的星壳，使熔岩构成的洪流从星体内部涌出，铺满水星表面。环状的山与谷形成多个同心圆，环绕在几个巨大的陨石坑周围。这些交替的山与谷可能形成于陨星撞击时向四周扩散的冲击波，这一过程与一粒石子扔进平静的池塘时产生水波的过程相似。水星上最大的一个陨石坑叫卡罗维斯（Caloris），卡罗维斯坑直径800英里（约1，280千米），年龄36亿岁。由于水星离太阳很近，在太阳强大的引力作用下，当其他星体撞击水星时，撞击速度可能比撞击其他行星时高。

水星与月球的成分也很相似，二者都与地球内部的成分相近。水星具有一个可感知的磁场，说明其拥有一个大型的金属质星核，这也是水星密度较高的原因。水星星核的相对质量是其他石质行星的两倍以上。在星核上有一个由硅酸盐构成的、相对较薄的星幔，星幔的半径只占水星半径的1/4。也许刚开始时水星生成了一个正常大小的星核，之后，大型星子的撞击将水星的外星幔大部分摧毁了。

地球与火星的自转速度较高，它们较高的自转速度源自形成之初与大型撞击物发生的斜碰。与地球和火星不同，水星每59个地球日才绕自转轴自转一周，同时，每88个地球日绕太阳公转一周，这种独特的轨道特征使得水星上的一天变得很长，水星需绕太阳公转两周才能完成一个水星日。

水星上的温度跨度也是所有行星中最宽的。白天，温度飞升至300摄氏度，夜晚，温度又直落至−150摄氏度。水星上巨大的温差是多个原因共同导致的：首先，水星的位置离太阳很近；其次，水星轨道离心率比较大，水星在近日点处离太阳仅2，900万英里（约4，670万千米），在远日点处则距太阳4，300万英里（约6，920万千米）；另外，水星自转速度慢，每公转一周，自转1.5周，因此，水星的背面将长时间背向太阳；最后，水星上没有可感知的大气，不能通过大气使热量扩散至整个星球表面。

水星没有明显的大气层。由于水星表面热量过多，加之水星的逃逸速度（通俗地说，逃逸速度就是物体逃脱星球引力所需的最低速度——译者注）很低，火山的释气作用和彗星的放气作用所带来的气体和水蒸气很快便会逃逸到宇宙中去。逃逸剩余的极稀薄的大气中只含有少量的氢、氦和氧，这些气体可能来自直接侵入水星表面的彗星物质及水星内部释放出的少量剩余挥发物。在水星两极长期被遮蔽的区域，可能存在极少量的冰。由于水星体积很小，其内部的热量在形成初期便逃逸到了宇宙中。现在的水星是一颗在地质构造上已经死亡的行星。

## 金星上的陨石坑

从很多方面看，金星与地球都是姊妹行星。金星的体积与质量与地球几乎相同，不过金星带有一个几乎完全由二氧化碳构成的、厚厚的大气层。金星表面的大气压强是地球表面的100倍。因为大气密度很高，金星表面的气体看上去更像是一片“海洋”而不是“大气层”。（这里作者的意思是，由于金星大气中的气体密度很高，其表现出某些液体的性质。事实上，当温度高过物质的三相点温度之后，气态和液态之间并没有明显的分界线——译者注）厚厚的大气保护着金星表面，使直径不到半英里（约800米）的撞击物无法撞击到地表。如果没有金星大气的保护，这样的撞击物会在金星表面撞出一个直径9英里（约14.5千米）的大坑。

金星表面相对年轻，其平均年龄不到15亿岁。这与30亿年前的地球表面情况相似，那时，板块构造还没有使地球表面的特性发生改变。金星表面凹凸不平（图62），地貌与地球表面完全不同，这样的表面似乎是很久以前在

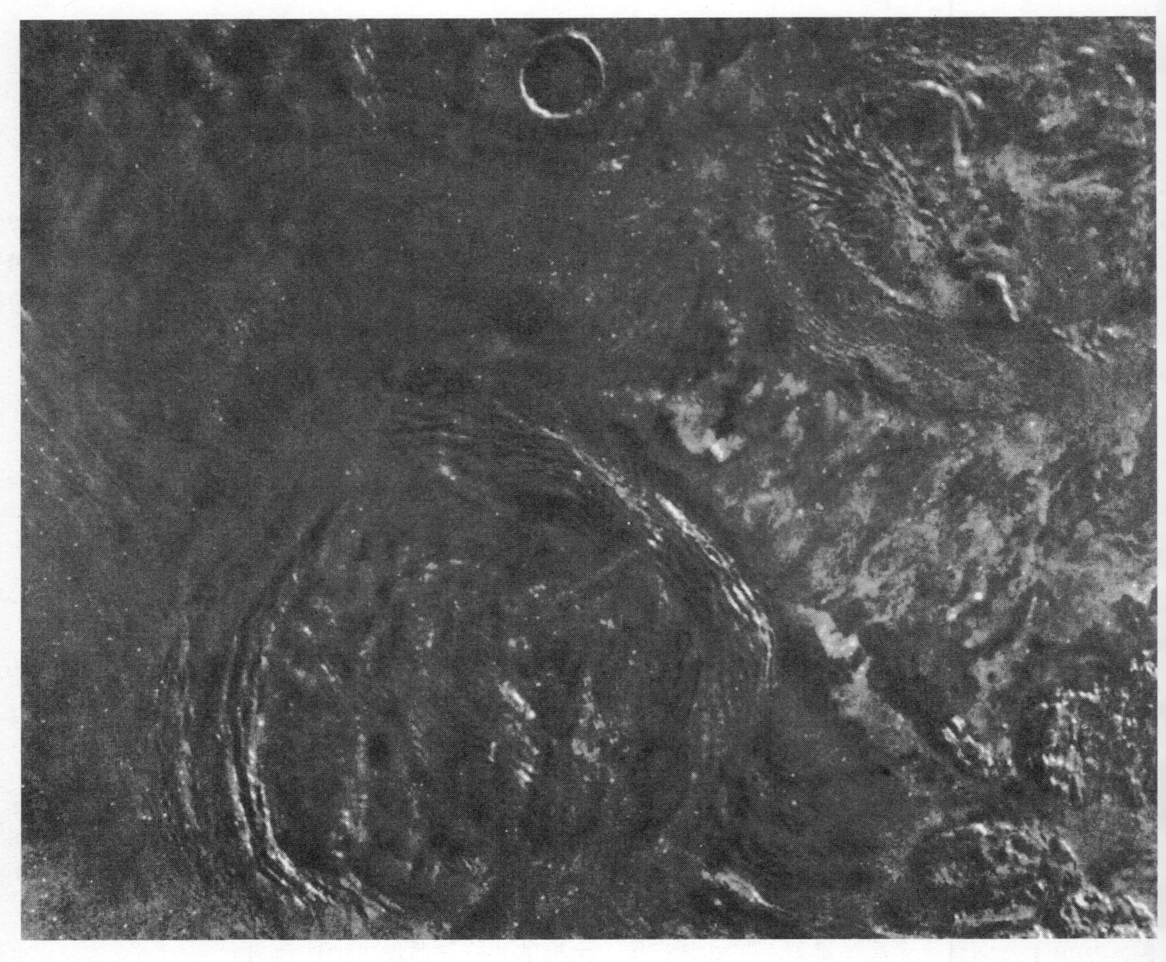

***图62***
*金星15号探测器（Venera 15）所拍摄的金星北纬地区的雷达图像（本照片蒙美国宇航局惠许刊登）*

火山作用和位于深处的构造力作用下塑造形成的。然而，麦哲伦号（Magellan）金星探测器传回的带有更多细节的图像表明，金星表面由一个单一的星壳构成，几乎完全没有全球性的板块构造。断裂作用导致小部分热量从金星内部流出。与此相反，地球内部70%的热量都在海底扩张过程中丧失了。因此，金星看上去是一颗干燥、炽热的行星。金星表面被锁定在一个不可移动的外壳上，金星的星壳不能像地球那样移动。

在金星上，由星壳褶皱和断裂所形成的山脉与地球上的阿巴拉契亚山（Appalachians）非常相似。阿巴拉契亚山形成于北美大陆与非洲大陆的碰撞。金星上的麦斯威尔山（Maxwell Montes）（人们通常采用"名字+表特征词汇"给行星上的地域命名。前半部分的名称经常使用人名（如发现者的名字）、希腊神话中人物的名字及希腊字母，后者一般用拉丁文语词汇，例如Montes 代表“山”、Regio代表“地区”等——译者注）高36，000英尺（约11，100米），比珠穆朗玛峰高出1英里（约1.6千米）多。与之相比，珠穆朗玛峰成了一个矮人。与美国加州圣安德烈斯断层（San Andreas）类似的断层穿过金星表面，在断层的两侧，大块的星壳发生了移位。金星北半球地形比较平整，陨石坑数目不多，地面上点缀着不计其数的死火山。虽然金星北半球具有大陆状的高原，但它的洋盆中缺少一种最重要的成分——水。

金星表面大型的火山构造表明，金星上的火山规模与数目都比地球上大得多。为支撑起这些巨大的火山，其下的岩石圈厚度需达20至40英里（约32至64千米）。金星表面有一些巨大的环形构造，这些环形构造的直径可达数百英里，但较为低矮。然而，人们认为，这些环形构造不是大型陨石坑，而是坍塌的火山窿隆。火山窿隆坍塌后会形成一个敞开的大洞口，称为破火山口，洞口周围被褶曲的星壳所环绕，仿佛一个在表面爆裂的巨大的岩浆泡。

在金星表面上，有许多类似平台的区域，这些平台比周围的地面高出3至6英里（约4.8至9.7千米）。在金星贝塔区（Beta Regio）（图63）内似乎有很多大型火山，有的火山高达3英里（约4.8千米）。忒伊亚火山（Theia Mons）是一座宽大的盾形火山，它宽达400英里（约640千米），比地球上

***图63***
*贝塔区（Beta Regio）的中心部位。麦哲伦号（Magellan）金星探测器拍摄（本照片蒙美国宇航局惠许刊登）*

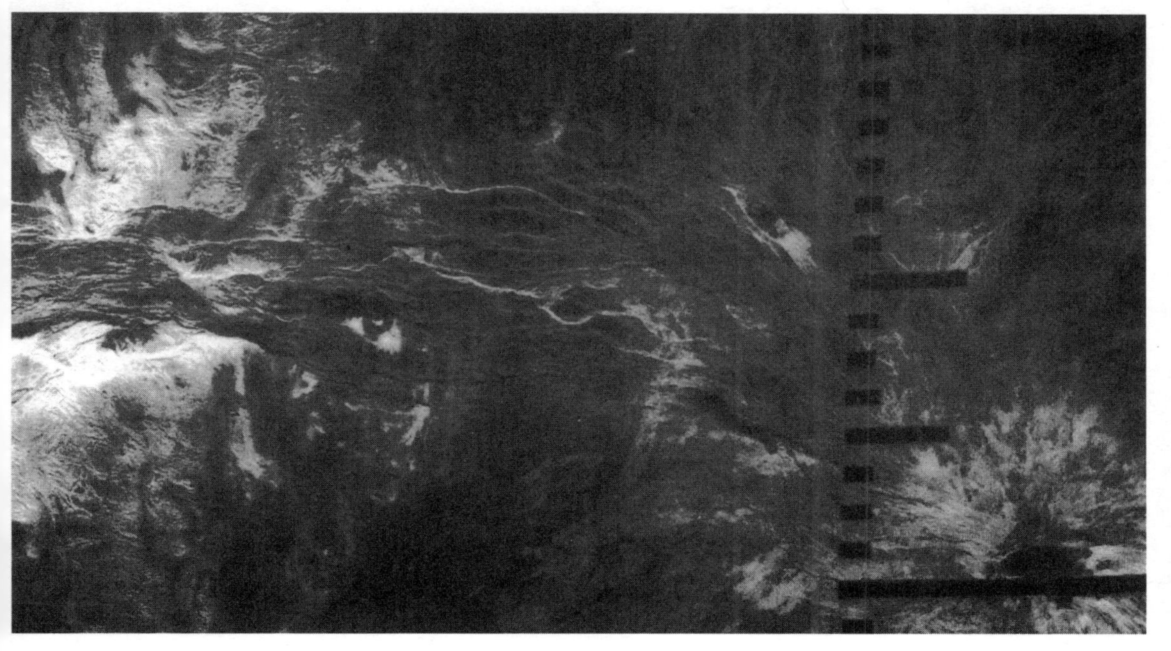

的所有火山都大。引力场的巨大异常似乎表明，金星上升的“地幔柱”在其表面托起了一些高原。这些“地幔柱”也是活火山岩浆的来源。（地幔柱是指的是地球地幔深处热对流运动中向上运动的熔融物质，是板块构造理论中的一种假说。这里认为金星也存在与地球地幔柱相似的物质运动，翻译作“星幔柱”似不妥，所以仍译作“地幔柱”，但加了引号以示区别——译者注）金星上有一个很大的裂谷，裂谷宽175英里（约281.8千米），深8英里（约12.8千米），长900英里（约1，450千米），这可能是太阳系内最宏伟的裂谷了（图64）。在很久以前，巨大的洪水曾经横扫金星表面，这个大裂谷可能就是在那时被洪水凿出。

金星上细长的山脊和直径长达50英里（约81千米）的圆形凹陷可能源自大型陨星的撞击。金星表面上随机地分布着约1，000个陨石坑。在金星历史的前37亿年间的撞击所留下的痕迹已经消失了，金星表面大多数陨石坑似乎都是新生成的。在火山作用、褶曲作用和断裂作用下，20%的陨石坑已被破坏。金星上的大多数陨石坑可能消失于约8亿年前，那时，金星上到处是喷

**图64**
*艺术家笔下演绎的金星裂谷。该裂谷深3英里（约4.8千米），宽175英里（约281.8千米），长900英里（约1，450千米），是太阳系中最大的裂谷（本图片蒙美国宇航局惠许刊登）*

发的火山，大部分地区被岩浆铺满，造就了广阔的火山平原。

金星表面异常平坦，比地球和火星的表面平坦得多，其表面2/3的地区起伏不到3，000英尺（约914米）。金星表面岩石的密度与地球上的花岗岩相同，泥土的成分则类似地球和月球上的玄武岩。地表散落的岩石在某些地方有棱有角，在另一些地方则平整圆滑，说明金星上存在强烈的风化侵蚀作用。在位于阿佛洛狄特地区（Aphrodite Terra）靠近金星赤道的、崎岖的高原上，堆满了大规模山崩后留下的乱七八糟的岩石碎块，这次山崩的规模可与地球上规模最大的山崩相比。

## 火星上的陨石坑

火星可分为地貌截然不同的两部分。南半球地势崎岖、陨石坑遍布，地面上横贯有类似河床的巨大凹槽，大约7亿年前，大量的洪水曾在这些凹槽中流过。南部的高原上陨石坑众多，情况与月球相似，但是没有北半球的标志性的伤疤。火星北半球地势平坦，陨石坑很少，但星星点点地分布着众多死火山。

纳内迪峡谷（Nanedi Vallis）是位于火星表面的一条蜿蜒曲折的、深深的河道，它也许是火星表面长期有水存在的最强有力的证据。南部高原上的阿盖尔平原（Argyle Planitia）是一个撞击盆地，其宽度约750英里（约1，208千米），深度达1英里（约1.6千米）以上。该撞击盆地中的证据表明，火星上曾有液态水流过。盆地中有一些分层的物质，这些物质似乎是位于盆地中的巨大水体在数百万年前产生的沉积物。有三个河网从南面流入盆地，其他河道则向北倾斜，流出盆地。

与地球一样，火星的两极也有冰帽，冰帽中约含有30万立方英里（约125万立方千米）冰块。火星南极的冰帽可能曾变得足够大，使水可以流入盆地中，形成巨大的冰湖，冰湖中的水溢出至盆地北部，在那里凿出了巨大的河道。火星北极的冰帽中含有大量的水，如果其全部融化，整个火星表面将被40英尺（约12米）深的水覆盖。火星上的水非常多，这些水曾在火星上形成一个深达3，000英尺（约920米）全球性的海洋。

在火星极区覆盖有厚达好几英里的固态物质，这些固态物质是冰、风尘和固态二氧化碳的混合物。分岔的沟槽横跨火星表面，好像干涸的河床。显然，地热活动或陨星轰击产生的热量曾将地表下的冰融化，并产生了大量的洪水和泥浆。洪水和泥浆在地面上冲刷出巨大的沟渠，这些沟渠的大小与地球上的河道相当。火星上最大的峡谷是水手谷（Valles Marineris）（图65），

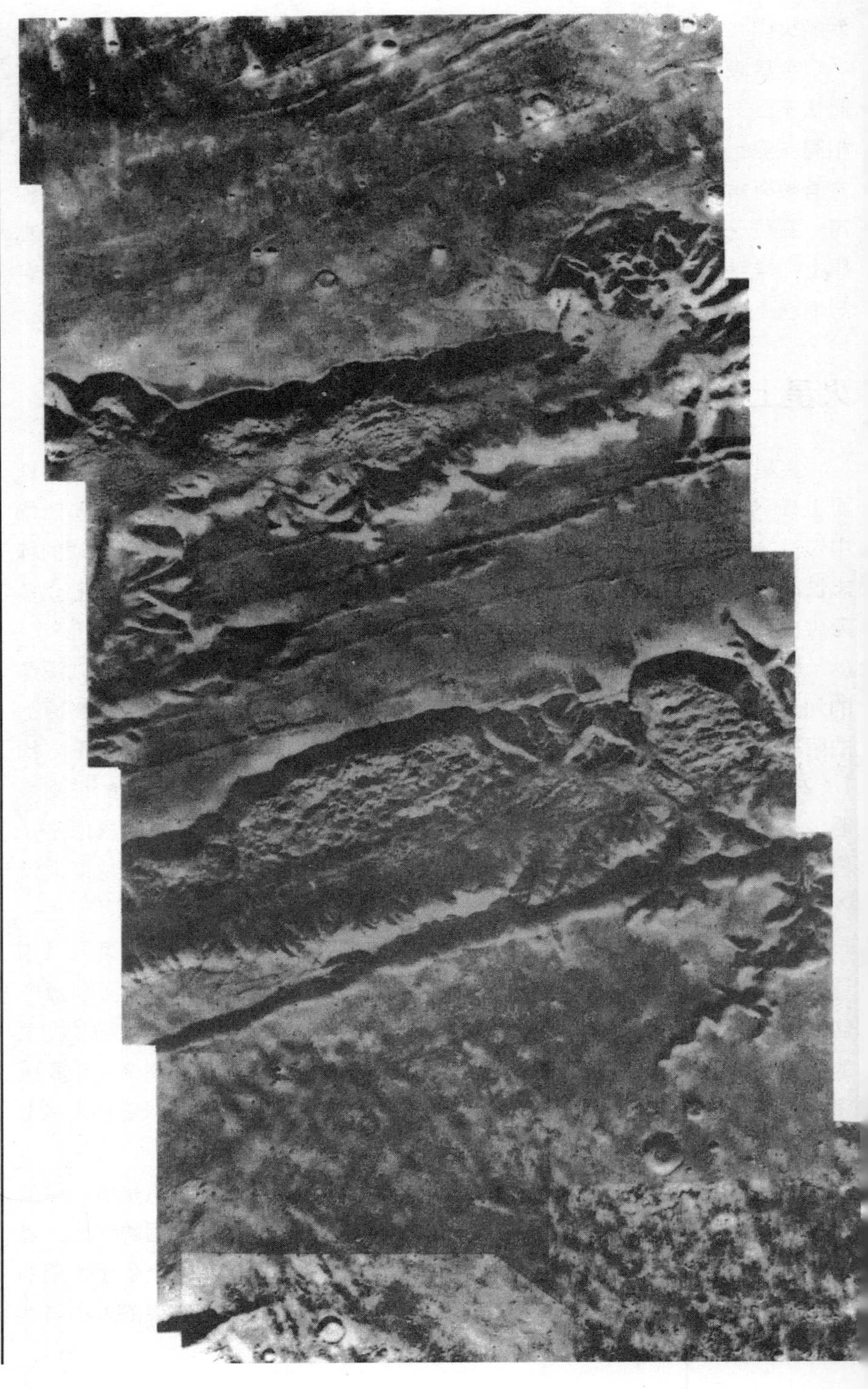

**图65**
位于水手谷峡谷群西端的火星表面的拼接图。这两个峡谷宽30英里（约48千米）以上，深近1英里（约800米）（本照片蒙美国宇航局惠许刊登）

水手谷长3，000英里（约4，800千米），宽100英里（约160千米），深4英里（约6.4千米），在其中可装下好几条科罗拉多大峡谷（Grand Canyons）。人们认为，这个大峡谷形成于火星星壳沿巨大的断层产生的滑动，此外，火山作用对其形成也产生了影响。

火星有两颗小卫星：火卫一和火卫二（图66）。火星的卫星是一个谜。火星的卫星为石质，呈长椭圆形，轨道接近正圆形。它们体积小，密度低，外形呈块状，表明它们是火星从附近的小行星带中捕获的星体。然而，火星捕获到小行星的可能性很小，要捕获到两颗小行星似乎是不可能的。相反，火星的卫星可能产生于大型小行星对火星的撞击。约40亿年前，一颗直径

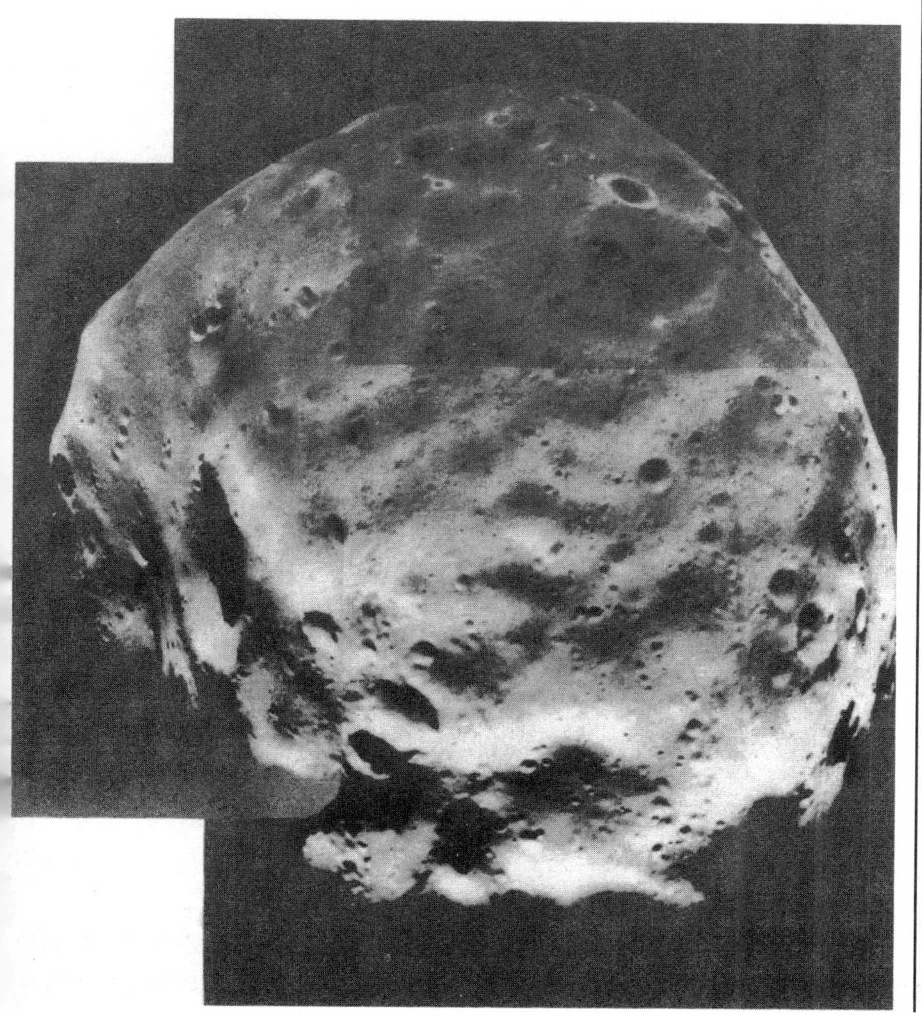

**图66**
*火星的内卫星火卫一，直径约13英里（约20.9千米）。人们认为它是一颗被火星俘获的小行星（本照片蒙美国宇航局惠许刊登）*

1，000英里（约1，600千米）以上的巨型小行星与火星相撞，炸出大量岩屑，在火星周围形成了一个由岩屑构成的环，环中的岩屑碰撞聚集，最终形成火星的卫星。火卫一直径14英里（约22.5千米），外观看上去差不多就是一块不规则的岩石。火卫一绕火星运动的轨道在不断地衰减，约3，000万年后，它将坠落到火星上。

勘测者号（Surveyor）火星探测器表明，火星北半球的大部分地区是一块地势低矮的平原，此平原的中心大约位于火星北极。火星上的其他地区则是古老的高原。也许曾有一个质量很大的星体撞击过火星北半球，并使其表面发生了改变。这样也可以解释为何火星北半球的陨石坑较少。另一种看法认为，这是火星上类似地球的构造力作用的结果。也许在火星上曾有一个古老的海洋存在，火星北部的低地是在此海洋的塑造作用下形成的。火星北部的平原地势起伏非常小，此地区是太阳系中表面最为平坦的区域。

火星北半球散布着大量火山，其中最大的一座是奥林匹斯山（Olympus Mons）（图67、表4），其宽大的底部所占的面积与美国俄亥俄州（Ohio）相当。奥林匹斯山高75，000英尺（约23，100米），是地球上最高的火山——夏威夷（Hawaii）莫纳克亚火山（Mauna Kea）高度的两倍。火星上的火山与构成夏威夷主岛的盾形火山非常相似。因为没有板块运动，火星上的火山得以形成巨大的尺寸。

在火山形成的过程中，如果板块在运动，当板块经过一个火山热点时，将会生成一串排列成链状的、较小的火山。火星上的火山形成过程不是这样。在火山形成过程中，火星的星壳在一个岩浆体上长时间保持静止，于是形成了一个非常大的、单一的火山锥。显然，当前火星上独立的岩石圈板块不存在水平运动。火星星壳可能比地球的地壳冷得多，也硬得多，这也是火星上没有褶皱山脉的原因。

在火星上，火山密集的区域的陨石坑明显比其他区域少，这意味着，火星上的火山形貌大多形成于约40亿年前的那次大规模陨星轰击之后。然而，因为火星在近期仍表现出火山作用，所以火星地表下应该具有少量的热量。在火星南半球的一些地区，陨石坑非常密集，这些地区的年龄可与月球上的高原相比，达35亿岁至40亿岁。人们在火星上发现了几个高度风化并布满陨石坑的火山，这些火山的存在说明，在很早时火星就已经具有火山活动，并且火山活动距今已有一段历史了。即便是火星北半球上的那些貌似新形成的火山和岩浆平原，其年代可能也已经非常久远了。

火星离小行星带很近，在火星上陨落的陨星应该很多，入侵的碳质球粒陨石应该给火星带去了丰富的有机物，然而，至今为止，火星着陆器没有在

**图67**
奥林匹斯山的拼接照片。奥林匹斯山直径350英里（约564千米），是火星上最大的火山，其周围布满陨石坑（本照片蒙美国地质调查局惠许刊登）

火星上找到任何有机化合物的痕迹。显然，由于火星大气的气压只有地球大气的1%左右，有机化合物很快就会被太阳强烈的紫外辐射摧毁。

火星上表现出了明显的风蚀和沉淀现象。季节性的尘暴非常剧烈，当尘暴发生时，会激起170英里/小时/（约274千米/小时）的大风，这样的大风一刮就是几个星期。风沙使火星发出红色的辉光。大风不断地搅动表面沉积物，同时在火星表面冲刷出许多山脊和沟槽。在火星极区堆积有由风蚀物构成的厚厚的沉积层，同时，火星北极被一片巨大的沙丘区所环绕，这一沙丘区比地球上所有的沙丘区都大。

火星上的大部分地区都是干燥而荒凉的荒地，荒地上布满深深的山谷和

**表4　火星上主要的火山**

| 火山 | 高度（英里）/（千米） | 宽度（英里）/（千米） | 年龄（万年） |
|---|---|---|---|
| 奥林匹斯山 | 16/（约25.8） | 300/（约480） | 20,000 |
| 艾斯克雷尔斯山 | 12/（约19.3） | 250/（约403） | 40,000 |
| 帕弗尼斯山 | 12/（约19.3） | 250/（约403） | 40,000 |
| 阿尔西亚山 | 12/（约19.3） | 250/（约403） | 80,000 |
| 埃律西姆山 | 9/（约14.5） | 150/（约242） | 100,000～200,000 |
| 海卡特斯山 | 4.5/（约7.24） | 125/（约201.2） | 100,000～200,000 |
| 欧伯山 | 4/（约6.4） | 1,000/（约1,600） | 100,000～200,000 |
| 阿波里纳瑞斯山 | 2.5/（约4.02） | 125/（约201.2） | 200,000～350,000 |
| 赫崔卡山 | 1/（约1.6） | 400/（约640） | 350,000～400,000 |
| 阿姆翡翠特斯山 | 1/（约1.6） | 400/（约640） | 350,000～400,000 |

纵横交错的河道，这些河道确凿无疑地说明，在火星漫长的历史上曾经有过流动的水存在。火星表面挖掘出的河道似乎表明火星过去的气候与现在极不相同。与地球上的山洪暴发相似，溪流可能从高地上四散流下，并消失在沙漠中。

探路者号（Pathfinder）火星探测器着陆在一个深1英里（约1.6千米）、宽60英里（约96千米）的古老的洪道口，叫做阿瑞斯谷（Ares Vallis）（图68）。显然，在一次灾难性的洪水中，与五大湖水量相当的洪水曾在数周之内涌入这个峡谷之中，排干了火星表面很大一块区域内的积洪。巨大的洪水把各种岩石和其他物质运送到很远的地方，这些物质引起了人们的兴趣。在流水的冲击下奔腾翻滚而形成的小圆石、鹅卵石和砾岩是洪水曾在这个区域奔泻而过的确凿证据。

## 外行星上的陨石坑

人们将位于太阳系外围的大型星体称作巨型气态行星，因为它们拥有很

*图68*
*探路者号火星探测器的着陆点，位于火星阿瑞斯谷。此地区呈现出明显的风蚀和沉积现象（本照片蒙美国宇航局惠许刊登）*

厚的大气层。冥王星是唯一的例外。人们认为，冥王星要么曾是海王星的一颗卫星，在彗星的撞击下脱离海王星的控制变为行星；要么本身就是一颗小行星。因为自身密度很低，人们认为，气体占据了外行星的大部分质量，这说明外行星的演化与位于太阳系内部的、致密的类地行星明显不同。木星（表5）尤其如此。木星的星核包含如月球般大小的几个大块，每个大块都由岩石和冰块构成。星核的质量很大，足以吸引住构成外面诸层的气体。天王星是诸行星中最奇怪的一颗，它似乎曾被一颗质量很大的星子撞击过。那次撞击的力量很大，而且是斜碰，碰撞使得天王星向一侧倾斜。（天王星的自转轴倾斜得非常厉害，它几乎是躺着绕太阳运动的——译者注）

就其自身而言，这些大型行星是很壮观的，然而，它们在地质学上的意义却不如它们的卫星那样重大。木星、土星和天王星的大多数卫星的表面仿佛曾发生过重构，星体也仿佛曾碎裂过，星体的表面上布满陨石坑，并且有固态的冰流动后留下的痕迹。

### 表5　木星大气的特征

| 特征 | 带（译者注1） | 区（译者注2） | 大红斑 |
|---|---|---|---|
| 红外能量 | 热 | 冷 | 冷 |
| 云高 | 低 | 高 | 高 |
| 涡旋 | 气旋（译者注3） | 反气旋 | 反气旋 |
| 气压 | 低 | 高 | 高 |
| 温度 | 冷 | 热 | 热 |
| 垂直风向 | 向下 | 向上 | 向上 |
| 云型 | 低、薄 | 高、厚 | 高、厚 |
| 云的颜色 | 暗 | 亮 | 橘红色 |

木星表面较暗的区域称为“带”（belt）——译者注1

木星表面较亮的区域称为“区”（zone）——译者注2

气旋指的是中心气压低于四周气压的涡旋，反气旋指的是中心气压高于四周气压的涡旋——译者注3

木星与它的15颗卫星像是一个小型的太阳系。伽利略（Galileo）于1610年发现了其中最大的四颗卫星，因此，人们将这四颗卫星命名为伽利略卫星。伽利略卫星的运动轨道接近正圆，公转周期介于2天到17天之间。木卫三和木卫四是伽利略卫星中最大的两颗，其体积约与水星相当。木卫一和木卫二相对较小，大约与月球一般大小。木卫四是伽利略卫星中轨道最靠外的一颗。与月球背离地球的一面相似，它的表面上几乎完全被陨石坑所覆盖，这是它最令人难忘的特点。木卫四上有一个显眼的“牛眼”结构（bull′s eye structure）（图69），这一结构似乎是一块大型撞击盆地，该盆地位于木卫四的冰冷的星壳上。木卫四的星壳由不纯净的冰构成。

木卫三是太阳系中最大的卫星。木卫三上的陨石坑比木卫四少。与月球靠近地球的一侧的情况相似，木卫三上有的地方陨石坑遍布，有的地方则很平坦。在这些平坦的区域内，冰冷的熔岩覆盖着古老的伤疤。“伤疤”是地质年龄较大的陨石坑。平坦的区域在地质上相对年轻。有的平坦的区域内陨石坑众多，众多的裂缝使该区域变得支离破碎。大量的构槽、断层和裂缝表明木卫三在不久前还存在构造活动。位于木卫三阿贝拉沟（Arbela Sulcus）的一条长条形带状条纹表明此区域的星壳发了相对滑动，相对滑动的星壳好像在一层温暖、柔软的冰层上滑行一样。分岔众多的亮带在木卫三表面构成了复杂的、纵横交错的网络，网络间夹杂有一些陨石坑（图70）。

木卫三是已知的唯一具有明显磁场的卫星。与月球一样，木星三总以相同的一面面向木星。在其背离木星的一面，有一块很大的圆形区域，该区域颜色较暗，其中布满陨石坑。在此区域内有许多平行排列的山脊与构槽，彼此之间相隔很近，构槽的宽度介于3英里（约4.8千米）至10英里（约16千米）之间。这些山脊与构槽形成于巨型陨星的撞击。当巨型陨星陨落于木卫三柔软的星壳上时，星壳被撞裂了，于是生成了许多由同心圆构成的图样。之后，水将裂隙填满，并在其中冻结，于是形成了整个太阳系中最令人难忘的景象。

木卫二是伽利略卫星中的第二颗，其大小与月球相当。在木卫二表面，纵横交错的山脊错综复杂地纠结在一起，表明木卫二上存在冰火山喷发，这与地球上的大洋中脊相似。（冰火山是一种特殊的火山，其喷出物不是岩浆，而是水、冰、液态氮及液态甲烷等，喷发时看起来就像是一个冻结的喷泉——译者注）冰从山脊的

*图69*

*木卫四上明显的牛眼结构，这一结构似乎是一块大型撞击盆地，该盆地位于木卫四的冰冷的星壳上。木卫四的星壳由不纯净的冰构成（本照片蒙美国宇航局惠许刊登）*

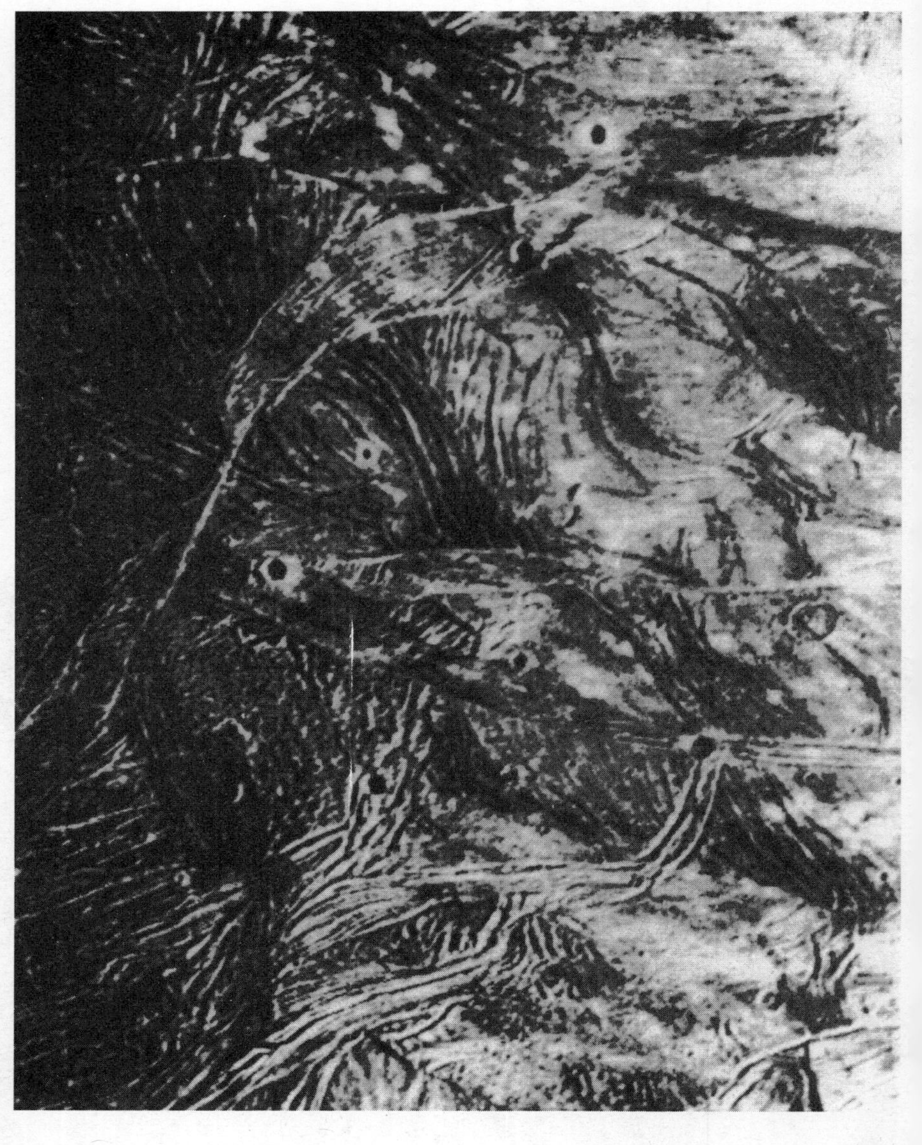

*图70*
*木卫三是木星最大的卫星，其表面的山脊与沟槽可能源于其冰质星壳的变形（本照片蒙美国宇航局惠许刊登）*

中央喷出至木卫二表面，并向周围铺开，形成新的星壳。木卫二有一个冰质的星壳，这个星壳似乎裂成了巨大的浮冰，这些浮冰至少厚达6英里（约9.6千米）。星壳下面可能是液态水，海底火山为这些液态水提供了热量。除地球外，这是整个太阳系中唯一已知的由水构成的海洋。

木卫二表面布满了纵横交错的深色条纹和带子，这些带子长达数千英里，宽度可达100英里（约160千米）（图71），像是木卫二冰质星壳上的裂缝，缝内填满了从星球内部喷出的物质。木卫二表面陨石坑非常少，这说明它的表面每1，000万年会被重新铺满一次，新的物质不断从星体内部涌出，将各种裂缝和陨石坑逐渐掩埋。木卫二可能形成于大陨星轰击期之后，约40亿年前。那时的陨星撞击比今天频繁得多。

伽利略号（Galileo）探测器传回的图像显示，木卫二上有一个由山脊和裂谷构成的复杂网络，有的裂谷与地球上在板块构造作用下形成的裂谷很相似。木卫二表面的某些地方看起来像一副被打散了的巨大的拼图玩具。大量由半融的冰构成的流出物从巨大的裂隙中流出，将木卫二表面的地形特征全部掩埋，包括陨石坑。与其他星体上碗形的陨石坑不一样，木卫二上最大的撞击构造表现为一系列同心的圆环环绕着一块平坦的中央平地。显然，撞击物直接穿透了木卫二外层刚性的冰质星壳。水和半融冰很快就将陨石坑填满。撞击使木卫二表面发生了破裂，形成一系列同心的圆环，好像将石子扔进宁静的池塘中时形成的波纹，不过木卫二表面的这些“波纹”是静止的。

木卫一是距木星最近的一颗卫星，也是最迷人的一颗卫星。它的大小、质量和密度都与月球几乎相同。木卫一表面广泛存在的火山作用在其表面生

**图71**
*木卫二上有许多排列复杂的条纹，表明其星壳曾经破裂，裂缝中填满了从星体内部涌出的物质（本照片蒙美国宇航局惠许刊登）*

成了100多座火山（图72），因此，木卫一或许是太阳系中火山运动最活跃的星体。木卫一的表面非常年轻，它是太阳系中唯一一颗完全没有陨石坑的星体。木卫一表面几乎没有陨石坑，这表明，在最近100万年内，木卫一的表面曾被大量熔岩覆盖。木卫一上的几座主要火山每时每刻都在喷发，火山喷出的岩浆是地球的100倍以上。

木卫一上最高的几座火山与珠穆朗玛峰一样高。它们由硅酸盐岩石构成，可能形成于与地球上的火山类似的喷发过程。木卫一上的几座最大的火山显然还在活动，例如以夏威夷火山女神命名的佩莱（Pele）火山。这些火山喷出大量火山物质，形成高达150英里（约242千米）的、巨大的伞形岩浆柱，散落的火山喷出物铺满了方圆400英里（约640千米）的土地。这些从火山口喷出的炽热的熔岩让人不禁想起40亿年前的地球，那时地球正处于剧烈的动荡之中。因此，通过了解木卫一，我们也许能够瞥见地球处于地质青春期时的情况，那时地球内部的温度比现在高得多。

***图72***
*伽利略号（Galileo）探测器拍摄的木卫一。木卫一是太阳系内火山作用最活跃的星体*

*图73*
*土星及其卫星，旅行者1号（Voyager 1）摄于1980年11月（本照片蒙美国宇航局惠许刊登）*

土星的成分和大小都与木星相似，但质量只有木星的1/3。土星的卫星是太阳系所有卫星中最奇怪的（图73）。土星共有18颗卫星，这些卫星中小的直径只有数百英里，大的比水星还大。除最外侧的两颗卫星外，其余的卫星都沿位于赤道平面内（土星光环也在赤道平面内）的接近正圆的轨道运动，并且像月球一样，总以固定的一面面向土星。

土星的卫星们的密度不足水密度的两倍，表明其构成成分为岩石和冰。土卫二是土星从外向内的第二颗主卫星，其反照率接近100%，是太阳系中反照率最高的星体。在土卫二冰质的表面上点缀着许多陨石坑，并分布有长长的沟纹，其表面似乎已在火山活动作用下发生了重构。土卫七似乎曾被另一颗大型星体撞碎，碰撞过后，其碎片又重新结合到了一起。

土卫五是土星第二大的卫星。土卫五表面布满陨石坑（图74），与月

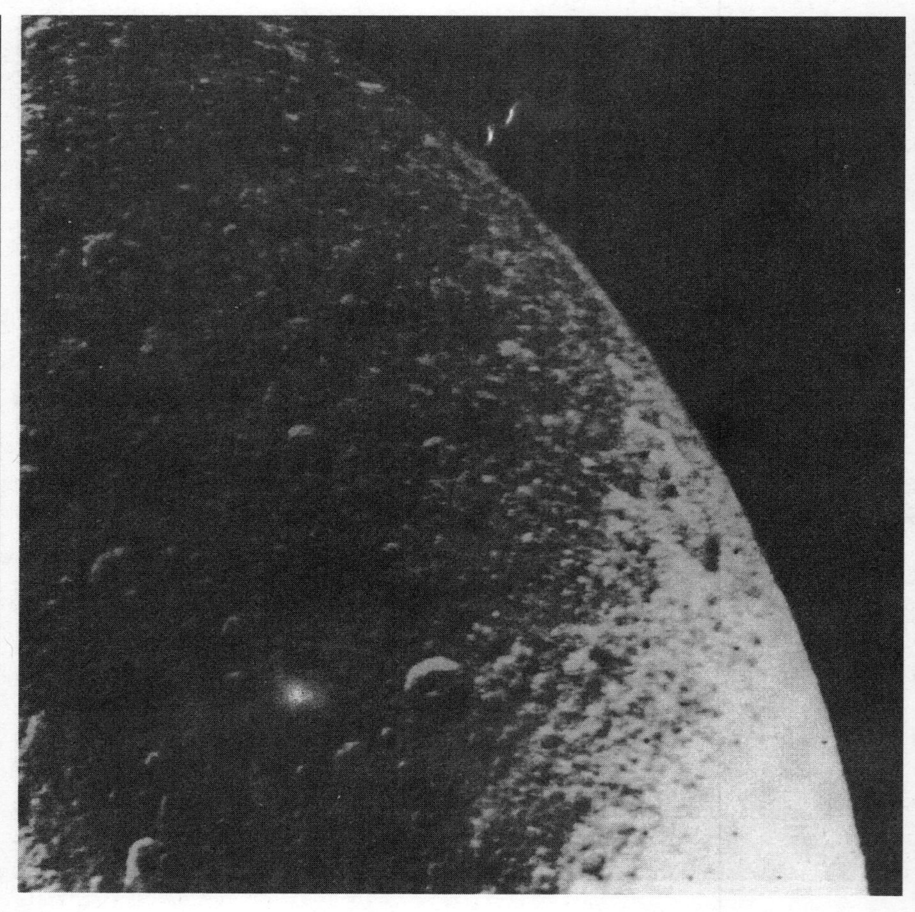

*图74*
*土卫五表面上的多重陨石坑（本照片蒙美国宇航局惠许刊登）*

球和水星上的高原情况相似。土卫一表面陨石坑众多，且分布很均匀。土卫四的密度在土星的卫星中位居第二，其很多地形特征与土卫五相似。土卫五和土卫四表面都有很多陨石坑。土卫三上有一个巨大的陨石坑，这个陨石坑的直径是土卫三直径的五分之二！土卫三上有一条横跨南北两极的峡谷，谷长600英里（约960千米），宽60英里（约96千米），深数英里，这条峡谷带有分支。

土卫六比水星还大，是太阳系中唯一具有真实大气的卫星，其大气层甚至比地球大气还浓密。土卫六大气的主要成分是氮化物、碳化物和氢，人们相信其成分与地球原始大气相似。因此，若要考察地球发展最初期的情况，土卫六是最佳选择。除地球外，土卫六是已知的唯一一颗表面部分被液体覆盖的星体，虽然土卫六的海洋里装的是零下175摄氏度的液态甲烷。土卫六的大陆也是由冰构成的。

天卫四和天卫三位于天王星的最外侧，它们是天王星的卫星中最大的两颗。天卫四和天卫三的大小均不足月球的一半，它们的表面上都有很多冰，呈现出非常均匀的灰色。有几个陨石坑周围散发出明亮的光线，人们认为这是被带至表面的干净的冰。天卫四上有的地方像是断层，但是这颗卫星上没有地质活动的迹象。天卫四表面布满了陨石坑，有的陨石坑的直径达60英里（约96千米）以上。在几个大型陨石坑的底部铺有一些由冰块和碳质岩石构成的混合物，这些混合物是在火山活动的作用下从星球内部喷出的。

天卫三表面（图75）的迹象明确地表明天卫三上存在地质构造活动。在天卫三的表面上存在一系列错综复杂的裂谷，裂谷的边缘是伸展断层，在断层处，星壳被彼此拉开。在其早期的历史过程中，天卫三表面被撞出很多陨石坑。然而，后来的火山作用喷出了大量的水，这些水使星壳表面发生了重构，许多陨石坑在此过程中消失了。也有一些大型陨石坑消失于柔软的冰质星壳的坍塌。当天卫三内部的水冻结并膨胀时，天卫三的表面将会绷紧，同时，星壳被撕裂，无数大冰块掉入断层中，水从裂缝中涌出，形成平坦的盆地。

天卫二和天卫一大小相近，约为月球的1/3。天卫二表面陨石坑众多，但由于其反光量太少，人们只能看到一个近乎空白的外表。这说明天卫二表面覆盖着厚厚的深色物质，这些物质由冰块和岩石构成。天卫二是天王星的卫星中最暗的一颗，而天卫一则是最亮的。

人们在天卫一上发现了“固态冰火山作用”（solid–ice volcanism），人们以前从未在太阳系中看到过这种火山作用。（“固态冰火山作用”指呈可塑状态的冰从天卫一内部被推到天卫一表面的过程，这一过程与一般的火山作用不同——译者注）星体内部的冰通过裂缝上升至星壳内部，然后喷出到星壳表面，造就了非常罕见的景观。天卫一上的陨石坑的数目是所有主卫星中最少的，这说明它的表面曾一次次地重建。当天卫一上的火山喷发时，会喷出一些由水与岩石构成的黏性混合物，这种黏性混合物能像冰川一样沿着深深的裂缝流动，与地球上沿伸展断层流动的岩浆类似。这样的火山喷发过程使天卫一表面发生了重构。

断层在天卫一表面形成了遍布整个星球的、纵横交错的网络，这些断层深达数十英里。天卫一表面类似峡谷的布劳尼谷（Brownie Chasma）像是一个地堑（地堑（graben）是一种谷状的构造，谷的两边是隆起的断层，中间是下降的断层——译者注）。当星壳被撕裂，大块地面下陷时就会形成地堑。布劳尼谷的岩壁

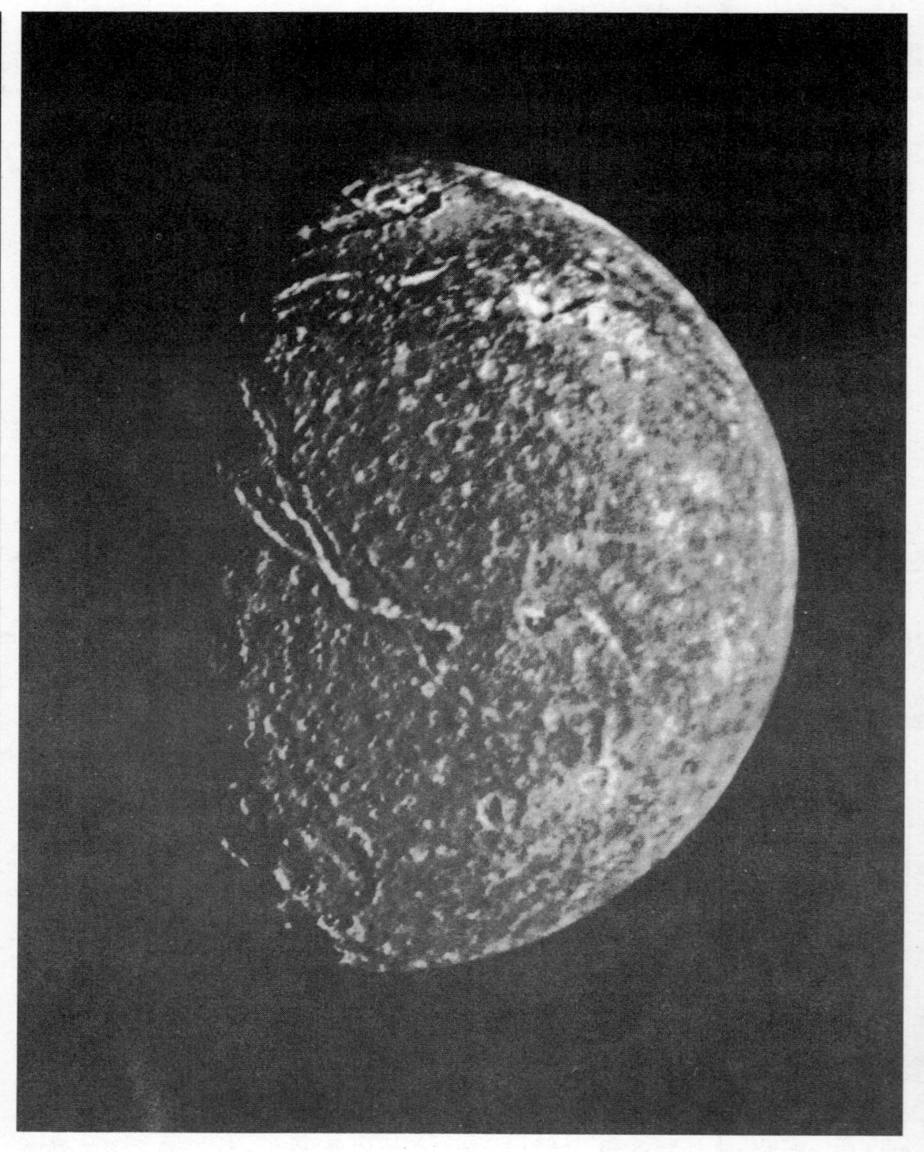

*图75*
*天卫三是天王星最大的卫星。在图中的昼夜分界线附近有一些大型的、类似沟渠的特征，这表明在天卫三上存在地质构造活动（本照片蒙美国宇航局惠许刊登）*

高50英里（约81千米），谷底向上凸起，形成了一个约1英里（约1.6千米）高的圆形山脊。

天卫五可能是人类至今为止碰到的最奇怪的星体。天卫五或许曾被彗星撞碎，之后碎片又重新组合在了一起，天卫五奇怪的形貌也许就来源于此。天卫五是天王星的主卫星中最小的一颗，直径仅约300英里（约480千米）。天卫五虽然个头中等，但其包含的地形特征却是所有卫星中最多的（图76）。天卫五表面有着起伏的平原，平原上布满陨石坑，也有宽100至200英里（约160千米至320千米）、如比赛跑道一般呈平行带状排列的山脊与凹槽，还有着一系列人字形的断层陡坎。巨大的断裂带环绕着天卫五，形成了许多带有陡峭的阶梯状悬崖的断裂谷，断裂谷的崖高达12英里（约19.3千米）。这些断裂带将天卫五表面统一的地貌割裂开来。

***图76***
*天卫五的表面，旅行者2号（Voyager 2）摄于1986年1月（本照片蒙美国宇航局惠许刊登）*

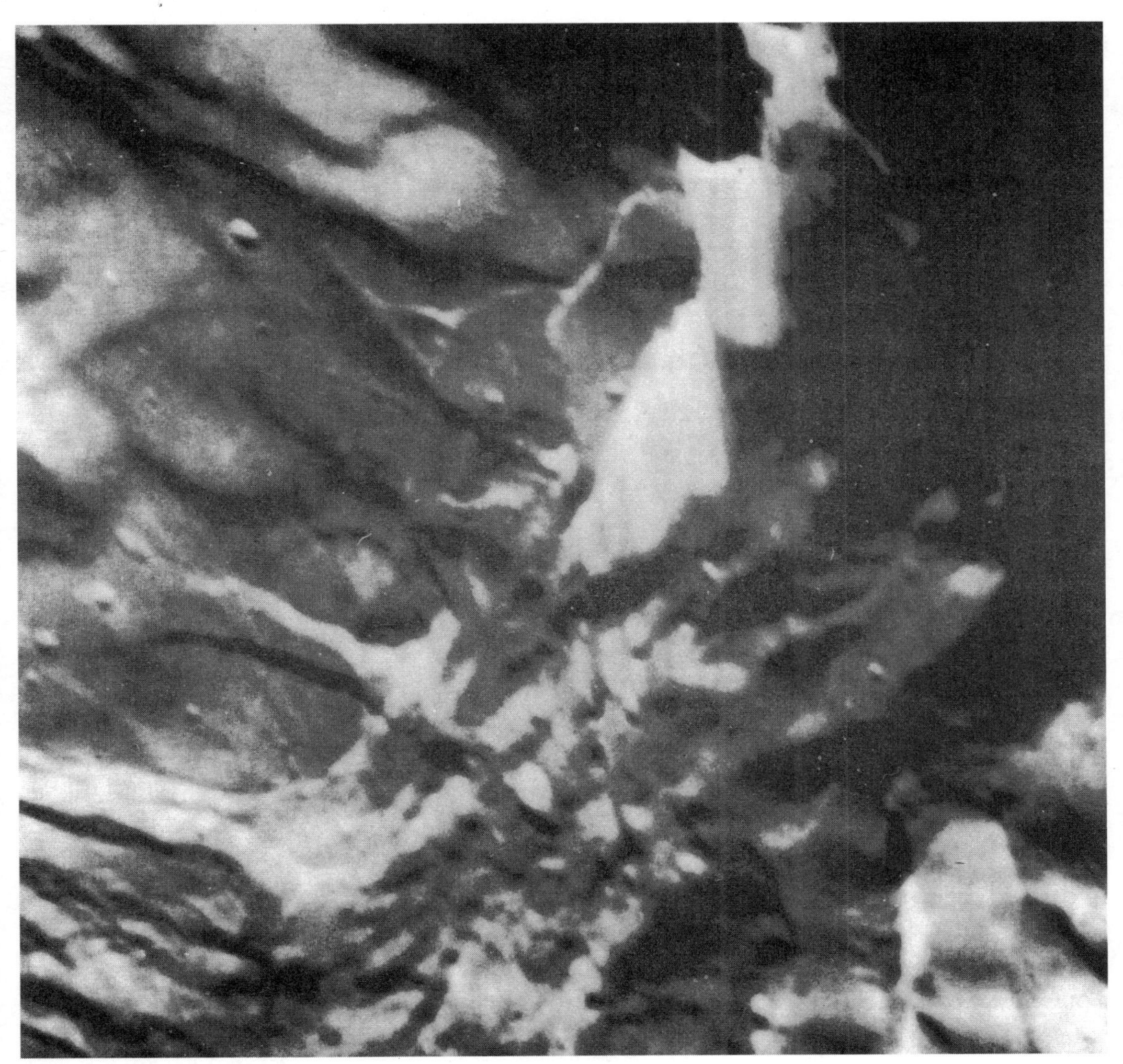

海卫一是海王星最大的一颗卫星，它似乎是一颗被海王星捕获的星体，因为它的轨道与海王星的赤道面之间存在21度的倾角，且其自转方向与公转方向相反。在太阳系内已知的所有卫星中，只有海卫一具有这样的特征。海卫一是太阳系中火山活动第二剧烈的卫星，位居木卫一之后。海卫一的内热已经消失很久了，其火山喷发所需要的能量来自哪里，这至今仍是一个谜。

深色的烟柱似乎表明海卫一上存在高度活跃的火山作用，然而，人们认为，早在40亿年前，海卫一在地质上就已经死亡。很明显，在海卫一表面上，巨大的、由氮驱动的间歇泉将各种颗粒高高地喷出到稀薄而寒冷的大气中，形成巨大的喷泉，这些颗粒撒落在海卫一的表面。彗星的爆发也许可以用类似海卫一上的间歇泉的原理来解释。当彗星爆发时，其亮度会爆发性地增加。冰冷的雪泥（雪泥（slush）指的是部分融化了的冰，雪泥有一定的流动性——译者

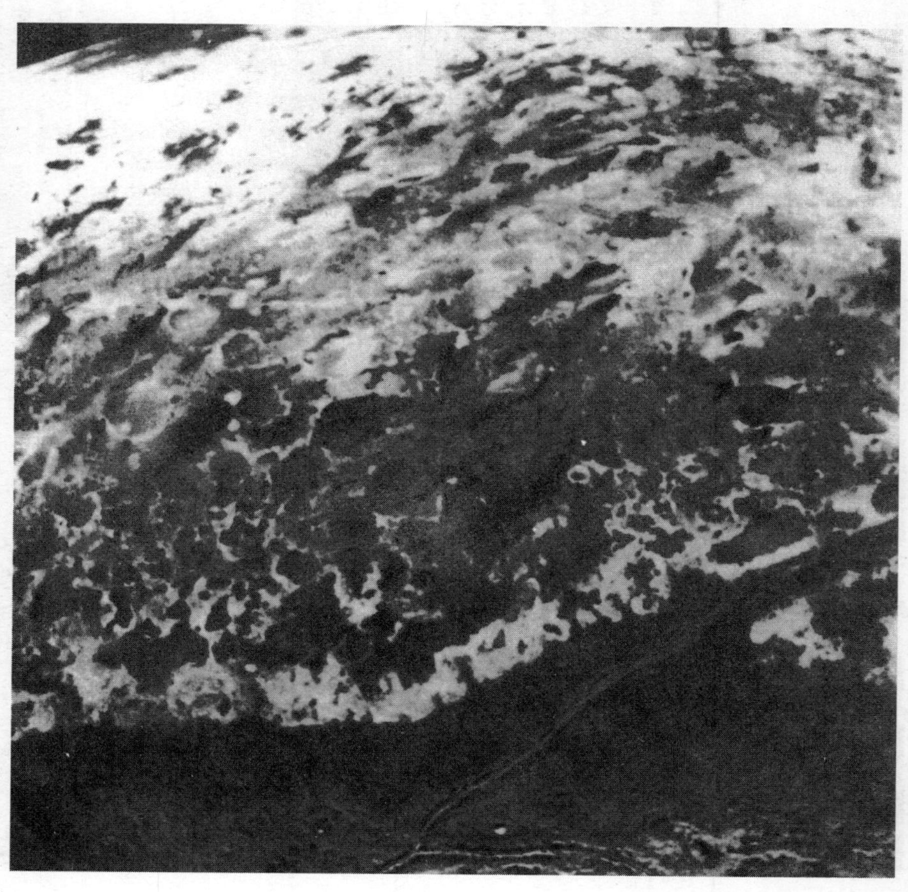

*图77*
*海卫一，旅行者2号（Voyager 2）摄于1989年8月。图中可见广泛的气体喷发的迹象（本照片蒙美国宇航局惠许刊登）*

注）从巨大的裂隙中渗出，由冰构成的“熔岩”形成了巨大的冰湖，造就了太阳系中最令人困惑的景象（图77）。

在讨论完行星和卫星上的陨星撞击之后，下一章我们将探讨小行星和陨星。

# 5

# 小行星

## 漂泊的岩石碎片

**本**章探讨小行星、小行星带、流星和陨星。太阳系非常广阔，九大行星及其卫星向外延伸出数十亿英里（图78）。在火星轨道和木星轨道之间，有一个宽阔的小行星带，小行星带中有许多石质或金属质的、形状不规则的岩石碎片。这些小行星的数量多达100万颗以上。另外，据估计，在直径大于0.5英里（约800米）的小行星中，大约有2，000颗小行星的公转轨道与地球轨道相交。

小行星有两种来源：有的小行星在太阳系诞生的初期形成于单独的吸积作用，有的小行星则源自大型天体与宇宙中其他星体碰撞所产生的碎片。所有小行星的总质量约为月球质量的一半。小行星的总质量本应更大一些，因为小行星不断如雨点般地落入内太阳系，此过程耗去了不少小行星。当彗星从太阳附近经过时，有时会被焚毁，这些被焚毁的彗星也许会向小行星带中补充新的小行星。

## 微小的行星

在古代时，人们就已经知道行星和彗星的存在，而小行星则是在近代才被发现的。天文学中的提丢斯–波得定则（Titius–Bode Law）确定了行星围绕太阳运动的轨道。根据提丢斯–波得定则，在位于火星与木星之间的宽广的空间内应该有一颗行星存在。（提丢斯–波得定则是德国天文学家提丢斯总结各行星与太阳的距离时得出的一个公式，这只是一个经验性的归纳公式，其背后并没有物理学理论支持——译者注）1801年1月1日，在寻找这一颗“缺失的行星”时，意大利天文学家朱塞普·皮亚齐（Giuseppe Piazzi）发现了一颗小行星，人们用西西里（Sicily）守护女神的名字为其命名，将它命名为谷神星（Ceres）。谷神星是已知的小行星中最大的一颗，其直径达600英里（约960千米）以上。接下来，在人们对火星与木星之间的区域的搜寻中，人们又发现了几颗小行星。今天，被人们追踪和编号的小行星已达数千颗。

小行星（Asteroid）一词源自希腊语，意思是“类似星体的物体（star–like）”。人们一度认为，小行星是如火星般大小的行星粉碎后形成的碎片。事实上，小行星是原始行星的遗留物，由与木星与火星之间万有引力的斗争，它们最终未能形成一颗行星。因此，小行星为行星的创生提供了重要证据，并给我们留下了有关早期太阳系的情况的重要线索。大多数小行星的绕日轨道被限制在木星与火星之间的一块区域内，人们将这一区域称为小行星主带。火星离小行星主带很近，火星的两颗卫星，即火卫一和火卫二（图79），可能都是从小行星主带中捕获的小行星。

大多数小行星绕太阳公转的轨道都是椭圆形的。在过去的许多年间，人们已经精确地标定出了主要的小行星的公转轨道。半径达0.5英里（约800米）以上的小行星约有100万颗，在这些小行星中，已被定位和识别的约有18，000颗。约有5，000颗小行星的轨道已被精确地确定。有时，有些小行星的轨道会延伸到内太阳系中，并与近日行星的轨道相交，包括地球。

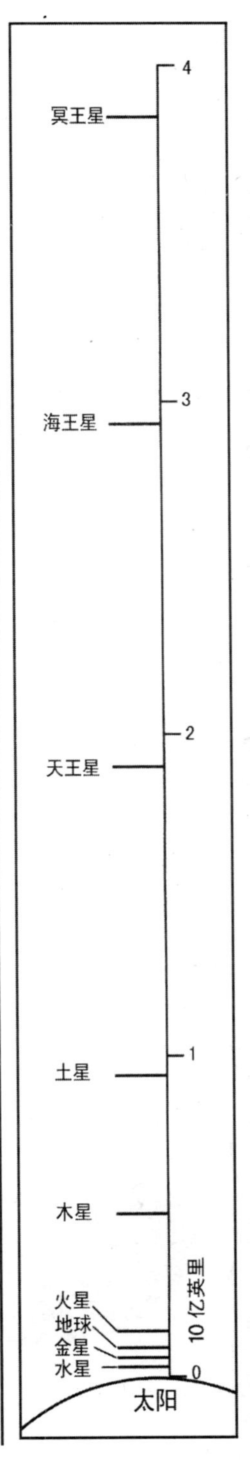


*图78*
*行星距太阳的距离，单位为10亿英里（约1.61亿千米）。*

*图79*
*火星的小卫星火卫二。火卫二也许是火星从小行星主带中捕获的一颗小行星（本照片蒙美国宇航局惠许刊登）*

小行星中最大的三颗分别是谷神星（Ceres）、智神星（Pallas）和灶神星（Vesta），这三颗小行星的直径均达数百英里，其总质量约占小行星带中所有小行星总质量的一半。直径在20英里（约32千米）以上的小行星约有1，000颗，其中直径在60英里（约96千米）以上的有200多颗。然而，小行星主带所包含的空间非常广阔，小行星之间的碰撞并不频繁，只有在地质学的时间尺度下，这样的碰撞才会发生。当碰撞真正发生时，小行星的表面会被崩掉一块，形成不计其数的碎片（图80），这些碎片常常以陨星的形式陨

*图80*
*（1）一颗比月球小的小行星（2）在一次巨大的撞击中碎裂，（3）在接下来的撞击下，碎片进一步碎裂，产生了轰击地球的小行星*

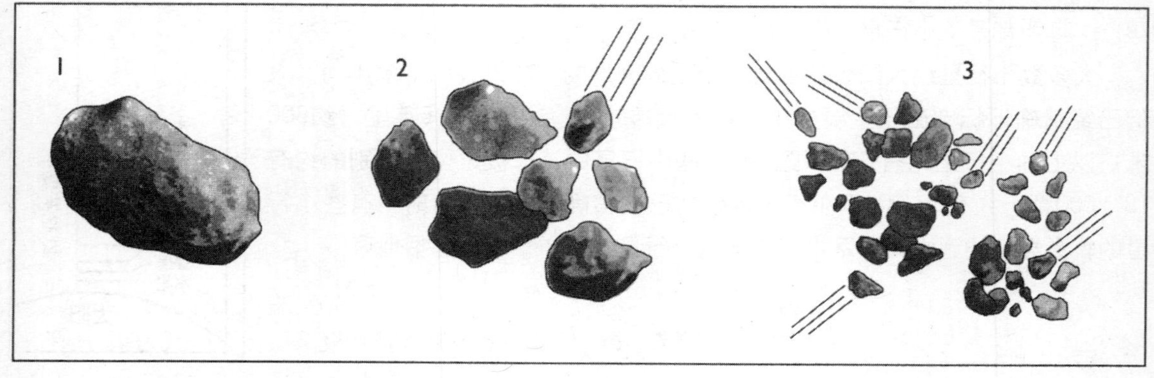

落到地球上。若小行星与其他小行星相撞，星体的石质表面上激起的尘埃可能会形成一条长尾，将小行星伪装成彗星。

经过漫长的年月，由于小行星之间的不断碰撞及木星引力的影响，小行星主带中的小行星已经损耗了很多，小行星带的总质量也比初始时大大减少。因此，我们今天观察到的只是小行星带的残余部分。在小行星带中存在尘埃带，这证明小行星之间的碰撞仍在进行。在通常情况下，碰撞会将小行星表面石质的物质侵蚀掉，露出更为结实的金属质星核。因此，各族的小行星分别产生于各自所对应的大型母星体的碎裂。这些残余的碎片向我们提供了有关小行星内部情况的宝贵信息。

并非所有的小行星都位于小行星主带内。类小行星天体的轨道范围很广，其轨道可将其从火星附近一直带至天王星轨道之外。在土星轨道和天王星轨道之间存在着一个较大的天体，人们叫它凯龙星（Chiron）（凯龙星（Chiron）即2060号小行星，也译作喀戎星、半人马星——译者注）。对于一颗小行星而言，这是一个很奇怪的位置。

特洛伊小行星（Trojans）是一群有趣的小行星，它们的轨道与木星轨道相同。特洛伊小行星可分为两簇，一簇位于木星前方，另一簇则紧跟在木星后面运动。特洛伊小行星的数量也许与小行星主带中的小行星一样多。两簇小行星分别聚集于拉格朗日点附近（Lagrange point）。拉格朗日点附近是一个引力平衡区，在此区域内，小行星的轨道离心力与木星、太阳的引力相平衡。然而，有的特洛伊小行星的轨道离上述稳定区有相当一段距离，因此，这些小行星可能会游荡到内太阳系中。大约1，200颗特洛伊小行星似乎已经离开了原来的母小行星群，它们现在所处的轨道可能会将其带至地球的碰撞距离内。

小行星通常具有不规则的外形，其绕自身的转轴自转一周的典型周期为20小时。因为碰撞过程会随机地改变小行星的自转角动量，所以小型小行星的自转速度很快，而自转转动惯量较大的大型小行星的自转速度则比较慢。（对刚体而言，转动惯量是描述其转动速度改变的难易程度的物理量。当角动量相同时，转动惯量越大的物体转动速度越小——译者注）有趣的是，对于直径大于75英里（约121千米）的小行星，情况刚好与上述规则相反，对于这些小行星而言，自转速度与星体大小成正相关趋势。显然，这些小行星的引力质量已经足够大，因此在碰撞后能够保持完好，这样的碰撞使小行星自转的速度越来越快。

由于外形不规则，在自转过程中，大多数小行星反射太阳光的量会发生变化。围绕彼此运动的一对小行星称为双小行星。当双小行星经过地球附近时，其亮度呈脉冲型变化：当双小行星中的一颗从它的伴星的前方或后方经过时，双小行星会闪烁。这些类型的近地小行星很常见。

许多大型的小行星呈细长形，自转速度很快，这些小行星像是在万有引力作用下凝聚形成的“碎石堆”——即在被彻底撞碎后由碎片重新聚集而成。这种“碎石堆”型小行星的存在也解释了行星上常见的相距很近的陨石坑对的来源。在穿过地球轨道的大型小行星中，成对的小行星可能多达1/5。当小行星从地球附近经过时，可能会分裂为两颗较小的、围绕彼此运动的星体，当它们再次与地球相遇时，就会在地球上留下一对陨石坑。

人们根据小行星的成分对其进行分类。小行星可分为三大类：原始小行星、变质小行星和火成小行星。分布规律表明，在太阳系形成之初，陡峭的温度梯度和强烈的太阳风使小行星的成分发生了改变。星体自身的发热作用，例如放射性元素和冲击摩擦，在星体的加热过程起了主要作用。

原始（Primitive）小行星，即P型小行星，在小行星主带的外部区域中占主导地位。P型小行星富含碳和水，这代表了源自太阳系形成时的、未经改变的剩余物质。变质（Metamorphic）型小行星即C型小行星，这类小行星中也含有大量的碳。C型小行星位于小行星带的中央区域。C型小行星与P型小行星很像，只不过C型小行星中所含的挥化性物质较少，而且几乎不含水。当加热作用增强时，P型小行星中的上述物质被赶走，于是一些P型小行星变成了C型小行星。与石质或金属质的小行星相比，构成C型小行星（如智神星（Pallas））的物质更容易被侵蚀，因此，C型小行星的表面比其他类型的小行星碾磨得光滑。

火成型（Igneous）小行星即S型小行星。这类小行星多发现于小行星带内部的区域中。普通球粒陨石是一种最普通的陨石，显然，普通球粒陨石即来源于S型小行星。S型小行星似乎曾被剧烈地加热过，这些小行星由一种复杂矿物的熔融物形成，这种熔融物的成分与地幔相似，其中包含橄榄石、辉石和金属。韶神星（Hebe）直径115英里（约185.2千米），它可能是普通球粒陨石的主要来源。韶神星位于小行星带的某一区域，在此区域内，撞击溅起的岩屑可能会被掷向地球，形成陨星。

## 小行星带

在地球与其他行星在太阳周围形成之前很久，一片巨大的尘埃云已经开始凝聚形成小行星。这些岩石碎块飘浮在空间中，许多碎块的体积已经足够大，温度也已足够高，能够产生火山作用，喷出岩浆。然而，绝大多数小行星只是由冰冷的碎石构成的较小的岩块。小行星主带宽2.5亿英里，是一条由原始岩石碎片构成的带子。小行星主带与黄道平面（即太阳系所在的平面）之间有约10度的倾角。大部分陨落到地球上的陨星都来自小行星主带。小行星主带中的小行星，大的直径可达数百英里，小的直径不到100英尺（约31米）。当小行星上脱落下来的颗粒撞向地球时，就会形成微陨星。从刚开始的时候起，地球、月球以及其他的行星和卫星就一直处于源自小行星带的陨星的轰击之下。

小行星带中约含有100万块宽度在0.5英里（约800米）以上的碎石块，此外还有大量其他小型天体。由细颗粒物质构成的黄道尘埃带位于小行星主带的内边缘附近（图81），这一圆环宽约3，000万英里（约48，270，000万千米），厚约数10万英里（约160，900万千米），地球刚好镶嵌在其内边缘附近。尘埃带中的岩屑可能源自小行星之间的碰撞及彗星的彗尾——彗尾中含有大量被太阳风吹向太阳系外侧的尘埃和气体。

小行星是太阳系创生时的残留物。在木星强大的引力作用的干扰下，小行星带中的物质无法凝聚形成一颗大小与火星相当的行星，虽然从理论上说，在小行星带的位置处应该有一颗行星存在。事实上，最初，这些物质曾在绕太阳运动的轨道上形成了几颗直径达50英里（约81千米）以上的小行星，以及一个宽广的岩屑带。

大型小行星可能曾被放射源加热，并从内部开始向外熔化，因此，在太阳系形成的早期，大型小行星就与其他小行星区别开来。内带和中带的小行星曾经被剧烈地加热过，它们曾与近日行星经历了同样的熔融过程。在熔融过程中，小行星中的熔融的金属和其他亲铁元素，例如铂族的元素铱、锇，一起沉到了小行星内部，并在那里凝固。

小行星之间不断碰撞，在漫长的岁月中，碰撞将大型小行星表面相对较脆的岩石凿去，露出金属质的星核。接下来，碰撞后导致的碎裂将一颗大型

***图81***
*黄道尘埃带位于小行星带的内边缘附近，由岩屑构成，这些岩屑有的来自彗星，有的产生于小行星之间的碰撞（本照片蒙美国宇航局惠许刊登）（黄纬指的是天球黄道坐标系中的纬度，一般用β表示——译者注）*

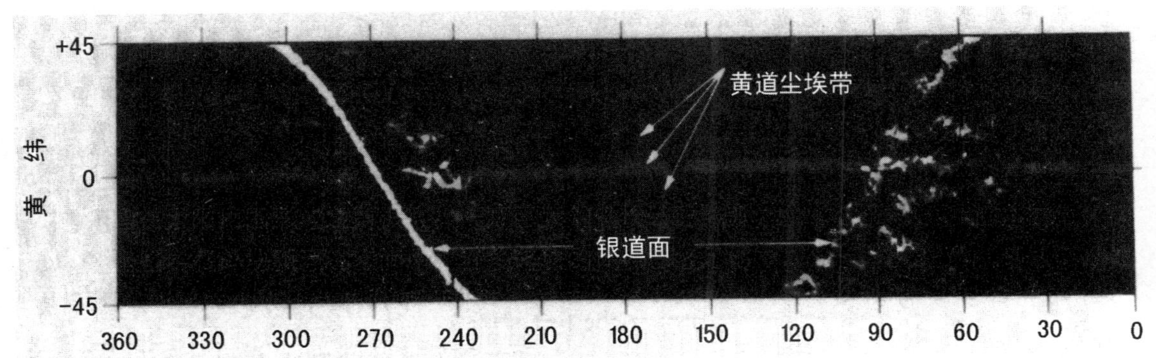

小行星分裂为几块致密的固体碎块。许多小行星含有高浓度的铁和镍，这表明它们曾是某颗大型小行星金属质星核的一部分，后来，此小行星在与其他星体的碰撞中碎裂。

石质小行星大多位于小行星带靠内的部分，它们密度较小，含有大量的二氧化硅。较暗的碳质小行星中含有大量的碳，它们位于小行星带靠外的区域。有三类陨石由玄武岩构成：即钙长辉长无球粒陨石、古铜钙长无球粒陨石和奥长古铜无球粒陨石。这三类陨石都源自一颗大型小行星的表面岩石。

灶神星（Vesta）是太阳系中第三大的小行星，某些稀有的玄武岩质钙长辉长无球粒陨石可能是灶神星的碎片。辉石是一种普通的火成岩造岩矿物，属硅酸盐矿物。在主带小行星中，只有少数几颗含有高浓度的辉石，灶神星是其中之一。灶神星也是最古老的小行星之一，在太阳系形成后的前500年间，它完成了聚集、熔化并部分冷却的过程。然而，灶神星位于小行星带最遥远的边缘，它的碎片是怎样到达地球的呢？这至今是一个谜。

## 柯克伍德空隙

在小行星带中存在着一些巨大的空隙，在这些空隙中，人们几乎没有找到过任何小行星，这是小行星带的一个奇怪的特征。人们将位于小行星带内部区域和外部区域之间的广阔空间命名为柯克伍德空隙（Kirkwood gaps），以纪念美国数学家丹尼尔·柯克伍德（Daniel Kirkwood）。柯克伍德在19世纪60年代发现了这些空隙的存在。在6个柯克伍德空隙中几乎完全没有小行星存在。如果一颗小行星落入某个空隙中，其轨道将会伸展得很宽，该小行星将在小行星带中进进出出，来回摆动，并到达太阳和近日行星轨道附近。（柯克伍德空隙中的轨道会与木星轨道发生共振，从而变得极不稳定。当小行星进入柯克伍德空隙时，它会被共振作用排挤到该区域之外——译者注）

每个柯克伍德空隙所占据的位置都是木星轨道周期的倍数，例如，如果一颗小行星在距太阳2.5天文单位的柯克伍德空隙内以接近正圆的轨道运行（天文单位，记作A.U.（astronomical unit），指的是地球与太阳之间的距离。一个天文单位相当于9，300万英里，约14，973万千米），则当木星绕太阳公转一周时，它将绕太阳公转3周。这样的小行星在公转过程中一次次地经过轨道中的同一个点，约100万年后，木星的引力会将它的轨道变为一个离心率很高的椭圆，该轨道会与火星轨道相交。（由于柯克伍德空隙中的小行星的公转周期是木星的整数倍（例如3倍），因此，在公转时，每公转3周后，该小行星与木星的相对位置会与之前完全相同，这样，木星引力对它的影响将会积累，最终使它的轨道发生严重改变——译者注）这样的结果是，落入柯克伍德空隙中的小行星无法长久稳定地在其中运行，从而解释了柯克伍德空隙的存在。

一些陨星所呈现出来的一个有趣的性质也许与距太阳2.5个天文单位处的柯克伍德空隙有关。石质陨星是最常见的一类陨星。很明显，下午落入地球的石质陨星的数目比上午高一倍。长期以来，人们一直将产生这一奇怪的现象的原因归结为下午时分在户外的人更多，因而发现了更多的陨星。然而，发现陨石最多的人是农民，他们在地里干活时发现了很多陨石，农民们通常很早就开始工作，并且在整个白天都在劳作。显然，陨星公转轨道的方向使得它们更多地与地球的下午半球（afternoon hemisphere）相交，而不是早晨半球（morning hemisphere）。（图82）

在每年落入地球大气的石质陨星中，约有100吨源自距太阳2.5个天文单位处的柯克伍德空隙。这些陨星大多消失了，因为有的陨星在大气层中瓦解，有的掉到了海里。然而，就陨落在陆地上的陨星而言，似乎陨落时间位于下午的最多。

小行星也占据了一些特定的区域，这些区域被称为共振区（resonances）。由于小行星主带的外围部分距木星很近，那里的小行星受木星引力的影响很大。木星是一颗巨大的行星，它强大的引力作用会将这些小行星的轨道明显拉长，使它们的轨道与近日行星的轨道相交。位于小行星主带中靠近火星一侧的另一系列共振区也使得一些小行星脱离了小行星带，进入内太阳系。

雅科夫斯基（Yarkovsky）是一位俄国工程师，他于一个世纪前发现了雅科夫斯基效应（Yarkovsky effect），人们以他的名字为这一效应命名。雅科夫斯基效应源于小行星吸收并重新辐射出太阳能量的方式，这一过程与某类火箭发动机类似。雅科夫效应提供的能量将大量宽度不足6英里（约9.6千米）的小型小行星推入共振区中，在那里，这些小行星又被推入内太

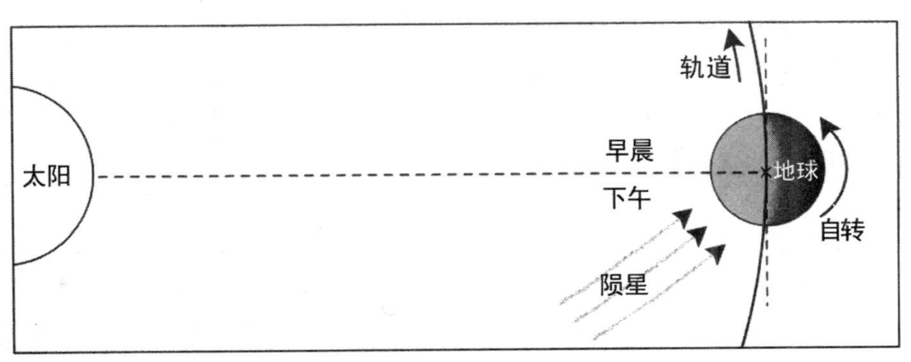


*图82*
*陨落在下午半球上的陨星比陨落在早晨半球上的陨星多*

阳系。这一现象可以解释为什么阿斯特丽德（Astrids）小行星族（阿斯特丽德（Astrids）既是一颗小行星的名字，也是一个小行星族的名字——译者注）中的最小的成员们拥有可到达地球的、范围最广的轨道。

## 流星群

流星在英文中也叫做“倏然飞过的星星”（shooting star）或陨星（falling star）。流星是一种天体，当它出现时，会在天空中划出长长的线条，并呈现出明亮的尾迹。流星一般在夜里出现，但有时甚至在白天也能看到。流星坠入地球大气时会发出火光，在远离城市灯光的明净的夜空中，常常能见到流星。大多数流星在距地面70至55英里（约110至90千米）时开始发光，这是地球外层大气的最外沿。在产生流星雨的流星体中包含微小而松软的尘埃颗粒，这些尘埃颗粒源自彗星。事实上，高空侦察机曾采集到一些这样的颗粒。

流星体是位于地球大气层之外的行星际空间中的岩石或尘埃颗粒，它们有的是彗星上脱落的碎块，有的是在宇宙中的无数次撞击下碎裂的小行星的碎片。这样的碎片数目很多，因此流星陨落是非常寻常的事件。

在空气摩擦的作用下，流星体落入大气层后，通常在距地面70至40英里（约110至60千米）处开始发热。同时，摩擦会使流星体附近的空气分子发光，在天空产生转瞬即逝的光迹，这就是人熟知的流星。空气摩擦产生的极大的热量会将流星的外层剥去，炽热的流星外层将产生一条燃烧的长尾，这条长尾存在的时间通常不到一秒。

只有体积达到一定大小的流星才能在完全燃尽之前穿过大气层。陨落在地球表面的流星体被称为陨星，陨星（meteorite）一词的后缀是“–ite”，表示它是一种石头。有的陨星中含有铁或某些岩石，这些物质似乎并非源自彗尾产生的流星群，相反，它们是小行星在不断的碰撞中脱落的碎块。

每天都有数千颗流星体如雨点般陨落到地球上。偶尔发生的流星雨中则包含数十万颗小石子。大多数陨星已经在大气层中燃尽，它们的灰烬化为大气尘埃。每年产生的流星残余物都达100万吨以上，这些残余物大多悬浮在大气中，它们能够散射阳光，使天空变蓝。

## 陨星坠落

陨星坠落是很寻常的事，在各个历史时期，人们都观察到了陨星坠落的事件。历史学家常说，1803年法国诺曼底省（Normandy）埃格勒（l' Aigle）的一次壮观的陨星坠落事件激发了人们对陨石的早期研究，在这次陨星坠落过程中共落下了3，000枚陨石。然而，9年前的一次大规模流星雨让这一事件黯然失色，这次大规模流星雨于1794年6月16日发生在意大利锡耶纳（Siena），是近代以来最壮观的一次流星雨。这次流星雨促使了现代陨星科学的诞生。

在公元前7世纪，古代中国人留下了有关陨星坠落的最早的记录。有意思的是，陨落在中国的陨星很少，至今为止，人们还没有在中国境内发现过大型陨石坑。1178年6月25日，英国坎特伯雷（Canterbury）（坎特伯雷（Canter-bury）位于英格兰东南——译者注）的僧侣们看到月亮上发出闪光，这是有关月球上的陨星撞击的最早的记录。在月球上，形成于30亿年内、宽度小于1英里（约1.6千米）的所有陨石坑都是小型小行星撞击产生的。（图83）

1492年11月16日，一块120磅的陨石陨落在法国阿尔萨斯大区（Alsace）昂西塞姆市（Ensisheim）外，这块陨石至今仍保存在博物馆里，是现存的最古老的陨石。1902年，威廉麦特陨石（Willamette Meteorite）发现于美国俄勒冈州（Oregon）波特兰市（Portland）附近。威廉麦特陨石长10英尺（约3.1米），宽7英尺（约2.2米），高4英尺（约1.2米），重16吨，是人们在美国境内发现的最大的陨石。在过去100万年中的某一时刻，它与地球相撞，并坠入地球。

1886年3月27日，一块重880磅（约399千克）的陨石陨落在美国阿肯色州（Arkansas）帕拉古尔德（Paragould）附近的农田里。在陨落过程被人们观察到的陨石中，这块陨石是最大的陨石之一。人们迄今为止发现的最大的陨石名叫“霍巴西”（Hoba West），其重约60吨，于1920年发现于西南非（Southwest Africa）赫鲁特方丹（Grootfontein）附近的一个农场里（赫鲁特方丹（Grootfontein）现属纳米比亚（Namibia）——译者注）。1948年3月18日，一颗石质陨星陨落在美国堪萨斯州（Kansas）诺顿县（Norton County）的一片玉米地里，这是可观察到的最重的一颗石质陨石，其陨落时在地面上掘出了一个宽3英尺（约0.9米）、深10英尺（约3.1米）的大坑。

当流星在大气中的旅程到达尽头时，其通常会发生爆炸，并形成一个明亮的火球，称为火流星（bolide）。1933年3月24日，一个巨大的火球（Great Fireball）迅速从美国上空飞过，这一火球正是由一颗火流星引起的，这是历史上最令人难忘的火流星之一。有的火流星非常明亮，在白天也能看到。有时，在地面上也能够听到火流星爆炸时发出的声响，这种声响听起来好像喷气式飞机的声震（sonic boom）（当飞机以超音速飞行时就会产生声震（sonic

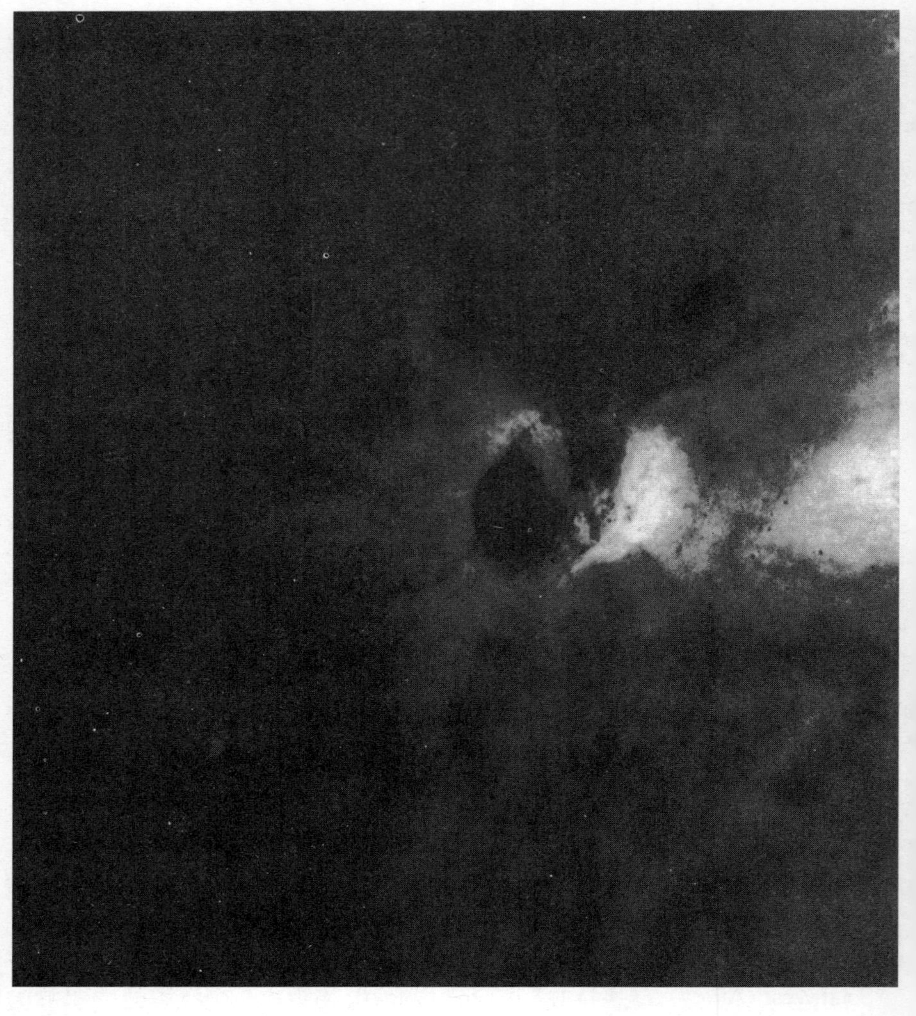

*图83*
*一个直径1英里（约1.6千米）以上的陨石坑，图中展示了一片被陨石坑喷出物覆盖的区域（H. J. Moore摄，本照片蒙美国地质调查局惠许刊登）*

boom）。飞机前方的空气被压缩，产生冲击波，并向飞机后方传播。当冲击波达到地面时，人们便会听到声震——译者注）据估计，每天在世界各处现身的火流星达数千颗之多。然而，大多数火流星爆炸的地点位于人烟稀少的区域或海洋上空，所以人们完全没有注意到它们的存在。

每年大约会有500颗较大的陨星撞向地球，这些陨星大多掉到了海里，并堆积在海底。在大气的制动作用下，陨落在地面上的陨星的撞击速度有所减缓，因此它们的掩埋深度很浅。并不是所有的陨星落地时的温度都很高，因为低层大气会使构成陨星的岩石降温，有时，陨星表面甚至会挂上薄霜。陨星也会导致很多灾难，正如许多例子所展示的那样，陨石会将房屋和汽车砸穿。

铁质陨石是所有陨石中最容易辨认的一种，虽然它们只占陨石总数的5%左右。铁质陨石主要由铁和镍构成，其中也含有硫、碳和极少量的其他元素。人们认为，铁质陨石的成分与地球的金属质地核相似，它们也许曾是某颗小行星星核的一部分，不过这颗小行星在很久以前便已碎裂。铁质陨石结构致密，所以大多在撞击后仍能保持完好。大多数铁质陨石都是农夫在犁地时发现的。

石质陨石是陨石中最常见的类型，其约占陨石总数的90%。然而，石质陨石与地球上的物质相似，很容易被侵蚀，因此寻找石质陨石通常很困难。有的石质陨星中包含一些由硅酸盐矿物构成的球状颗粒，这小颗粒位于纹理细密的岩石基质中，人们将这些球状小颗粒称为陨石球粒（chondrule）。“chondrule”一词来自希腊语中的词汇“chondros”，意思是“颗粒”。因此，含有陨石球粒的陨石被称作球粒陨石（chondrite）。在太阳诞生之前500万年间，太阳系开始从一个由气体和尘埃构成的旋涡状圆盘中浮现出来，人们相信，陨石球粒就是在这时由前体颗粒的团块形成的。

人们认为，大多数球粒陨石的化学成分与地幔中的岩石相似，因此，人们推测，球粒陨石在太阳系形成之初可能曾是某些大型小行星的一部分，后来这些小行星碎裂了。碳质球粒陨石是最重要、最吸引人的球粒陨石之一。碳质球粒陨石中包含碳化合物，这些碳化合物可能是地球上的生命的前体。在所有的球粒陨石中，有一半是H型原始碳质球粒陨石。人们相信，在太阳及行星创生之后不久，这一类型的碳质球粒陨石就已形成。

令人惊讶的是，南极的冰川是最好的“陨石猎场”之一（图84）（在英文中，猎场（hunting ground）有“最有希望找到所寻求的物品的地方”的意思——译者注），在那儿，深色的石头与周围的白雪和冰块形成了鲜明的对比，非常醒目。当陨石陨落到南极大陆上时，它们被嵌入到流动的冰盖中。在有的区域，冰川沿着山脉向上移动，冰块升华（不经融化，直接变成气体）后，陨石在地表暴露出来。与此相似，格陵兰岛（Greenland）的冰川为我们寻找那些陨落在这个世界第一大岛上的陨石提供了一些线索。

人们相信，在陨落在南极洲的陨星中，有的陨星来自月球，有的陨星甚至来自遥远的火星（图85）。大型撞击事件在火星上炸出了大块的物质，并将它们掷向地球。南极阿伦山地区（Allan Hills region）的一块陨石中含有奥长古铜无球粒陨石，奥长古铜无球粒陨石是来自小行星带的一种普通玄武岩，这些玄武岩可能是在撞击过程中从火星星壳上炸出的。人们在陨落在南

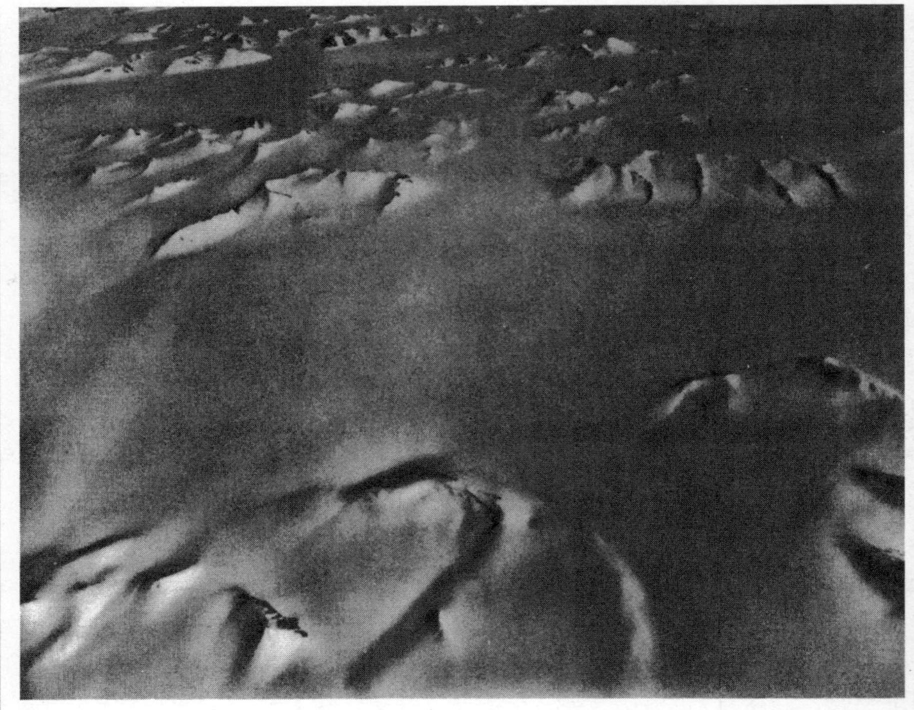

**图84**
南极半岛的冰雪高原，图中展现了几乎完全被冰雪掩埋的山（P. D. Rowley 摄，本照片蒙美国地质调查局惠许刊登）

**图85**
1981年从南极找回的一块陨石，人们认为它可能源自火星（本照片蒙美国宇航局惠许刊登）

极洲的火星陨石（当火星受到小行星撞击后，有的岩石碎块逃离火星引力，并进入地球的引力范围，陨落到地面成为陨石，这样的陨石就叫火星陨石——译者注）中发现了有机化合物，这暗示我们，火星上以前可能有生命存在。1962年，一颗重40磅（约18千克）的陨石在非洲尼日利亚（Nigeria）陨落，据鉴定，这颗陨星曾经是火星的一部分，在数百万年前的一次巨大的撞击中，它被从火星表面抛出，它在宇宙中游荡了约300万年，最终被地球的引力俘获。

纳勒博平原（Nullarbor Plain）是一块由石灰石构成的区域，其沿澳大利亚西南部的南海岸线延伸近400英里（约640千米）（图86）。纳勒博平原也许是世界上最大的陨石来源地。陨石通常呈深棕色或黑色，因此，纳勒博平原上苍白、平整的荒漠平原为寻找和辨认陨石提供了完美的背景。因为在沙漠上的侵蚀作用很弱，陨星被很好地保存下来，并且发现陨石的地点就是陨石的陨落地。人们已经找回1，000多块陨石碎片，这些陨石碎片来自过去20，000年间陨落的150颗陨星。有一颗非常大的铁陨石叫孟卓比拉（Mun-drabilla Meteorite），其重量达11吨以上。

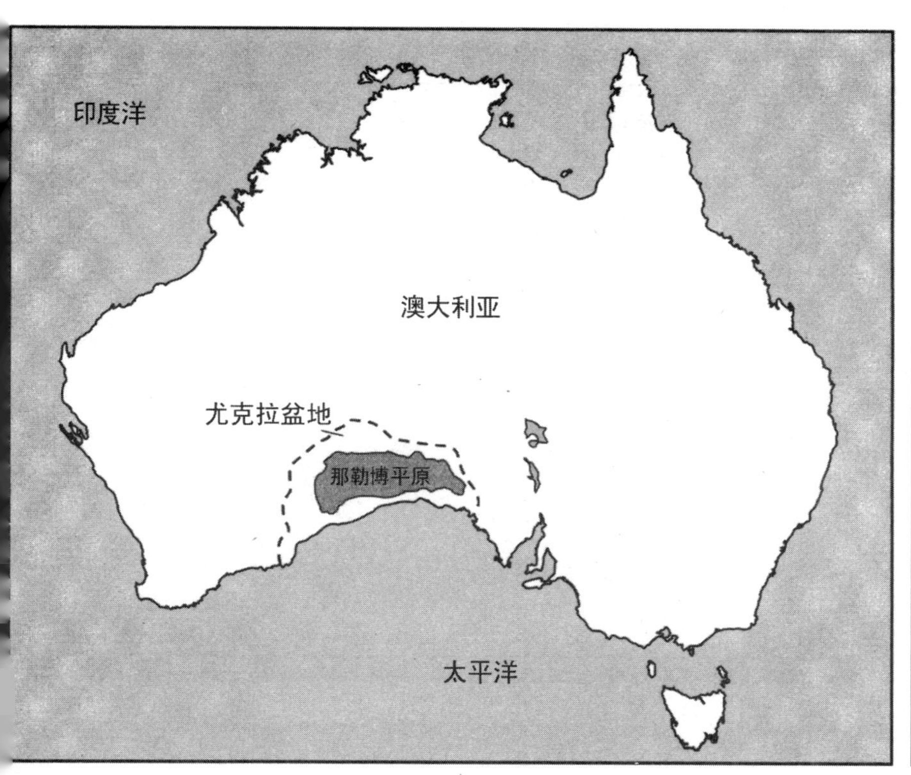


***图86***
*位于澳大利亚南部的那勒博平原（Nullarbor Plain）是世界上最好的陨石猎场之一*

## 探索小行星

陨石就像免费的空间探测器，它为我们提供了物质样本、宇宙射线的痕迹以及地球物理学的数据，这一切都不需要我们靠飞行器到太空中探索即可获得。这些数据对研究太阳系的当前状况和早期状况都很重要。科学家已将数千粒陨石进行了分类，但仍不能准确地确定哪一粒陨石来自哪里。

长期以来，有关位于木星与火星之间的小行星的研究一直被人们视作一项主要的科研目标。在已知轨道的5，000颗小行星中（表6），只有少数几颗吸引了人们足够的兴趣，使人们觉得有必要对其进行行星探索。伽利略号探测器（Galileo probe）发射于1989年10月，从那时起，它就开始了长达6年的木星之旅。当伽利略号探测器还处于内太阳系的轨道上时，它访问了两颗主带小行星——加斯帕（Gaspra）和艾达（Ida）（图87）。在被掷向木星之前，伽利略号探测器受到了金星和地球引力的助推。在穿越内太阳系的过程中，人们为伽利略号设计了复杂的飞行路线（图88），以便对类地行星（类

**表6　主要的小行星一览**

| 小行星 | 直径（英里）/千米 | 距太阳的距离（万英里）/万千米 | 类型 |
|---|---|---|---|
| 谷神星 | 635/（约1022.4） | 26,000/（约41,900） | 富碳 |
| 智神星 | 360/（约579.6） | 25,800/（约41,540） | 岩质 |
| 灶神星 | 344/（约553.8） | 22,000/（约35,400） | 岩质 |
| 健神星 | 275/（约442.8） | 29,200/（约47,010） | 富碳 |
| 英特利亚星 | 210/（约338） | 28,500/（约45,890） | 岩质 |
| 达比达星 | 208/（约334.9） | 29,600/（约47,600） | 富碳 |
| 凯龙星 | 198/（约318.8） | 127,000/（约204,500） | 富碳 |
| 赫克托 | 185×95/（约297.9×153.0） | 48,000/（约77,200） | 未确定 |
| 狄俄墨得斯 | 118/（约190.0） | 47,200/（约75,990） | 富碳 |

（凯龙星（Chiron）也译作喀戎星、半人马星——译者注）

（狄俄墨得斯（Diomendes）也译作猛士星——译者注）

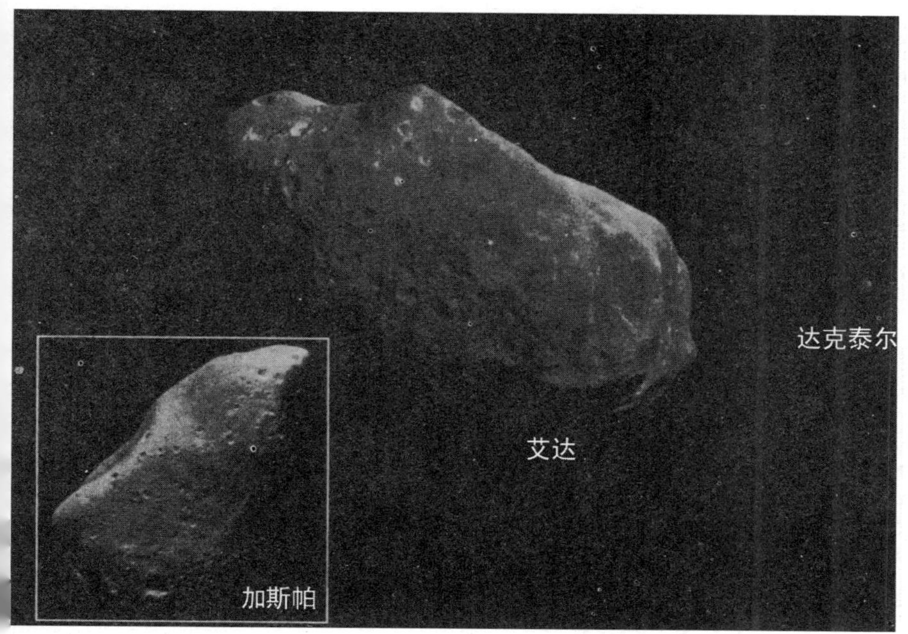


*图87*
伽利略号探测器（Galileo）拍摄的小行星艾达（Ida）和它的卫星达克泰尔（Dactyl），以及小行星加斯帕（Gaspra）（内图）（本照片蒙美国宇航局惠许刊登）

地行星指的是水星、金星、地球和火星——译者注）进行观察。1990年2月11日，在麦哲伦号探测器（Magellan probe）预计到达绕金星运行的轨道之前6个月，伽利略号开始拍摄被云雾笼罩的金星。

1991年10月29日，伽利略号以每小时18，000英里（约29，000千米）的速度到达距小行星加斯帕（Gaspra）900英里（约1，450千米）以内的地方。加斯帕宽8英里（约12.8千米）。伽利略号探测器发现，加斯帕是一颗S型小行星，它的成分与石质陨星相似，它也许曾经是某个大型天体的一部分。磁力计的异常读数显示，这颗体型微小的小行星中富含金属，并具有磁场。加斯帕是太阳系中发现的第一个具有磁场的小型天体。加斯帕的确是一颗古老的小行星。从其所属的小行星类型判断，加斯帕可能是频繁地陨落到地球上的普通球粒陨石的来源之一。

在被地球引力掷向木星、完成对木星的外向飞越的过程中，伽利略号于1993年8月28日以每小时28，000英里（约45，100千米）的速度从小行星艾达（Ida）附近飞过。艾达长约35英里（约56.3千米），是一颗S型小行星。伽利略号对艾达进行了近距离观测，记录了很多数据。更加令人惊奇的是艾达的小卫星达克泰尔（Dactyl）。达克泰尔是一块直径不到1英里（约1.6千米）的岩石，它围绕艾达公转，并已经陪伴了艾达1亿年以上。

1997年7月27日，近地小行星探访号航天器（Near—Earth Asteroid Rendez—

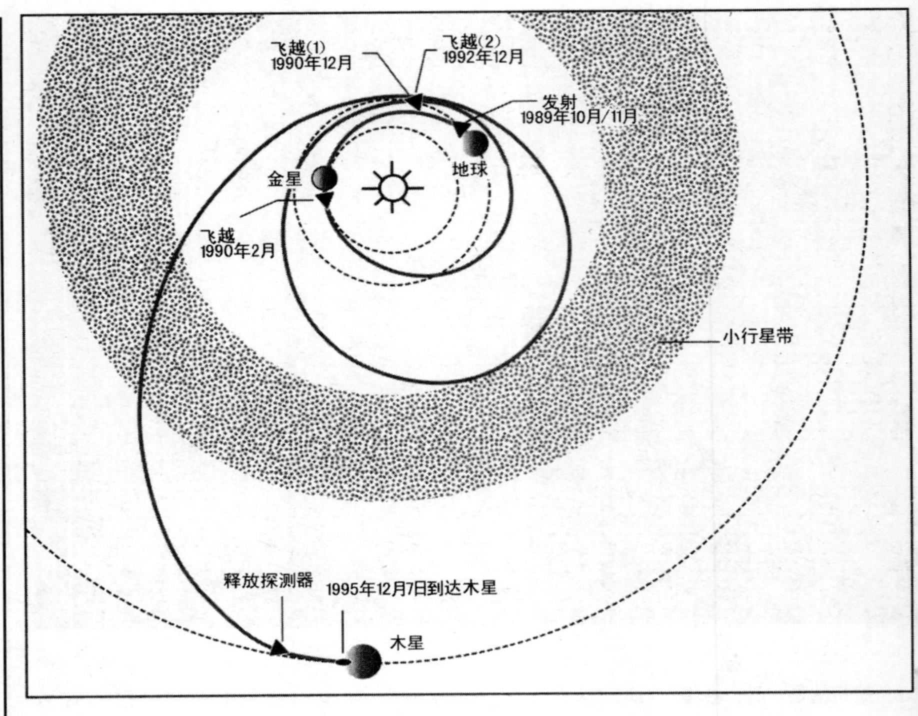


*图88*
*伽利略号探测器飞往木星的飞行轨迹，在飞行过程中，它飞越了金星、地球和小行星带*

vous，缩写为NEAR）到达距小行星玛蒂尔德（Mathilde）750英里（约1，208千米）处。玛蒂尔德长40英里（约64千米），宽30英里（约48千米），重约100万亿吨，密度只有水密度的1.3倍。玛蒂尔德的形状像一个土豆。对飞越时所获得的图像及数据的分析显示，这颗表面布满陨石坑的、富含碳的小行星的密度仅仅是岩质小行星的一半。玛蒂尔德似乎由多孔的物质构成，这表明，它要么由疏松的碎片挤压形成，要么曾被其他天体撞碎，变为了一堆在空间中飞行的碎石。在可观测的表面上有5个主要的陨石坑，宽度介于12英里至20英里（约19.3至32.2千米）之间，深度达到3.5英里（约5.63千米）。

2000年2月14日，NEAR号航天器在开始绕爱神星（Eros）飞行，飞行高度为15英里（约24.1千米），此时爱神星距离地球约1.96亿英里（约3.16亿千米）。爱神星形成于两颗大型小行星的碰撞，在形成之后不久，爱神星就脱离了小行星主带。爱神星的自转速度很快，这表明它可能曾冒着被吞没的危险来到过地球或金星的附近，这也许可以解释它细长的外形的成因。来自NEAR号航天器的数据显示，陨星对爱神星的撞击比人们预期的严重，人们原本认为，在小行星带外的小行星不应该受到如此剧烈的撞击。爱神星的表面几乎完全被陨石坑所覆盖，这表明爱神星的表面十分古老。

一年之后，2001年2月12日，在人们的操控下，NEAR号航天器在爱神星表面着陆，第一次成功地完成了在小行星上的着陆任务。在下降过程中，飞行器上的相机拍下了小行星表面的特写照片，这些照片的清晰度高过了以往所拍的所有照片。探测器着陆于一个鞍形的陨石坑外，该陨石坑名叫希马洛斯（Himeros）。着陆后，探测器上的发射器源源不断地发射出强烈的信号，然而，位于航天器的着陆的一侧的相机在着陆过程中损坏了。虽然探测器已经“失明”，但机载的仪器仍能够将有关小行星成分的精确数据发回地球。

人们相信，大型小行星的表面覆盖有疏松的压缩层，这些压缩层由与月球上的风化层相似的岩石碎片构成，这些岩石碎片形成于陨星的撞击。在接下来可能实施的一项探测任务中，主要的探测目标将是灶神星（Vesta）。灶神星是最大的小行星之一，也是最有趣的主带小行星之一。灶神星上有一个巨大的陨石坑，许多撞向地球的陨星可能就是这个陨石坑中的物质。此陨石坑宽285英里（约458.9千米），深8英里（约12.9千米），约与美国俄亥俄州一样大，然而，灶神星本身的直径也只有330英里（约531千米）。此外，人们还计划了两次可能实施的飞越任务，目标分别是迦勒底星（Chaldaea）和拐神星（Helena）（拐神星（Helena）也译作海伦娜——译者注）。迦勒底星和拐神星的直径分别为75英里和45英里（约121.8千米和72.5千米），二者成分各不相同。

小行星为人们提供了安置望远镜和其他科学仪器的平台，因而可作为人们探索太阳系时所需的理想的太空飞行器。小行星的这一作用将会大大扩展人们对太阳系的“行星际后院”（planetary backyard）的认识。在将来的某一天，小行星也可能被人们用作天然的空间站，通过它们，人们可以研究太阳系中未被探索过的区域。

此外，由于小行星的万有引力很弱，航天器在小行星上着陆要比在行星上着陆容易得多，着陆时，只需要按照空间对接的方式操作即可。安置在小行星上的望远镜将为宇航员提供完全不受大气干扰的、独一无二的视野。如果安装了合适的仪器，小行星也可以成为理想的太空探测器，可用于搜集有关太阳系内外诸多尚未解释的现象的信息。

## 在小行星上采矿

人们相信，小行星与太阳系的其余部分几乎同时形成。人们可以到小行星上采集有用的矿物。因此，当未来空间科学技术进步之后，在小行星探矿将成为一项有巨大潜在经济利益的冒险。

在加拿大安大略省（Ontario）有一处罕见的地质构造，叫做萨德伯里火成杂岩（Sudbury Igneous Complex）。萨德伯里火成杂岩是世界上最大的镍单矿源，并富含铜及其他珍贵的矿物。一个多世纪以来，人们一直对萨德伯里火成杂岩的地质历史存有疑问。在关于此问题的诸多理论中，有一种理论最为迷人。该理论认为，萨德伯里火成杂岩形成于18亿年前的一次大型陨星撞击事件，受此次撞击影响的区域宽约20英里（约32千米），长约30英里（约48千米），深约1英里（约1.6千米）。在位于南非的布什维尔德杂岩体（Bushveld complex）中也有一个类似的矿体，布什维尔德杂岩体本身可能也形成于陨星撞击。

历史学家相信，在古代，人们所使用的铁最早来自陨星，在有些古代文明中，铁陨石是人们所使用的铁的唯一来源。的确，在许多语言中，“铁”一词都与“星星”或“天空”有关。乌尔（Ur）（乌尔是古代美索不达米亚南部苏美尔的重要城市，其遗址在今伊拉克西南部——译者注）是亚洲西南部的一座古城，在乌尔的遗址中，人们发现了几把制造于3，000年前的匕首，这些匕首中的镍含量超过10%，这些镍正是源自陨星。很早以前，人们就已开始用铁陨星制造各种武器，人们相信，这样的武器能给持有者带来某种神秘的力量。

人们还在石质陨星的微小晶粒中发现了钻石。这些钻石颗粒的大小通常是微观尺度的，因此不能用于工业或装饰。在美国亚利桑那州（Arizona）代阿布洛峡谷（Canyon Diablo）的一颗铁陨石内，人们发现了一颗体积约0.01英寸（约0.25毫米）乘0.03英寸（约0.76毫米）的钻石。在陨石中发现的钻石颜色各异，有的无色透明，也有的呈黄色、蓝色或黑色。在大型陨星撞击时所产生的高温高压环境下，可能可以形成钻石。

小行星被人们誉为“空中的金矿”。按如今的物价计算，一颗直径1英里（约1.6千米）的、由品质优良的铁、镍和其他珍贵矿石构成的小行星价值高达4万亿美元。M型小行星主要由铁和镍构成，这类小行星主要位于火星轨道之外。然而，此类天体也会来到地球轨道附近，因此，它们是一种具有巨大潜在价值的铁矿石。

灵神星（Psyche）是一颗小行星。灵神星的金属含量非常高，它也许曾是某个大型天体的金属质星核，此天体在后来的撞击中碎裂了。因此，灵神星是太阳系中已知最大的由半炼制金属构成的碎片。有些小行星会来到距地球很近的地方，并可能被地球俘获。这些小行星上也可能具有铂、金的富矿床。

人们对越地小行星（Earth-crossing asteroid）具有特殊的兴趣。在不久

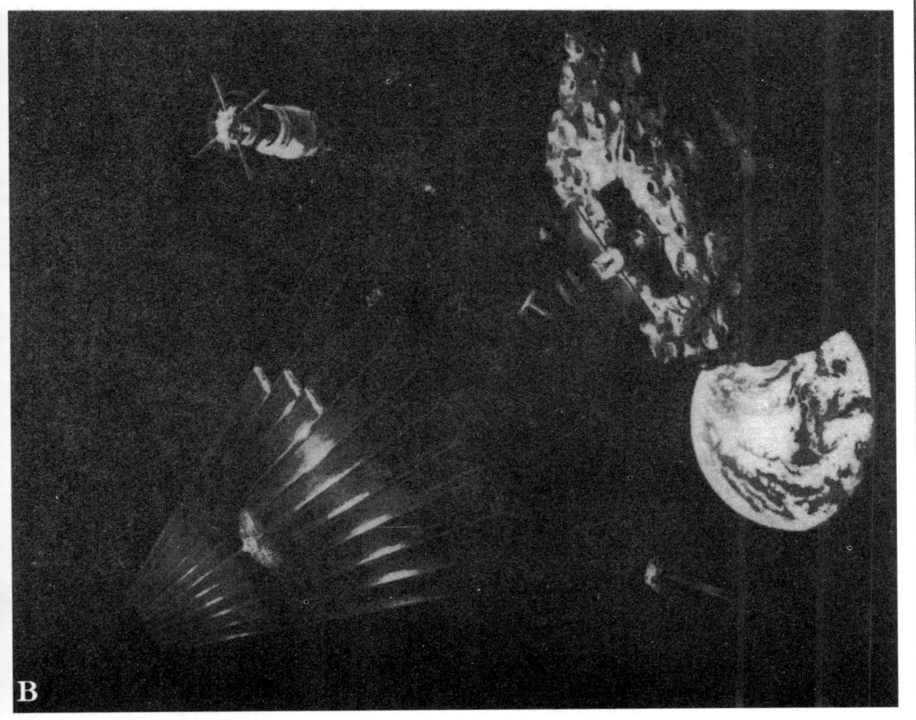


**图89A，B**
小行星获取系统（asteroid retrieval system）在太空采矿的两个场景图为艺术设想。（本照片蒙美国宇航局惠许刊登）

的将来，太空探测器可能将开始造访这些小行星。有人提议，人们可派飞行员或利用自动空间飞行器在这些小行星上采矿，以获取有用的金属。空间探测器将先利用粒子束或激光束轰击小行星表面，以确定其成分。

人们打算利用机器人从宇宙中的小行星上获取金属，为此，科学家已经设计出几套方案。其中，美国国家航空航天局（美国宇航局）设计的一套方案称为"小行星获取任务"（Asteroid Retrieval Mission）（图89）。按此计划，飞行器将与近地小行星会合，并将其带至地球轨道上。之后，人们将在小行星上开采有用的矿物，并利用质量驱动器系统（a system of mass drivers）将矿物掷向地球表面。

在太空中的小行星上采矿还可以提供兴建大批太空设备所需的原材料，这样的太空设备包括巨型航天器、空间站以及建设在其他行星和卫星上的各种设施。这种设施将成为人类穿越太阳系的铺路石。在将来的某一天，这些设施可能会帮助人类移居到遥远的星球。

在讨论完小行星之后，下一章我们将探讨太阳系中的其他流浪者——彗星。

# 6

# 彗星

## 宇宙中的碎冰块

**本**章探讨奥尔特云彗星、柯伊伯带彗星及流星雨。小行星和彗星是太阳系中两种截然不同的成员。彗星是一种行星际星体，是一种混合物。人们认为，彗星由内核和外层构成。内核为石质，外层可能为冰质，也可能由冰和岩石的混合物构成。彗星是太阳和行星形成时的残留物。人们通常将彗星形容为“由冰块和岩石碎片构成的脏雪球”。当彗星经过太阳附近时，在太阳的热量和太阳风的作用下，彗星的质量会发生损耗：彗星那流动的长尾证明了这一点。在多次通过近日点之后，最终，彗星将会燃尽，其残余物质将伪装成一颗小行星。

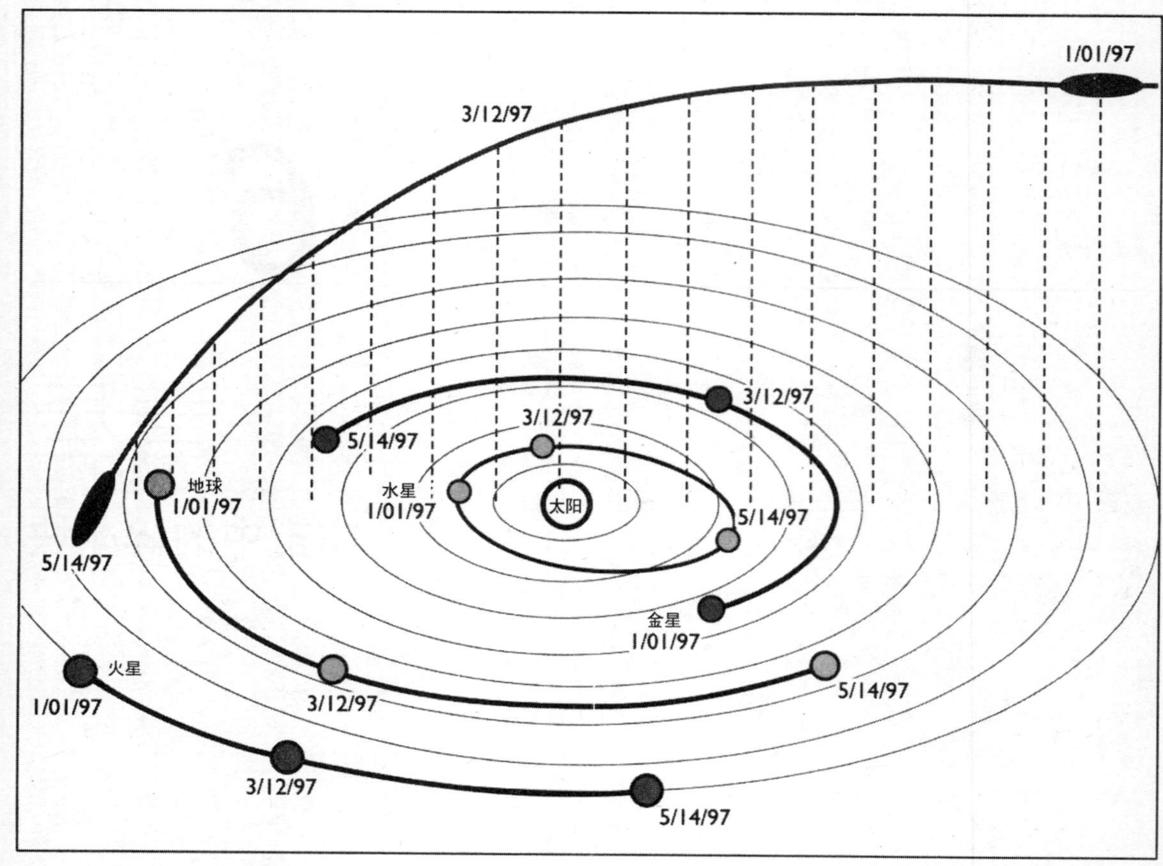


*图90*
*大多数彗星的轨道与太阳系平面间存在倾角*

大多数彗星的轨道与太阳系平面间存在倾角（图90），而小行星位于黄道平面内，因此，人们认为，彗星与地球相撞的次数比小行星少得多。然而，人们认为，在太阳系中，约有1，000万颗彗星的轨道与行星轨道相交。当彗星运行到地球的公转轨道内时，如果地球进入彗星的彗尾中，一场流星雨将会降临，把地球上的夜空照亮，这是大自然最令人难忘的演出之一。

## 奥尔特云

人类对彗星起源的最早的思考也许来自公元前4世纪的希腊哲学家亚里士多德（Aristotle）。亚里士多德认为，彗星是位于地球高层大气中的、由发光的气体构成的云雾。公元1世纪的罗马哲学家塞涅卡（Seneca）对这一观点提出了质疑，他认为彗星是在天空中沿自己的路径运动的天体。

然而，直到15个世纪之后，塞涅卡的这一假说才为丹麦天文学家第谷·布拉赫（Tycho Brahe）所证实。1577年，人们在欧洲的不同位置对同一颗彗星进行了观察，在比较了这些来自欧洲不同地区的观测结果后，第谷得出结论：这颗彗星的位置位于月球后面（即彗星离地球的距离比月球远——译者注）。1705年，英国天文学家埃德蒙·哈雷（Edmond Halley）编辑了第一份彗星目录，这使他发现了以他的名字命名的哈雷彗星。

小行星和彗星源自太阳系早期，是早期太阳系保存最完好的样品。彗星是一种非常重要的天体，它们很古老，因此能够为我们提供有关太阳系初期的一些过程的线索，正是这些过程导致了太阳及围绕太阳运动的所有星体的形成。彗星的不可预知性是很有名的，剧烈动荡的气体和尘埃不时地从彗星上流至宇宙空间中，不知何时，彗星便可能被烤干，并完全消失。

在距太阳约1光年远的地方，有一个环绕着太阳的“壳”，这个“壳”由1万亿颗以上的彗星构成，总质量为地球质量的40倍。人们将这个“壳”命名为奥尔特云，以纪念荷兰天文学家詹·H·奥尔特（Jan H. Oort）。1950年，奥尔特预言了奥尔特云的存在。虽然奥尔特云中的彗星很多，但是彗星与彗星之间通常相距数千万英里之遥。太阳对奥尔特云中的彗星的束缚很弱，任意一颗从太阳附近经过的恒星都能够轻易地改变这些彗星的轨道。人们认为，每100万年，约有12颗恒星会从奥尔特云附近经过。有的时候，恒星会到达离太阳非常近的地方，以至完全穿过奥尔特云。这样的近距离接触足以扰乱彗星的轨道，并将一股稳定的彗星流送入内太阳系，这样的彗星流将会持续数百万年。

当前活跃着的彗星都形成于太阳系历史的早期，并且，它们从形成时起就被储存在遥远的奥尔特云深处，并被冻结起来。 在距离太阳如此遥远的地方，温度只比绝对零度高几度。当恒星从奥尔特云附近经过时，在恒星的引力的随机作用下，位于奥尔特云外部的一些彗星会被从原来的稳定轨道上撞出，并且，它们的新轨道将弯向太阳。哈雷彗星（Comet Halley）（图91）就是一颗这样的彗星。每76年，哈雷彗星会运行到我们的视野中一次。在彗星上的所有挥发物都被太阳蒸干之前，彗星也许能继续绕其轨道运行10，000周，这大约需要50万年，之后，彗星将变成宇宙的碎石堆中一个被烤干了的小球。

人们常将彗星形容为“混有少量岩屑、尘埃和有机物的空中冰山”。人们相信，彗星是一种聚合体，它由被有机化合物包裹的微小矿物碎片和冰决聚合而成，彗星上的冰中富含挥发性元素，例如氢、碳、氮、氧和硫。因此，也许我们将彗星描述为“由等体积的冰块和岩石构成的冻结的泥球”会

*图91*
*美国国家光学天文台（National Optical Astronomy Observatories）拍摄的哈雷彗星（本照片蒙美国国家光学天文台惠许刊登）*

更恰当。

大多数彗星的公转轨道为离心率很高的椭圆，这样的轨道会将彗星带至遥远的太空中，它们距离太阳的最远距离是普通行星的数千倍。只有当它们以极高的速度运行到太阳附近时，彗星上处于冰冻状态的物质才会开始活化，并释放出大量气态物质。当彗星经过长途跋涉，运行到内太阳系时，固态的一氧化碳最先蒸发，紧接着，喷射而出的水蒸气气流替代一氧化碳，为彗星不断增加的亮度提供了驱动力。

一进入内太阳系，彗星就开始发光，内太阳系较高的温度融化了覆盖在彗星表面的固态气体和“脏冰”。（指混杂有岩石和其他物体的、不纯净的冰——译者注）当彗星向内太阳系运行时，水蒸气和其他气体向外涌出，在太阳风的作用下，形成了一条背离太阳的彗尾。由于气体和尘埃对太阳光的反射作用，彗星展现出一条或多条彗尾，这些彗尾可延伸至数亿英里外的远方。当彗星向太阳靠近时，彗尾飘在彗星身后；当彗星远离太阳而去时，彗尾则位于彗星前方。由于彗星与太阳风之间的相对运动，彗尾常会发生弯曲（图92）。

当沐浴在太阳温暖的光芒之中时，彗星上的一些冰块被煮沸，产生喷射的水蒸气。这些向外喷射的水蒸气将一些尘埃带走，于是彗星开始发光。随着温度的升高，混杂于彗星冰层中的挥发性气体，例如一氧化碳和二氧化碳，开始从冰块中排出，形成喷射的气流，此时的温度还远没有达到冰的熔点。因为在奥尔特云彗星中保存着形成于原始太阳附近的冰块，所以彗星上的冰往往以一种温度较高、密度较低的状态存在，这可能会使彗星在内太阳系中表现出显著不同的行为。

彗星很脆，人们常常把彗星形容为一颗由一些小行星般大小的雪球疏松地结合而成的星体。正因为如此，在向内太阳系运行的过程中，彗星往往会发生碎裂。根据已知的情况，约有30颗彗星由于释放出过多的物质而导致彗核碎裂，在此过程中，彗星往往会变得更加明亮。彗核上先出现裂缝，最终完全分裂开来。若彗核以此种方式分裂，其碎片绕太阳运动的轨道的近日距离（即离太阳最近的距离）往往非常近。彗星与小行星的碰撞或彗星间的碰撞都可能改变彗星运行的轨道，也可能会将彗星彻底撞碎。

在曾经造访内太阳系的彗星中，海尔－波普彗星（Hale—Bopp）是最令人难忘的彗星之一。1997年3月22日，它到达离地球最近的地方，距地球1.23亿英里（约1.98亿千米）。海尔－波普彗星的冰质星核直径达25英里（约40.2千米），是彗星星核平均直径的10倍以上，比哈雷彗星（Comet Halley）的星核也大4倍。海尔－波普是人们最近观察到的最大、最亮的

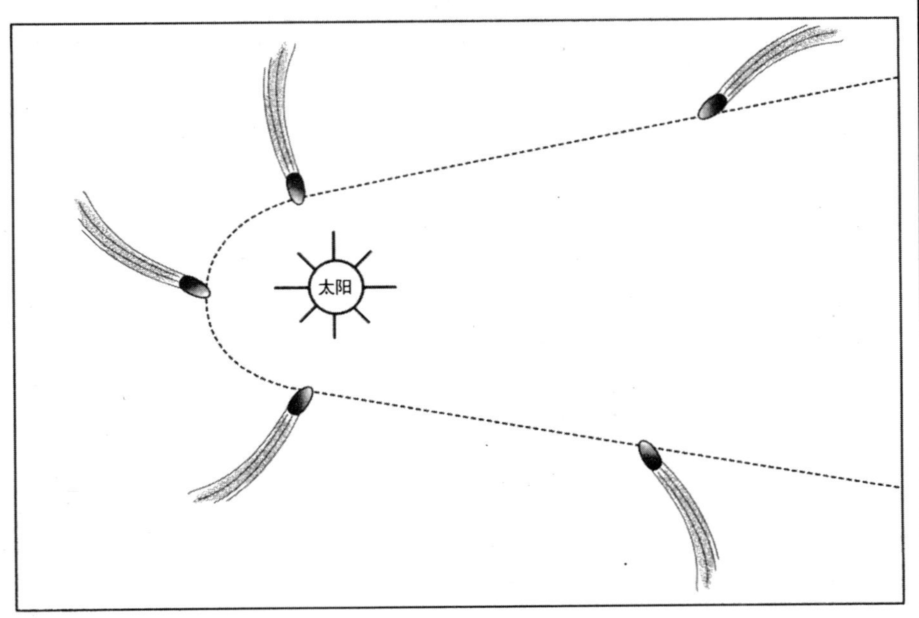


*图92*
*在彗星绕太阳旋转的过程中，当彗星向太阳靠近时，水蒸气和其他气体向外涌出，形成了一条长长的彗尾*

彗星，其体积与已知最大的彗星：施瓦斯曼－瓦赫曼1号（Schwassmann–Wachmann 1）相当。施瓦斯曼－瓦赫曼1号的公转轨道接近正圆，仅位于木星轨道之外，公转周期为15年。

在靠近太阳时，海尔—波普彗星的彗发宽达100万英里（约160万千米）。随着海尔－波普彗星不断向太阳靠近，它开始将大量物质泵入其宽达100万英里（约160万千米）的彗发中。彗发是包裹着彗星的气体层，由密度极低的气体和尘埃颗粒聚集物构成。彗星的亮度基本取决于其进入内太阳系时的喷出物的数量。喷出物由尘埃、水蒸气和其他物质构成，当彗星位于外太阳系寒冷的边缘时，这些物质保持固态，当彗星向太阳靠近时，太阳的热量会使这些物质气化。

当海尔－波普彗星进入内太阳系时，每秒中约释放出1吨一氧化碳，这样，反过来也释放出一些尘埃颗粒。随着海尔－波普彗星在宇宙中快速穿行，这些尘埃颗粒沿螺线轨迹飞离彗星。通常，当海尔－波普彗星排出气体的量忽然变大10倍时，它便开始发光。海尔－波普彗星的每一次气体排放都可能反映出它自转的情况：当彗星表面一块特别活跃的区域转到人们的视野中又从人们的视野中消失时，人们就可观察到它的转动。

可能是因为与太阳离得足够近，使海尔－波普彗星上的水得以沸腾的缘故，整个彗星表面的活动区都在喷发。海尔－波普彗星具有与众不同的双尾，人们可以通过双尾辨认出海尔－波普彗星。它的长尾由带电的原子构成，这些原子来自太阳风；较短的、弯曲的彗尾则包含尘埃颗粒。海尔－波普彗星上一次造访它的太阳邻居是在约4，200年前，此时，巴比伦的天文学家可能首次与它相识。

## 柯伊伯带

自1930年发现了冥王星后，天文学家们开始在广阔的天空中搜寻环绕太阳运动的第10颗行星。直到60多年之后，人们才在海王星轨道之外很远的地方找到了这颗难以捉摸的星体。然而，这个神秘的天体的直径只有数百英尺，太小，并不是一颗行星。到那时为止，人们已经发现了数十个这样的天体，这些小型天体的发现为存在一个与黄道平面倾角小于5度的彗星带的假说提供了证据。人们将这个由彗星构成的圆环命名为柯伊伯带（Kuiper belt），以纪念于1951年预言柯伊伯带存在的荷兰裔美籍天文学家杰勒德·P·柯伊伯（Gerard P. Kuiper）。柯伊伯带中包含一个与奥尔特云彗星不同的彗星族。

柯伊伯带离太阳比奥尔特云近得多，但仍比冥王星与太阳的距离远得多。冥王星的轨道很奇怪，因此，它可能是一颗被太阳俘获的彗核或小行星，也可能是海王星的一颗因碰撞而偏离轨道的卫星。事实上，冥王星也许是柯伊伯带中最大的成员。冥王星的小卫星卡戎（Charon）似乎产生于冥王星与彗星的一次剧烈碰撞，在此次碰撞中，卡戎被从冥王星上挖了出来。在古老的碰撞中，一些碎片从冥王星和它的卫星上炸出，这些碎片被称为类冥小行星（Plutinos），类冥小行星不仅在柯伊伯带内游荡，有的甚至可能造访内太阳系并陨落到地球上。

人们相信，一颗直径达250英里（约403千米）的大型彗星曾是柯伊伯带中的成员，这颗彗星距离地球太远，因而人们无法在地球上观测到它的存在。这颗彗星的轨道很奇怪，它的轨道一直延伸到柯伊伯带之外很远，并到达距海王星不足数亿英里的地方。这样的椭圆轨道说明，这颗彗星曾受到另一个质量很大的天体的影响，并在其作用下脱离了柯伊伯带。或许这种影响来自一颗人们未曾观察到的、火星般大小的行星。这样行星可能形成于外太阳系中岩屑的凝聚，海王星、天王星以及土星和木星的星核都是这样的岩屑凝聚形成的。

某些彗星似乎按一个规则的时间表从太阳系外边缘冲向太阳。当到达太阳附近时，这些由冰块和岩石构成的、相对较小的天体大多呈现出壮观的外表。太阳激起彗星上的尘埃和气体，形成明亮的光晕和流动的长尾（图93）。显然，这些处于活动状态的彗星是内太阳系的新成员。因为，如果它们与其他的行星创生于同一时间，那么，在过去的46亿年间，太阳的热量应该早已将它们所携带的挥发性物质全部赶跑，只会剩下不活跃的岩质星核。

天文学家按彗星围绕太阳运动一周所需的时间将彗星分为两类。彗星围绕太阳运动一周所花的时间与它们和太阳的距离直接相关。源自奥尔特云的长周期彗星的周期可长达200年以上，它们以随机的方向进入行星际区域，可以预期，它们来源于一个球形的“彗星库”。与此相反，可保持活动状态数万年的短周期彗星通常占据较小的轨道，周期短于200年，且轨道平面与黄道平面的倾角很小，因此，在它们冲向太阳的过程中，它们位于与其他行星的轨道平面几乎相同的平面内。

人们进一步将短周期彗星分为两个子类：木星族彗星和中等周期彗星。木星族彗星的周期小于20年，轨道平面与黄道平面的倾角一般不超过40度。中等周期彗星又叫哈雷型彗星（Halley-type comets），其周期介于20年至200年之间，从各个方向随机地进入行星际区域。中等周期和长周期彗星应该源自奥尔特云，而木星族彗星则来自柯伊伯带。

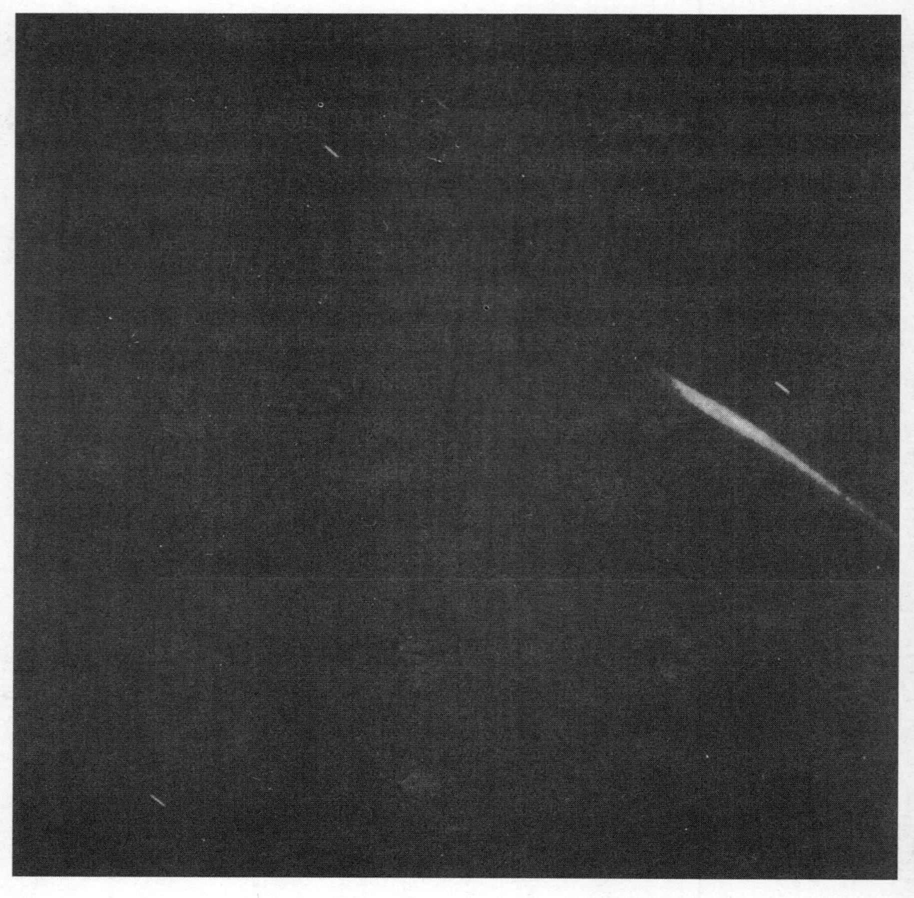

*图93*
*池谷－关（Ikeya-Seki）彗星，美国海军天文台摄（本照片蒙美国宇航局惠许刊登）*

刚开始时，彗星可能都运行在与长周期彗星相似的、方向随机的大型轨道上。可能是由于大型气态外行星（主要是木星）的吸引作用，其中一些彗星的轨道转入一个扁平的圆环中。然而，木星的引力似乎不够强，无法有效地将源自奥尔特云的彗星转化为短周期彗星。因此，引力俘获的可能性很小，完全不足以解释大量倾向于位于与黄道平面相近的平面内的短周期彗星。

显然，太阳系的圆盘并未在海王星轨道或冥王星轨道处突然中止。冥王星在海王星轨道内外进进出出，但由于轨道在几何上的巧合，二者免于相撞。这一特征使人们相信，轨道平面与黄道存在17度倾角的冥王星（图94），也许是一颗被太阳俘获的小行星或彗星，也可能是海王星的一颗被彗星撞击而脱离轨道的卫星。

在海王星和冥王星之间，有一个由行星创生时的残留物形成的带子。在太阳系的外围区域，这些物质的密度不足以完成大型行星的吸积过程，因而没有形成行星，但却形成了许多如小行星般大小的星体。这些分散的原始物质残余物距离太阳很远，太阳的热辐射对其产生的影响很弱，所以这些物质的表面温度非常低。因此，人们认为，这些残留物质的成分主要是冰和各种固态的气体，与彗星星核相似。

柯伊伯带中已知的成员都具有一些共同特征：它们都位于海王星轨道之外，轨道平面与黄道平面的倾角都很小，星体直径介于约50英里（约81千米）至250英里（约403千米）之间。人们估计，柯伊伯带中至少有35，000颗直径50英里（约81千米）以上的星体，这样，柯伊伯带中的星体的总质量将比小行星带中星体的总质量大数百倍。显然，柯伊伯带的质量足够大，足

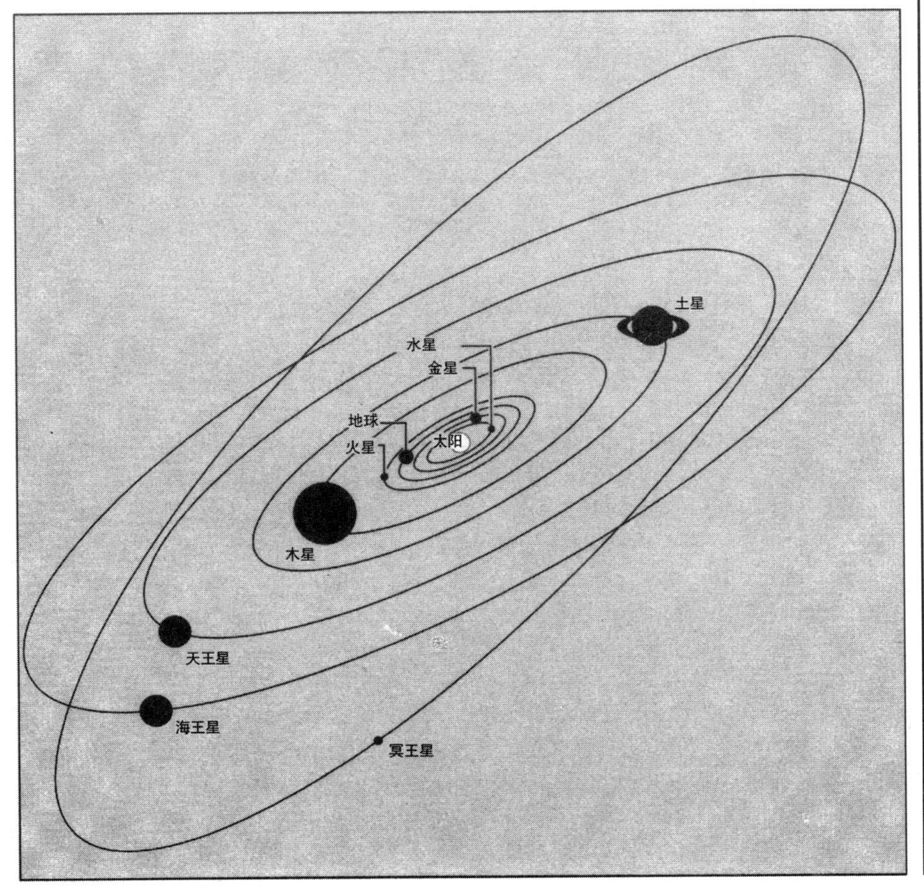


*图94*
*行星的轨道*

以提供所有曾经存在过的短周期彗星。

柯伊伯带是短周期彗星的源泉，这些短周期彗星在太阳系中很快被耗尽。在海王星的引力作用下，柯伊伯带的内边缘正慢慢被“侵蚀”，许多星体被从该区域射向内太阳系，之后要么与太阳、行星或行星的卫星相撞，要么燃烧殆尽。也许，最壮观的一次撞击发生于1994年7月，当时，苏梅克－列维9号彗星（Comet Shoemaker–Levy 9）的碎片撞向木星，撞击时产生了巨大的火球（图95）。有的彗星则被“引力弹弓”弹出太阳系，进入星际空间中，再也看不到。

## 掠日彗星

为什么会有如此多的彗星与太阳相撞？这是太阳系中的一个谜。有的彗

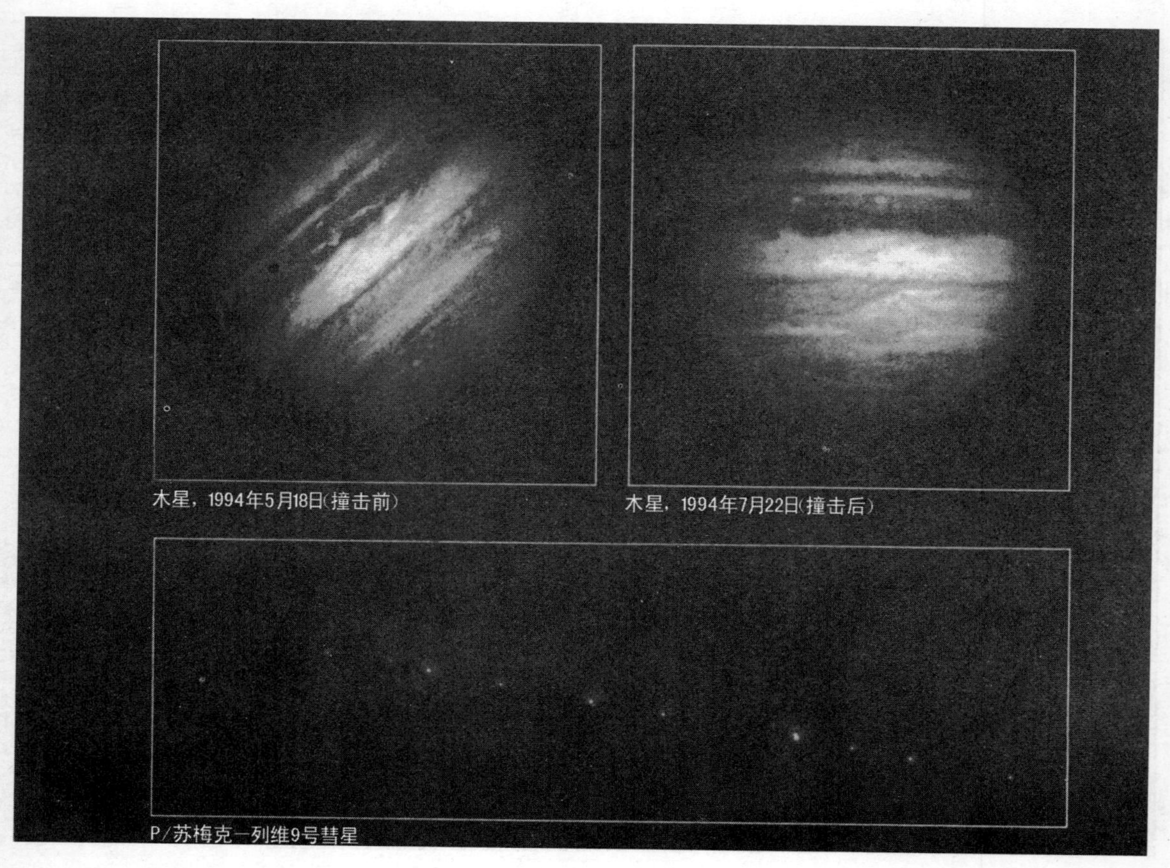


*图95*
*苏梅克－列维9号彗星于1994年7月与木星相撞，在木星大气中形成了巨大的羽流（本照片蒙美国宇航局惠许刊登）*

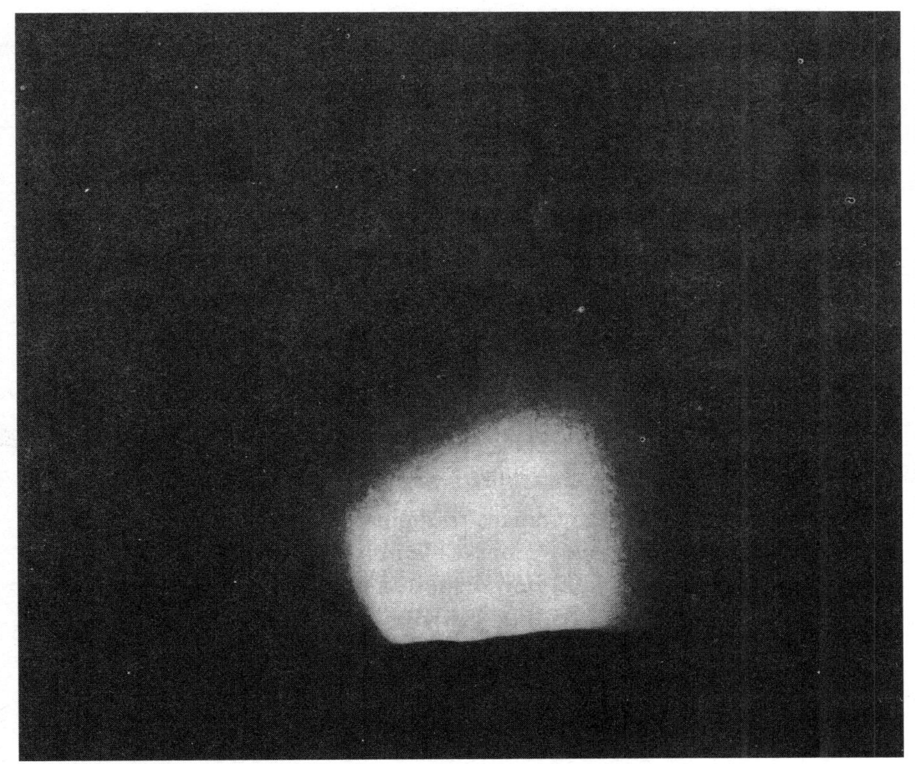

***图96***
*阿波罗15号（Apollo 15）于1971年7月31日拍摄的太阳日冕（本照片蒙美国宇航局惠许刊登）*

星在进入内太阳系后无法挣脱太阳强大的引力作用，于是径直地冲向太阳。然而，由于它们的质量很小，这样的撞击对太阳几乎不会产生任何影响，除了在撞击发生的瞬间，日冕（太阳大气的最外层）的亮度也许会略微增加（图96）。

在1979至1984年间，美国空军的“太阳风”（Solwind）卫星发现了5颗新彗星，人们分别将其命名为太阳风1至5号。这5颗彗星都从离太阳很近的地方经过，但未能再另一端再次出现。它们要么与太阳发生了碰撞，要么在靠近太阳时被太阳强烈的热量摧毁。这5颗彗星都是掠日彗星家族的成员。对掠日彗星，人们至今没有很好的解释。

掠日彗星的轨道是逆行的（与太阳系中其他星体的运行方向相反），轨道平面与太阳系平面的倾角约为140度。掠日彗星似乎来自170亿英里（约273亿千米）之外的远方。另外，它们的轨道被严重地摄动，以至其近日距离竟然比太阳的半径还小。当掠日彗星进入内太阳系后，它们无法挣脱太阳强大的引力作用，最终坠入太阳。

掠日彗星并非源自奥尔特云，因此，与大多数其他彗星不同，它们并非被从太阳系附近路过的其他恒星的引力所摄动。同时，因为它们的轨道平面与黄道平面间的倾角非常大，掠日彗星并未受到大型行星引力作用的影响。也许，在掠日彗星的一侧有一个洞，洞中喷射出气体，像火箭发动机一样，有效地改变了掠日彗星的轨道，并操纵着它们直奔向太阳。

1991年，麦克霍尔兹彗星（Comet Machholz）到达距离太阳表面约600万英里（约965.4万千米）的地方，在这样近的距离下，太阳的热量足以将它烤焦。麦克霍尔兹彗星直径5英里（约8.1千米），每5.3年绕轨道运行一周。它的轨道很特别，在运行过程中，它逐渐向太阳靠近。因为轨道较短，它在运行过程中会沿螺线轨迹不断向太阳靠拢。再过几十年，也许它将无法逃脱太阳强大的引力的控制，从而在一次宇宙闪光中化为灰烬。

随着彗星向太阳靠近，它们开始发光，颜色也变得更红。在中世纪，人们相信，血色的彗星是一种凶兆。有的彗星也会呈现出淡黄色或略偏黄的淡红色，特别是当它们特别明亮时。彗星的亮度决定于反照率（图97），即对太阳光的反射率值。反照率与颜色和材质相关。较脏的、发红的表面反照率低，如冰一般的、发蓝的表面则反照率高。

此外，从彗核中喷射出的新鲜物质会使彗星的颜色发生偶发性的改变，当更为冰冷物质向外喷射时，这种改变就会发生，在该过程中，彗发的颜色会变蓝。当彗星靠近太阳时，它的温度升高，表面尘土增多，因而颜色变红。灿烂的1910白昼彗星是20世纪肉眼可见的最后一颗血红色的彗星。

许多迷信与彗星有关。自有史以来，人们就赋予了彗星超自然的意义。

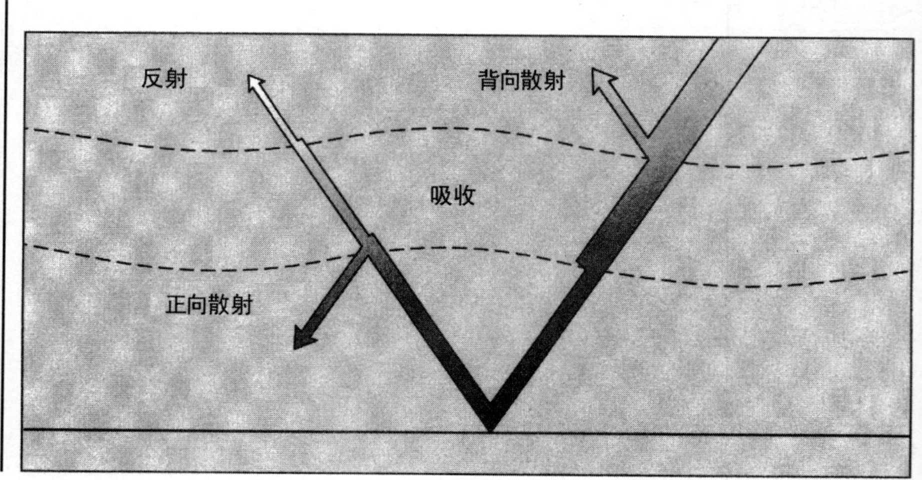


***图97***
*入射太阳光的反照率效应*

2，500年前，巴比伦人认为彗星是洪水和饥荒的预兆。迦太基（Carthaginian）将军汉尼拔（Hannibal）于公元前182年自杀，据推测，他自杀前曾听说一颗新观察到的彗星预示了他的死亡。1，000年以后，先知们通过一颗造访的彗星确定查理曼大帝（Charlemagne）何时将加冕为德国国王。后来，他们又看到了一颗彗星，他们认为这颗彗星预示了查里曼大帝的驾崩。

## 由彗星形成的小行星

许多穿过地球轨道的小行星都可能源自彗星。这些穿过地球轨道的小行星被称为阿托恩型小行星（Aten）、阿波罗型小行星（Apollos）和埃莫型小行星（Amors）。经过数不尽的年月，太阳已将它们表面包裹的冰块和气体消耗殆尽，大块的岩石暴露了出来。与绝大多数已知的小行星不同，这些小行星并未被限制在小行星主带中，它们会向地球轨道运动，甚至进入地球轨道之内（图98）。通常，在数千万年间，阿波罗型小行星要么与某一颗近日行星（包括地球）相撞，要么在与某颗近日行星擦身而过后被掷到一个更宽的轨道中。

阿波罗型小行星的总数可能有1，000颗左右，人们已经辨认出其中的数十颗。大多数阿波罗型小行星非常小，只有当它们靠近地球时，人们才能发现它们的存在。许多穿过地球轨道的小行星并非源自小行星带，人们相信，它们是在一次次靠近太阳的过程中耗尽了挥发性物质的彗星。由于缺乏挥发性物质，它们没有彗发和彗尾。阿波罗型小行星总会与地球和其他近日行星发生不可避免的碰撞，这使得阿波罗型小行星的数目不断减少，因此，需要有一个实时的源泉不断为之提供补充。新的阿波罗型小行星要么来自小行星带，要么来自燃尽的彗星。

一颗彗星若要演化为小行星，必须在某种作用下脱离奥尔特云，进入内太阳系的一个稳定轨道内，同时，彗星活动要减弱到这样的程度：彗星已变为一个燃尽的、主要由岩石构成的躯壳。如果彗星与大型行星相遇，例如木星，并陷入短周期轨道中，则它的绕日轨道很难保持稳定。不久之后，它又将与木星相遇，并被掷回太空当中，也许将会彻底脱离太阳系。

一旦彗星建立起稳定的短周期轨道，它将一次次从太阳附近经过。每次靠近太阳时，彗星都会丧失几英尺厚的外层物质。太阳风不断地将彗星表面的气体和尘埃带走，但在彗星微弱的引力作用下，较重的硅酸盐颗粒被拉回到彗核上。渐渐地，彗星表面形成了一个起隔离作用的外壳，这一外壳保护着冰质的彗核，使其免遭太阳热量的侵袭。最终，彗星的释气作用将停止

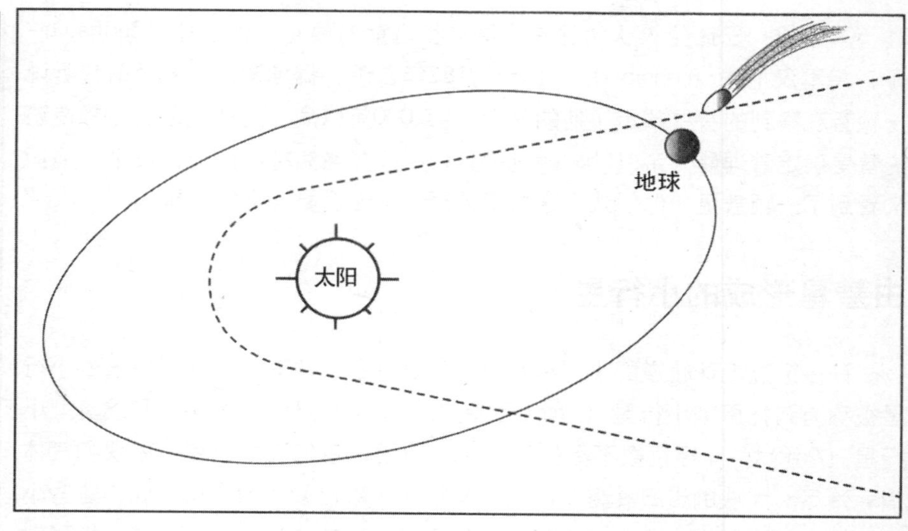


*图98*
*许多彗星的轨道与地球轨道相交*

（图99）。于是，彗星可以伪装成小行星，它们甚至拥有许多小行星的表面特征。

从小行星凯龙（Chiron）的身上，我们也许可以看出彗星与小行星之间的关联。据假定，凯龙星的轨道位于土星和天王星之间，的确，对于一颗小行星而言，这是一个奇怪的位置。刚开始的时候，人们认为凯龙星是一颗与众不同的小行星，但现在，人们已经可以肯定，它并不是小行星，而是一颗处于活动状态的彗星。凯龙星有着稳定存在的彗发，尽管它的彗发很微弱。凯龙星的直径约112英里（约180.3千米），约比哈雷彗星大20倍。它的非正圆的轨道将其带入土星轨道以内，在土星的作用下，凯龙星绕太阳运动的轨道变得很不稳定。再过数百万年，在巨行星的引力作用下，凯龙星的轨道将

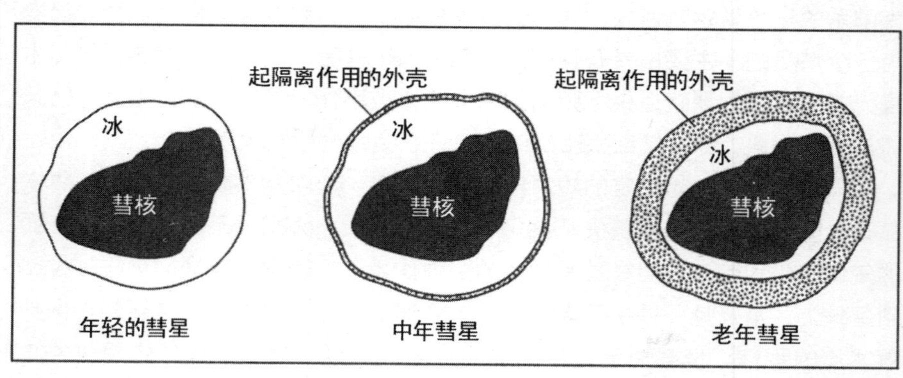


*图99*
*彗星的生命周期。彗星年轻的时候，新鲜的冰层占据着彗星表面。中年时，彗星长出一个起隔离作用的外壳。老年时，该外壳厚到足以阻断所有的彗星活动*

发生彻底的变化，它要么被逐出太阳系，要么奔向木星。在后一种情况下，它也许会进入一个短周期轨道中，这一轨道会将它带至太阳附近。

1987年11月，当凯龙星到达离太阳最近的地方时，它的真实身份也许已经显露出来。凯龙星变亮的速度比预想的快得多，如果它只是一颗由岩石构成的、光秃秃的星体，它变亮的速度不应该那么快。凯龙星周围的彗发以及它的彗星活动使人们怀疑它是一颗巨型彗星。不过，对于一个彗核而言，凯龙星的直径似乎太大了。然而，凯龙星确实具有彗发，的确，它可能是一颗非常大的彗星。

## 流星雨

彗星的彗核由一个被冰和各种固态气体包裹着的岩质星核构成，在位于外层的冰和固态气体中，散布着一些尘埃颗粒。因此，人们常将彗星描述为“一个由冰块和尘埃构成的脏雪球”。在太阳热量的作用下，彗核表面的固态物质蒸发，变为气体，形成包裹着彗核的大气，称为彗发。彗发可延伸到数万英里至数百万英里之外。

外层流动的气体将原本位于冰块中的尘埃吹起，将它们从彗星的“头部”吹向与太阳位置相反的方向，从而形成一条由尘埃构成的长尾。随着这些物质从彗星的“头部”向后流动，彗尾中的物质渐渐充满了彗星轨道上的空间。彗星的轨道通常呈长椭圆形或雪茄形。地球的公转轨道接近正圆，当地球在轨道上运行时，会从彗星布满尘埃的轨道（图100）上穿过。结果，尘埃颗粒如雨点般陨落到大气层中，形成流星雨。

流星雨指的是在短时间内（几小时或几天）出现大量来自同一方向的流星的现象。围绕太阳运动的大量流星体称为流星群，当地球穿过流星群时就会产生流星雨。显然，在各种流星群的轨道与某些彗星的轨道之间存在着明显的关联。例如，当地球穿过哈雷彗星布满尘埃的轨道的两边时，就会分别引发两场每年一度的流星雨，这两场流星雨分别是发生于5月初的宝瓶座厄塔流星雨（Eta Aquarid meteors）和发生于10月21号左右的猎户座流星雨（Orionids）。（宝瓶座厄塔流星雨也称宝瓶座流星雨或宝瓶座η流星雨，“厄塔”在英语中为eta，是希腊字母η的音译——译者注）这两场流星雨的英文名中的后缀“-id”表示“……的女儿”（宝瓶座的英文是“Aquarius”，宝瓶座流星雨“Aquarid”相当于取了“Aquarius”的前缀，再加上后缀“-id”构成。猎户座流星雨“Orionids”则是由猎户座“Orion”加后缀“-id”构成——译者注）

最为明显的流星雨当数出现于每年8月12号左右的英仙座流星雨

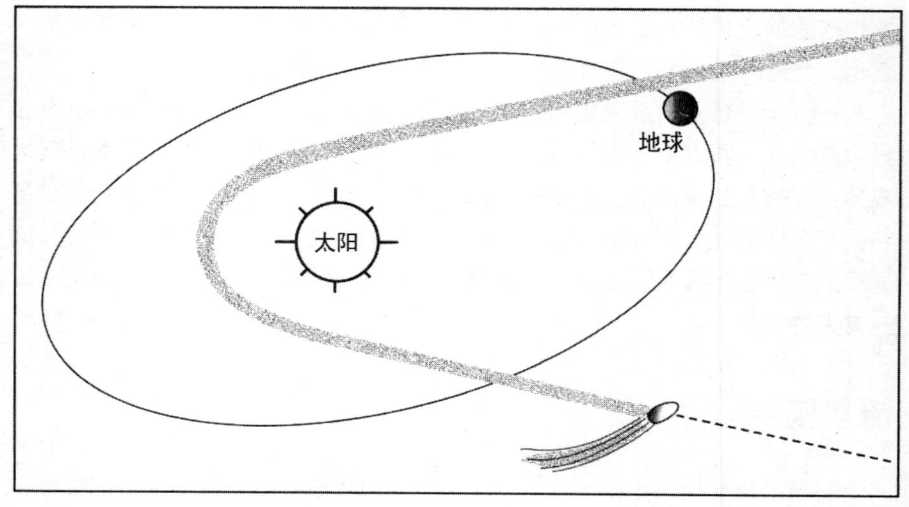


*图100*
*当地球穿过布满尘埃的彗星轨道时，就会产生流星雨*

（Perseids），以及4个月之后，出现于12月14号左右的双子座流星雨（Geminids）。20世纪最大的流星雨是发生于1940年10月9日的天龙座流星雨（Draconid），19世纪最大的流星雨则是1833年11月13日的狮子座流星雨（Leonid）。

有的流星雨所对应的母彗星还需要进一步确定。人们认为，双子座流星雨对应的母彗星是一颗名叫法厄同（Phaethon）的星体。（法厄同（Phaethon）是希腊神话中阿波罗的儿子——译者注）法厄同的公转周期为17个月，其轨道位置与双子座流星群的位置差不多相同。然而，没有任何迹象表明法厄同存在彗尾或大气层。其他流星群都明确地与彗星相关，并没有与小行星相关流星群，因此，法厄同可能是一颗已死亡的彗星。

小行星之间的撞击也可能产生足够多的岩屑颗粒，这些岩屑颗粒与流星群相似。在远日点处，法厄同位于小行星带内，当它与小行星带内的其他小行星碰撞时，能够产生足够多的物质，形成双子座流星雨。然而，这样的碰撞是单次偶然事件，不会时时发生，因而，如此产生的流星群不会像从彗星流出的岩屑那样持久。彗星每次从太阳附近经过时，都会将其表面的覆盖物部分抛出，由此产生的流星群可持续数百万年以上。

当从彗星流出的物质进入地球大气时，就形成了流星。虽然这些流星在大气中划出的轨迹实际上是平行线，但是，在地球上的观察者看来，它们好像发出于天空中的同一个中心点，这个中心点叫做辐射点（图101）。（由于透视的关系，当我们看一束平行线时，会觉得它们好像在无穷远处汇聚于一点——译者注）辐射点位于哪个星座，人们就用这个星座的名字为流星雨命名。例如，双子座流星雨似乎来自双子座。

由于流星雨是以一定的角度撞入地球大气的，有的流星雨只有在黎明前才能看到。地球的晨侧面向地球轨道的前方，因而可以卷走更多的流星。此外，许多流星雨只有在特定的纬度才能看到。例如，宝瓶座厄塔流星雨的最佳观测点是南半球南纬14度左右的地区。

人们利用雷达系统跟踪流星，发现这些陨落到地球上的小天体似乎是冲入地球大气的、类似鹅卵石的物体。然而，大气层日照侧的卫星图像显示，在流星雨中，有许多质量很大的团块。这些团块可能是"脏雪球"型的彗星碎片，（在本书中，作者将彗星比喻作"脏雪球"，见前文——译者注）这些碎片的外层在地球的高层大气中脱落，也许正是在此过程中，它们将夹杂在其中的小卵石释放出来。

发射于1981年8月的动力探测者号卫星（Dynamics Explorer）曾探测到流星进入大气层时刺出的孔洞。此卫星原本是设计用于观察地球的昼气辉的。昼气辉是被大气层中的氧原子吸收后再次辐射出的太阳光，产生昼气辉的氧原子位于大气层100英里至200英里（约160千米至320千米）的高空。人们相信，卫星拍摄到的紫外图像上的暗点产生于进入大气层的彗星（图102）。每个孔洞都在向外伸展，其伸展的方式与一碗水中的一滴染料扩张的方式类似。此效应使昼气辉的强度在约1，000平方英里（约2，600平方千米）的区

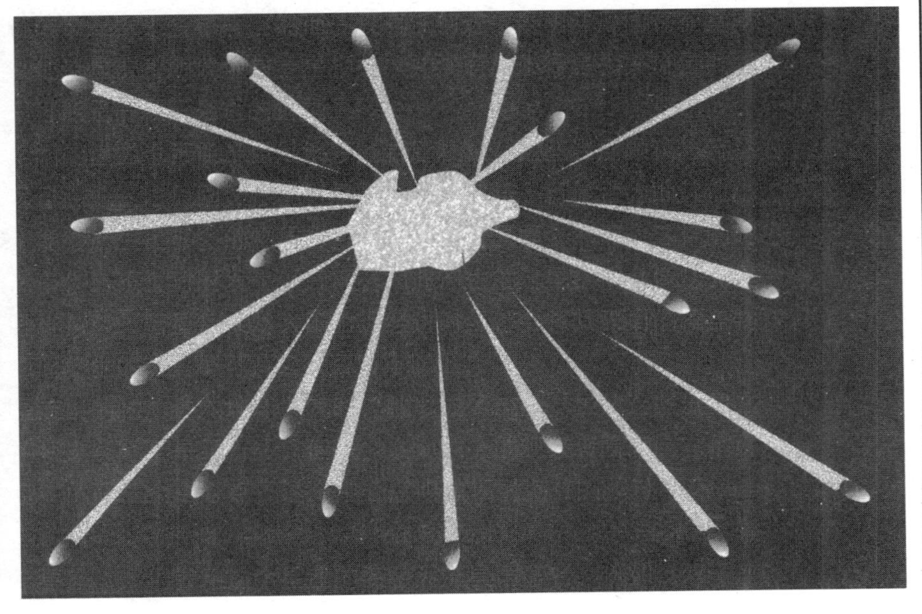

*图101*
*在流星雨中，流星看起来似乎源自天空中的一个中心点，人们把这个中心点叫做辐射点*

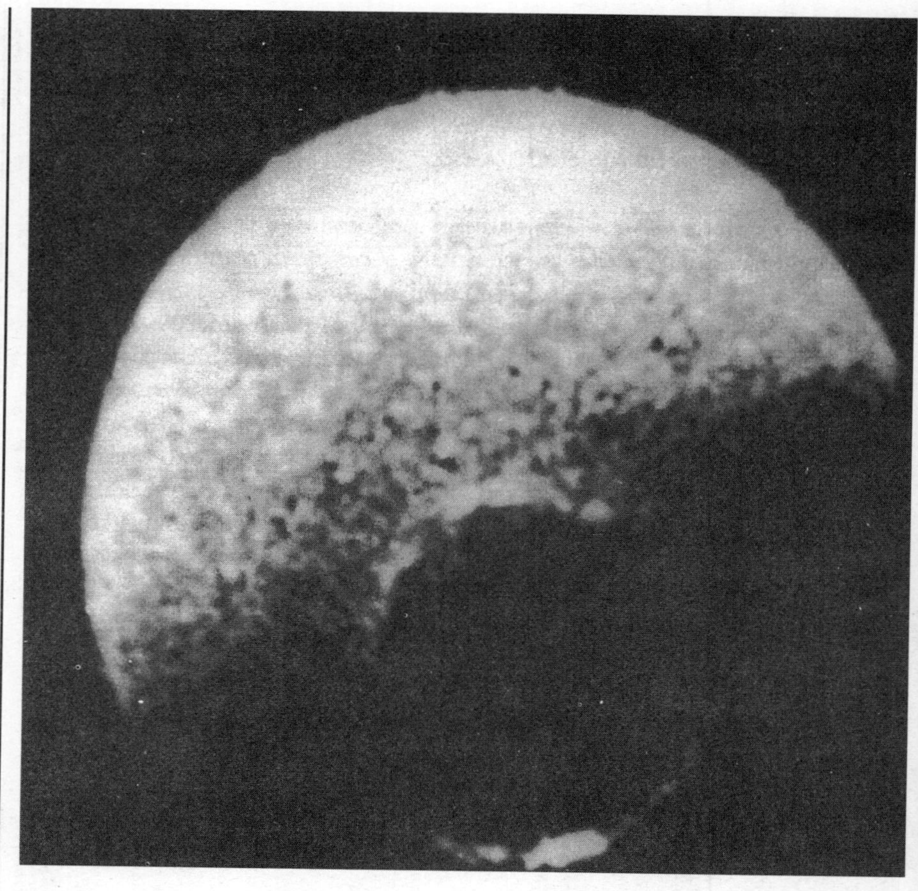

*图102*
*动力探测者号（Dynamic Explorer）卫星拍摄的地球大气层的紫外图像。人们相信，图像上的暗点是进入大气层的小型彗星引起的。图像底部的卵形结构是北极光（本照片蒙美国宇航局惠许刊登）*

域内快速下降。几分钟之后，昼气辉的强度回到正常值。

当一场流星雨在大气层中落下时，图像上的暗点数目增加了一倍，这似乎证实了这些孔洞的存在。显然，流星会引起化学反应，化学反应使引发紫外光波昼气辉的自由氧原子的数目减少，从而在大气层上打开孔洞。因此，这些流星的质量必须比大多数流星大。也许它们其实是几乎完全由松散的冰构成的微型彗星（minicomets），构成这些微型彗星的冰非常松散，如雪一般，内部存在很多空隙。紫外图像上的一些暗点也可能是由流星体引起的。

在高度约50英里（约81千米）处的大气层中，有一个极端干燥的区域。彗星给该区域带来的水蒸气表明，每天都有25，000颗疏松的小型彗星轰击着地球。由于摩擦作用，进入高层大气的小型彗星在不到20分钟内便会蒸发，显然，这会导致水蒸气突然增加。人们认为，每分钟都有多达20个房屋般大小的疏松雪球（指小型彗星——译者注）撞向地球大气层，这些彗星使地球上的水不断地增加。因为彗星只能从后面靠近地球，它们在正午和午夜出现的频率最高。

人们相信，微型彗星的直径约40英尺（约12米），包含约100吨水。显然，它们聚集在地球和月球之间。这些微型彗星绕太阳旋转的方向可能与地球相同，并位于地球轨道平面附近，因此在进入大气层时不会发光。这些奇怪的星体可能躲过了人们的观察，因为它们的表面包裹着一个由黑色有机物构成的薄层，该薄层将内部的冰块与太阳的热量隔离开来，从而阻止了彗发和彗尾的形成，使人们难于用望远镜探测到它们的存在。

由于微型彗星的总量巨大，地球上的水及大气中的陨星物质很大一部分来自微型彗星。此外，如果在地球的历史上，微型彗星一直以同样的频率撞向地球，即约每年100万颗，则微型彗星带给地球的水分足以填满整个海洋。

## 探索彗星

第一艘探索彗星的内部运作方式的航天器是国际彗星探测器（International Cometary Explorer，ICE），在发射7年之后，1985年9月11日，该航天器穿过了贾科比尼－津纳彗星（Comet Giacobini–Zinner）的彗尾。这个航天器原本是设计用于研究太阳风的，但后来，在人们的操纵下，它到达了距离彗星彗核不到5，000英里（约8，100千米）的地方。太阳风从太阳中迸出，以每秒300英里（约480千米）的速度奔向彗星。为了获取有关太阳风中的质子、电子和磁场线与彗星相互作用的关键信息，如此近距离的造访是必要的。

当航天器到达距彗尾约80，000英里（约129，000千米）的地方时，它穿过了一个称为弓激波（bow shock）的边界带。弓激波是彗星的电离体遇到太阳风并导致等离子体粒子发生转向时产生的冲击波。一进入彗尾，探测器就探测到了大量的水离子（water ions），但在彗发中发现的一氧化碳离子比预期的少。内彗发厚约20，000英里（约32，000千米），从太阳风中捕获的磁场线被遮盖在内彗发下面，而一束束单独的磁场线则被从彗尾中拉出，仿佛是从彗星中流出一般。

同时，国际彗星探测器也探测到了蒸发电离的尘埃离子。即使在彗发深处，每隔几秒钟航天器才会被彗星的颗粒物质击中一次。这个空间探测器以每小时50，000英里（约81，000千米）的速度运行，花了20分钟才穿越了由等离子体构成的彗尾。彗尾的长度则超过300，000英里（约480，000千米）。科学家们原本担心覆盖在探测器表面的彗星尘埃会损坏探测器，然而，这个小行飞行器却完好无损地从彗尾中穿出，并继续奔向下一个目标。它成了与哈雷彗星（Comet Halley）（图103）相会的6个飞行器之一。

1986年3月，欧洲航天局（European Space Agency）的乔托号（Giotto）飞行器到达距哈雷彗星彗核375英里（约603.8千米）处。哈雷彗星的彗核看上去像一颗10英里（约16千米）长的花生，外面包裹着一个由尘埃构成的、厚达数十英尺的外壳。人们发现，哈雷彗星的彗核中含有一些简单的有机分子，这些有机分子由氢、碳、氮和氧构成，是一种深色的、类似焦油的物质。尘埃和固态水占据了哈雷彗星质量的80%至90%，尘埃和水是太阳系初生时的典型物质。

几乎所有形成彗尾的气体和尘埃都是以强有力的气流的形式从彗核上的几个点喷射出来的。人们在哈雷彗星的尘埃中发现了造岩元素，这些造岩元素在尘埃中所占的比例与在最古老的陨石——球粒陨石中相同。从彗核中喷射出的尘埃所形成的螺线轨迹看，哈雷彗星似乎在缓慢地自转，自转一周大约需要一星期。1997年3月，当海尔-波普彗星（Comet Hale-Bopp）靠近地球时，相似的侧向喷射产生了与众不同的蓝色彗尾。美国国家航空航天局

***图103***
*1986年，哈雷彗星到达距离地球最近的位置（本照片蒙美国宇航局惠许刊登）*

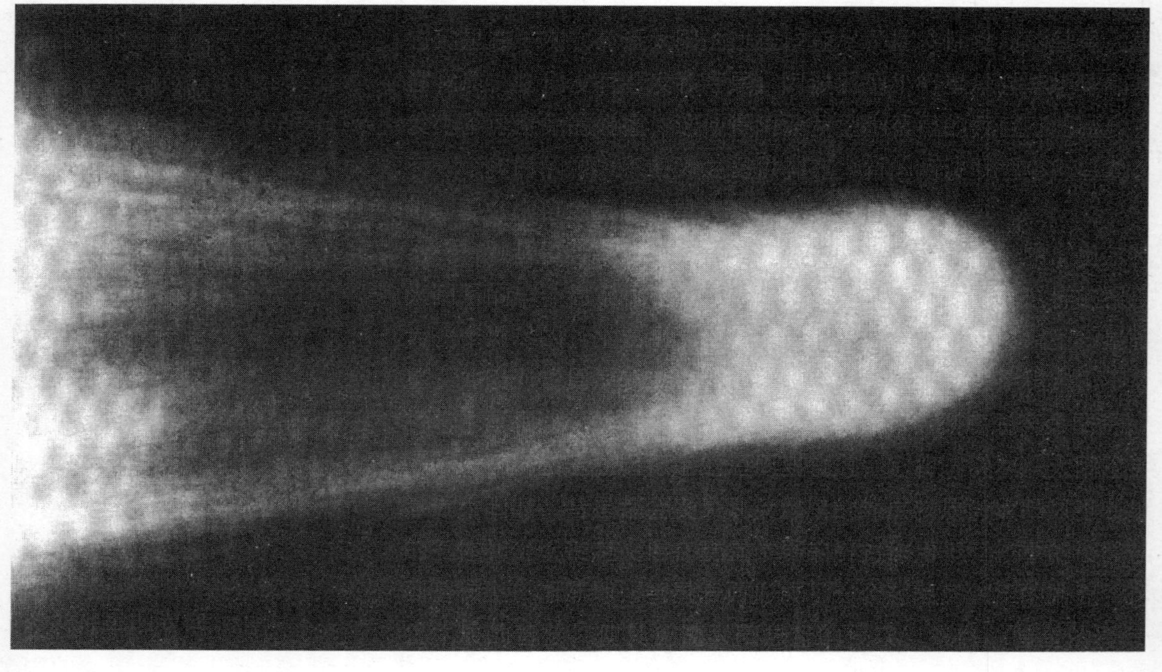

（美国宇航局）发射了一系列小型火箭来研究彗核和彗尾，试图揭开有关彗星的一些隐藏的秘密。

在建造时，深空1号（Deep Space 1）飞行器原本打算用作高级传感器的试验台，这些高级传感器将用于今后美国国家航空航天局（美国宇航局）的任务中。然而，2001年9月，它改变了方向，飞到距一颗彗星约1，300英里（约2，090千米）处。它在遥远的太空中为这颗神秘的星体拍摄了一些红外照片，用于研究太阳系的起源。

在讨论完彗星及与之相关的现象之后，下一章我们将看一看遍布地球的陨石坑和撞击构造。

# 7

# 陨石坑

## 撞击构造的形成

（撞击构造又名冲击构造，是地质构造的一种，指的是陨石或彗核之类的物质冲击地球或其他星球表面而形成的构造形迹——译者注）

**本**章将探讨陨星撞击形成陨石坑的过程及与此相关的现象。在世界上的许多地方都分布有巨大的环形地貌，这些貌似撞击构造的地貌形成于巨型陨星对地表的突然撞击。这种地质构造的外表通常呈圆形或稍椭的椭圆形，直径达100英里（约160千米）以上。有的陨星撞击构造很明显，但大多数撞击构造只留下了隐约的轮廓，它们呈现为环状的反常区域。在此区域内，岩石在巨大的冲击效应下发生了改变。要产生这样的效果，需要在瞬间施加类似地心的高温高压。

地球上剧烈的侵蚀作用严重妨碍了我们对古老的陨石坑的探寻，侵蚀作用几乎已将这些陨石坑完全从地表抹去，只留下了最微弱的迹象。在月球、其他近日行星（指水星、金星、地球和火星，这些行星的轨道离太阳较近——译者注）及外行星（指木星、土星、天王星、海王星和冥王星，这些行星的轨道离太阳较远——译者注）的卫星上，陨石坑更加明显，数量也比地球上多。地球的体积比月球大，引力也比月球强，因而撞击到地球上的陨星远多于月球，然而，月球表面的陨石坑（图104）保存得更加完好。幸运的是，我们还能在地球上找到一些古老的陨石坑的遗址，这表明地球和太阳系中的其他星体一样，曾经被陨星剧烈轰击过。有证据表明，陨石坑的撞击生成是一个正在进行的过程，地球随时可能会迎来下一次重大的陨星撞击。

***图104***
*地球的卫星，上面有不计其数的陨石坑（H.A.Pohn摄，本照片蒙美国地质调查局惠许刊登）*

## 成坑速率

行星科学力求建立一个基于陨石撞击记录的时标，以比较行星及其卫星的地质学史。月亮表面陨石坑的生成速率与地球相似，因为在46亿年的地质时期中，二者都经受了同样强度的小行星和彗星撞击。早期地–月系统中陨石坑的生成速率可能会比较近的地质时期高100倍。在地球上，剧烈的风化作用摧毁了大多数陨石坑。月球上不存在剧烈的风化作用，因而保存下来的陨石撞击记录要比地球好得多。虽然地球的引力比月球强，吸引到的小行星和彗星更多，但平均而言，陨石坑在月球上保存的时间是在地球上的数百倍。

在月球上，大小不同的陨石坑形态也各异。小陨石坑具有碗状的、干净的内表面和尖锐的环顶（环顶指的是陨石坑或火山周围的环状凸起——译者注）。直径大于10英里（约16千米）的、较大的陨石坑中央则包含一个凸起的山峰，山峰周围环绕着环形的阶梯状平台。这表明，大块岩石顶部凸出的峭壁在陨石坑形成之后不久便已滑入坑内。在直径大于100英里（约160千米）的巨型陨石坑中，中央的山峰被一座内环形山取代，在整个撞击构造周围环绕着一重或多重面向中心的峭崖。

一般而言，地表的地质结构越坚固，年代越久远，陨石坑的数目也越多。那些布满陨石坑的高地是月球上地质年代最久远的区域，这些区域记录了约40亿年前月球所受到的剧烈的陨星轰击。此后，陨星撞击的数目锐减，由于小行星带及其他大型陨石源的耗尽，撞击率一直较稳定地保持在相对较低的水平。如果地球上的陨石撞击率一直像早年那么高，那么生命的进化即使未被完全中断，也一定发生了本质性的改变。

在太阳系的不同位置处，陨石坑形成的速率明显不同。小行星、彗星撞击生成陨石坑的速率及陨石坑的总数显示，在过去的数十亿年间，在地球、月球和其他近日行星上，陨石坑的平均生成速率是相似的。然而，在外行星的卫星上，陨石坑的生成速率却明显较低，这部分地是因为它们离小行星主带更远。不过，外太阳系的星体上的陨石坑的大小（图105）与近日行星上的陨石坑相当。

在月球上，陨石坑形成的速率与火星上相当，但火星上的侵蚀作用，例如风、冰等，已将大部分陨石坑抹去（图106）。火星南半球地面崎岖，陨石坑众多，并有类似河床的巨大凹槽横跨于地表，在这些凹槽中，可能曾有奔涌咆哮的洪水流过。的确，那些源于陨石坑的、貌似古老的河床的巨大沟道似乎暗示我们火星上曾有液态水存在。如今，大多数水都被冻结于地下，

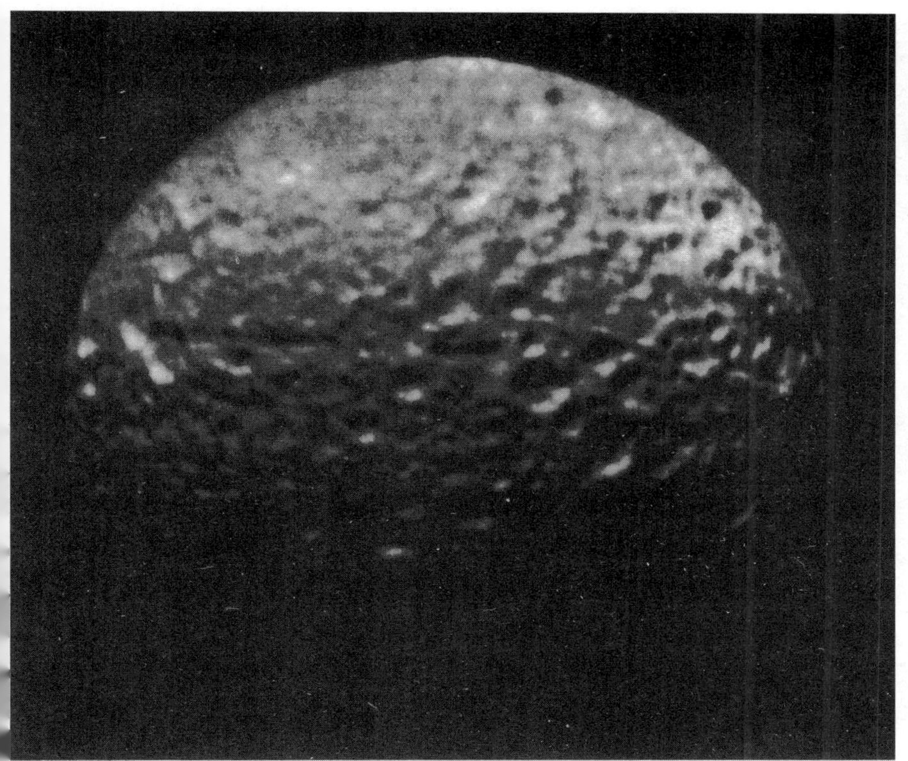

*图105*
*土卫一表面布满分布均匀的陨石坑（本照片蒙美国宇航局惠许刊登）*

或封锁在火星极地的冰冠中。

在月球上，导致陨石坑毁坏的主要原因是其他陨星的撞击。由于陨石坑高度重叠，要将其按适当的地质顺序排序通常很困难。火星上的陨星撞击率可能高于月球，因为它离小行星带更近。火星上的陨石坑大规模消失的时间近达距今2亿至4.5亿年前，而月球上大部分伤痕累累的地表的产生时间都比它早数十亿年。

地球上可识别的陨石坑的年龄介于数千岁至近20亿岁之间。在过去的30亿年中，地球上陨石坑的生成速率保持相对恒定。每隔5，000万至1亿年，会发生一次大型的撞击，该撞击会产生一个直径大于等于30英里（约48千米）的陨石坑。可以预期，每100万年间，会发生3次陨石坑直径达10英里（约16千米）以上的较大撞击。当一颗直径半英里（约800米）的小行星或彗星与地球相撞时，释放出的能量相当于100万兆吨（1兆吨等于1百万吨——译者注）TNT炸药，若这么多炸药同时爆炸，将会杀死地球上1/4的人口，如此大规模的撞击大约每10万年会发生一次。

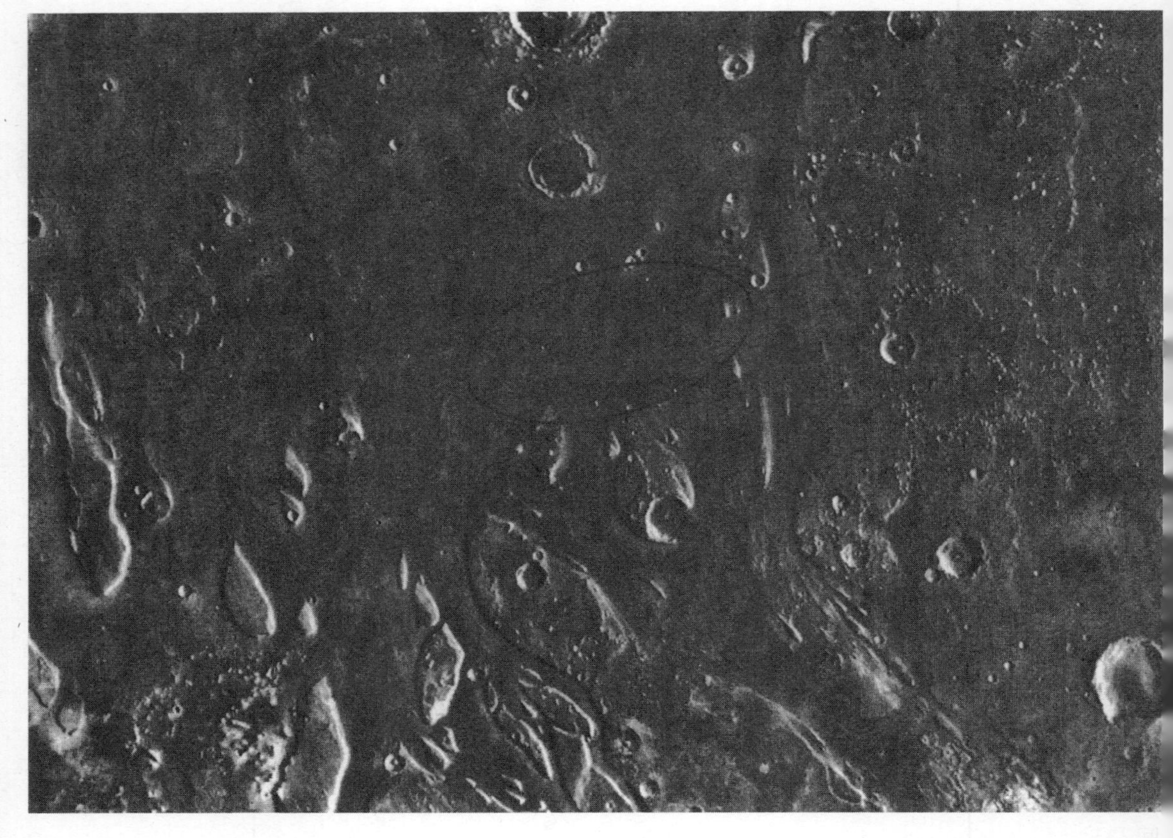

***图106***
*探路者号（Pathfinder）火星探测器的着陆点，位于火星阿瑞斯谷（Ares Vallis）（本照片蒙美国宇航局惠许刊登）*

## 撞击成坑过程

当较大的陨石砰然撞向地球时，会喷出大量沉积物，这些沉积物以50倍声速的速度推动岩屑运动，同时将固态的岩石蒸发。在此过程中，陨星会在地面上挖出一个深坑，坑的直径小则几英里，大则达数百英里以上。在撞击过程中，产生了极高的温度和压强，事实上，高温高压将陨星的残骸销毁得干干净净。因此，撞击生成陨石坑的过程是一个独特的地质过程。撞击时，陨星在狭小的区域内，于极短的瞬间中释放出巨大的能量。重大的撞击事件极大地影响了地质与生物的历史进程。

有些地质特征，人们原以为是在其他地质力（例如地壳隆升或火山作用（图107））的作用下形成的，现在，人们认为，这些地质特征其实是陨石坑。例如位于美国犹他州（Utah）峡谷地国家公园（Canyon Lands National Park）中科罗拉多河(Colorado)与格林河（Green Rivers）交汇处附近的穹状隆丘（Upheaval Dome）。人们原先认为，穹状隆丘是一个盐栓（在盐丘构造中，下层岩石会拱起甚至刺穿上覆岩层，形成穹隆或蘑菇状构造，隆起的下层岩石就称为盐栓（salt plug）——译者注），该盐栓使覆盖在其上方的地层向上隆起，形成一个宽3英里（约4.8千米）、高1，500英尺（约462米）的气泡状的褶曲。对穹状隆丘成因的另一种解释认为，这一地质构造实际上是一个被严重侵蚀的陨石坑，是小行星或彗星等大型天体撞击地球时产生的古老的撞击构造的遗迹。

撞击过程中释放出的能量的大小主要取决于撞击物的速度和体积。小行星或彗星撞击地球的速度约为每秒15英里（约24.2千米），是最快的火箭的速度的2倍。一般而言，彗星撞击地球的速度比小行星要快，因为彗星与地球的相对速度比小行星大。质量大于1，000吨的星体在穿过大气层时几乎不会受到空气阻力的影响，而质量小于100吨的星体最终则将减速至其初始速度的一半左右，并且常常会在进入大气层时碎裂。

当陨星高速撞击地面时，它会将非常大的动能传递给地面，这些动能转化为热量，并带来非常大的压强。较大的陨星在撞击时会产生足够高的温度和压强，在这样的高温高压下，陨星本身和被撞击的岩石都被完全熔化并蒸发。这样的销毁非常彻底，因此，在大型陨石坑附近很少能够找到陨星的碎片。

在撞击过程中，许多较细的颗粒物质被溅射到大气层中，较粗的岩屑则回落至陨石坑周边，堆积成高而陡峭的边缘（图108）。岩石在撞击中变得

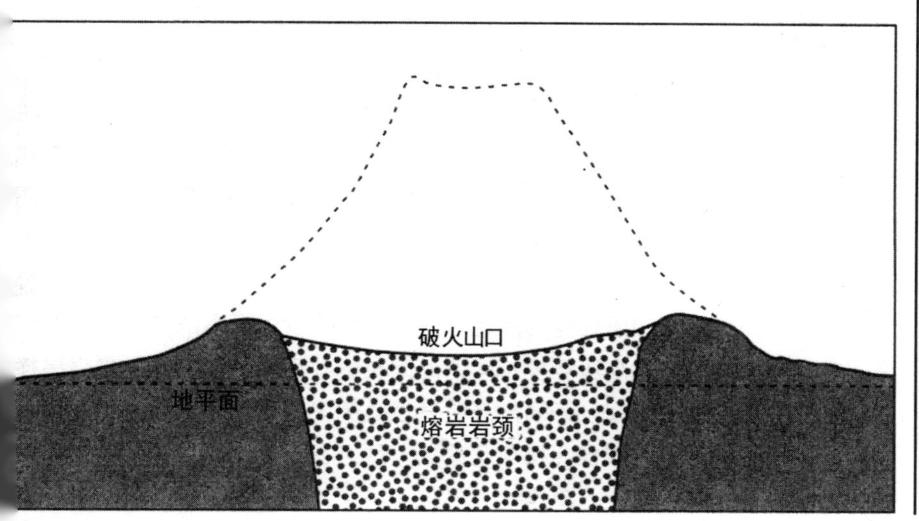


*图107*
*复苏的破火山口（破火山口是一种特殊的火山口，通常是由于火山锥顶部因失去地下熔岩的支撑崩塌形成——译者注）是一种坍塌的火山构造，其外形可能会与陨石坑相似*

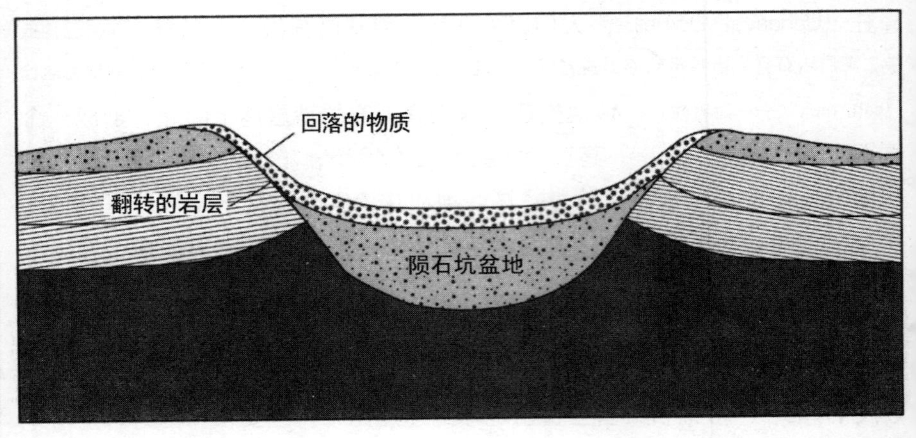


*图108*
*大型陨石坑的结构*

粉碎。从地面穿过的冲击波使周围的岩石发生了冲击变质，冲击变质作用显著地改变了这些岩石的成分和晶体结构。人们通过冲击变质作用发现了许多陨石坑，若不是认识到冲击变质作用的存在，这些陨石坑压根儿不会引起人们的注意。

有发现表明，发生于地球历史早期的大规模陨星轰击在塑造地球表面的过程中起了重要的作用。大多数陨石坑在很久以前就消失了。地质力蚀去了地球上最高的山峰，刻出了最深的沟谷，同样的地质力也将陨石坑从地球的表面抹去。有的陨石坑确实逃过了地质力的侵蚀，然而这些陨石坑都隐藏在深海之下人们不易到达的地方。

## 冲击效应

撞击形成陨石坑的过程是唯一能产生冲击变质效应的地质过程。即便是最强大的火山也无法复制大型陨星撞击所产生的爆炸效应。在山脉形成的过程中，岩石也承受着高温高压，并会在高温高压的作用下发生显著改变。然而，虽然造山作用产生了与陨星撞击相似的高温，但其所产生的压强比陨星撞击要低得多。

地壳深处的温度和压强能够满足冲击变质作用发生所需的高温高压，但是，在地壳深处，高温高压环境持续的时间长达数百万年，而不是像陨星撞击时那样，只在瞬间出现。一颗能产生直径数英里的陨石坑的陨星，在撞击时产生的冲击压缩作用仅仅会持续几分之一秒。在高能核武器实验中，人们再现了与此相似的条件。（图109）

在冲击作用下，岩石破裂为带有细槽状条纹的圆锥形，称为震裂锥，这是最容易识别的一种冲击效应。震裂锥最容易在内部结构简单的细颗粒岩石中形成，例如石灰岩和石英岩。石英岩是一种变质的石英砂岩。在大型陨星撞击所产生的高压下，震裂锥最容易产生，因此，震裂锥为消失已久的陨石坑的存在提供了强有力的证据。

同时，在大型陨星撞击过程中，会产生晶面上带有明显条痕的冲击石英颗粒（图110）。当高压冲击波在晶体上施加一个剪切力时，晶体中会产生一系列的平行的断裂面，称为片晶。在这样的条件下，许多含量丰富的矿物，例如石英和长石，都会产生这样的特征。断裂平面的方向与晶体结构有关，同时，断裂平面的数目和方向与冲击压强的大小有直接的比例关系。在特定的冲击压强下，矿物会完全丧失晶体结构。

冲击变质作用能够生成一些高压矿物，例如将碳变成金刚石，将石英变成斯石英。斯石英也许是大型陨星撞击所产生的冲击变质作用最好的标志。虽然在距地表约400英里（约640千米）的地幔中，斯石英也能形成，但是，随着压强被释放，当地幔中的斯石英到达地球表面时，它们会变回更加稳定的石英。因此，在地表发现的斯石英一定是在地表形成的，而陨星撞击是已知唯一能够产生斯石英形成所需的压强的自然现象。

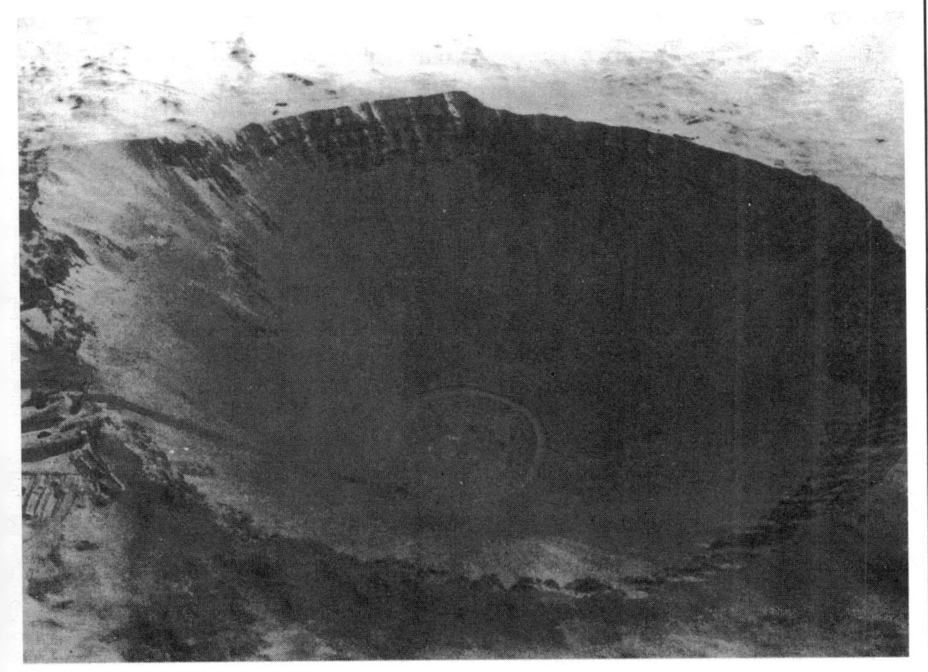

**图109**
*位于地表下300英尺（约93米）的一次地下核爆炸产生的大坑（本照片蒙美国能源部惠许刊登）*

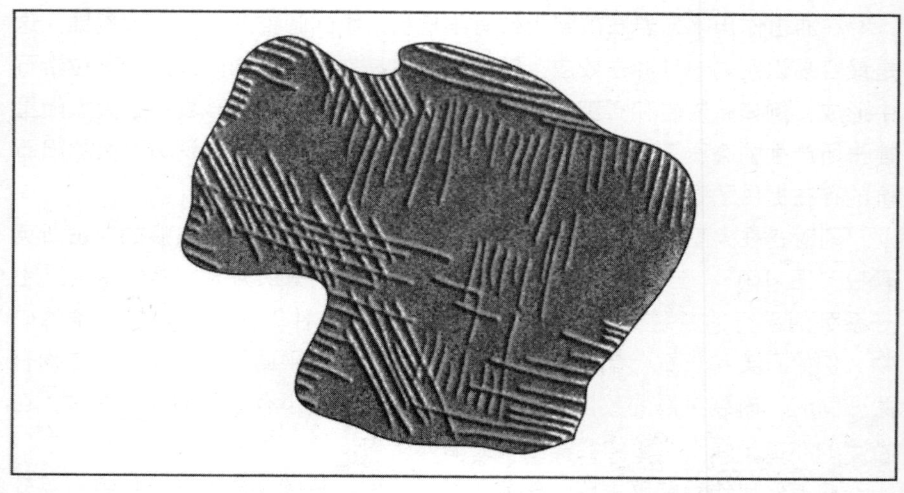

*图110*
*在大型陨星撞击时产生的高压冲击波的作用下产生的跨越晶面的片晶*

撞击产生的极端高压会使长石、石英一类的矿物丧失原有的晶体结构，高压将这些矿物转化为击变玻璃（diaplectic glasses）。“击变的”（diaplectic）一词源自希腊语“diaplesso”，意思是“在撞击下毁坏”。与普通的玻璃不同，击变玻璃保持着原来晶体的外形与成分，但却没有明显的有序结构。

同时，撞击产生了极高的温度。在高温下，沉积物被熔化，变为一些与火山玻璃相似的小玻璃球。这些小球与位于月球土壤中及碳质球粒陨石中的玻璃质陨石球粒（一种圆形小颗粒）很相似。碳质球粒陨石是一种富含碳的陨石。在位于南非（South Africa）的一片广阔的小球体沉积层中，有的地方小球体的厚度达1英尺（约0.31米），这一片沉积层的年龄已达35亿岁。人们在墨西哥湾(Gulf of Mexico)发现了一片厚达3英尺（约0.93米）的小球体层，这一沉积层与位于墨西哥尤卡坦半岛（Yucatán）外的、形成于6，500万年前的希克苏鲁伯（Chicxulub）撞击构造有关。位于加拿大魁北克省（Quebec）的马尼夸根（Manicouagan）撞击构造中也有一些被熔化过岩石，人们曾一度误认为这些岩石产生于火山作用。

撞击熔化的岩石与火山岩在许多方面都不相同：首先，撞击熔化的岩石源自非火山地区；其次，在撞击熔化的岩石中，含有大量来自本地基岩的、未熔化过的碎片；再次，撞击熔化的岩石的成分与任何火山岩都不相同。一般而言，撞击熔化的岩石是各种地壳岩石的混合物，撞击产生的温度高于这些岩石的熔点，因此它们熔化并混合在了一起。与此相反，火山岩的成分则决定于位于地壳下的特定矿物的熔化情况。

在某些撞击熔化的岩石中，微量元素的含量与其他岩石不同，这些微量元素可能来自陨星。例如，在一处撞击熔化的岩石中，镍的浓度比当地基岩高20倍。其他的元素，如铱、铂、锇和钴等，在地壳中的含量非常少，在陨星中的浓度则较高。因此，在熔化形成的岩石中，如果这些元素的浓度很高，则标志着该岩石所在的位置曾经被陨星撞击过。

## 陨石坑的形成

陨石坑形成的过程与高能来复枪子弹打入地面时产生的效应非常相似。高速运行的大型陨星在撞击时完全碎裂，撞击过程中产生的陨石坑通常比撞击物本身的直径大20倍。由于不同岩石的强度不一样，陨石坑的直径也与被撞击岩石的种类有关。例如，在结晶岩上形成的陨星坑的大小可达沉积岩的两倍。那些最大规模的陨星撞击不仅在地面上撞出了深深的陨石坑，而且在地表生成了环绕着撞击地的、奇怪的山脉。如今，由于长年累月的侵蚀，这些山脉只剩下模糊的圆环。

当陨星撞向地表时（图111），它发出的冲击波的强度达数百万个大气压。冲击波一方面向岩石下方传播，一方向反射回来穿过陨星自身。冲击波使地面岩石发生压缩，推动它们在撞击点处前后运动，运动的速度达每秒钟

*图111*
*大型陨石坑的形成*

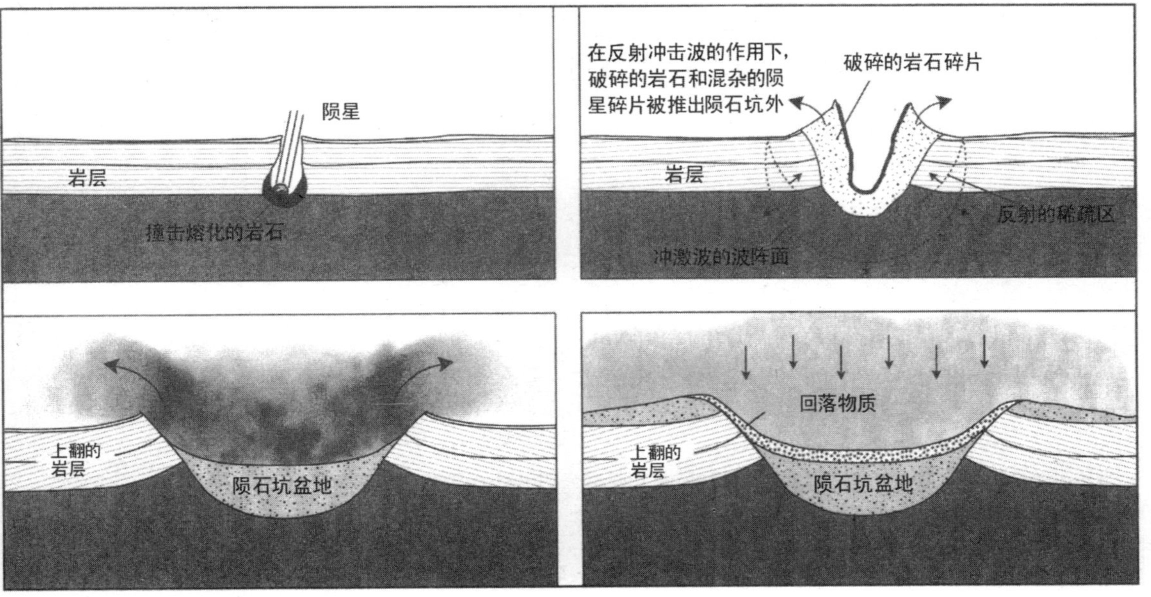

好几英里。陨星将岩石挤向两边，在地面上挖出一个洞，在此过程中，陨星自身也变得扁平。之后，陨星的运动方向发生改变，其剩余的碎片从陨石坑中飞出，同时，在撞击过程中熔化的陨星和熔化并蒸发的地面岩石也以很高的速度从陨石坑中喷出。

随着陨星物质不断上升，大气层中很快形成了一个由尘埃构成的烟柱。烟柱不断地扩大，其底部的直径达数千英尺，顶部到达数英里高的高空。陨星撞击时产生的巨大的冲击波将周围大气中的大多数气体吹走，巨大的烟柱变为一朵巨大的、由尘埃构成的黑云，仿佛在大气层中打出一个孔。这一情景与原子弹爆炸时形成的蘑菇云非常相似（图112）。的确，核爆炸与陨星撞击效应之间存在着很多惊人的相似，只不过陨星撞击时不会产生放射性沉降物。每次撞击事件的过程可能只有几秒钟，然而，撞击所带来的全球化的影响却会持续好几个月，甚至达数年之久。

***图112***

*1953年5月25日，美国“结果——节孔”（Upshot–Knothole）系列核试验中的格拉布尔（Grable）原子弹爆炸的场景（1953年3月17日至6月4日，美国政府在内华达州进行了代号为“结果–节孔（Upshot–Knothole）”的系列核武器爆炸实验。格拉布尔（Grable）是其中的一次核试验的名字——译者注）*

# 撞击构造

地球表面有许多貌似陨石坑的环形地貌。然而，由于它们的外观不太引人注目，地层也难以辨别，再加上其表面覆盖着浓密的植被，先前人们并没有将它们认作陨石坑。许多撞击构造表现为地壳表面巨大的圆形图样，这些圆形图样形成于大型陨星坠落时对地面的突然冲击。

有的陨星撞击形成了明显的陨石坑，有的陨星撞击则只留下了先前撞击地的隐约轮廓。这些地方具有环形的受冲击区域，在此区域内，岩石在冲击变质作用下发生了严重的改变，这或许是证明这些区域存在陨石坑的唯一证据。要产生这样的改变，需要在瞬间施加与地球内部相同的高温高压。

世界上人们已知的陨石坑约有150个（表7）。每年，人们还会发现新的陨石坑，这些陨石坑的年龄大多在2亿岁以内。据估计，至今为止，在所有直径大于10英里（约16千米）、年龄小于1亿年的陨石坑中，人们已发现的只占10%。在过去数十亿年间，虽然陨石坑的生成速率基本保持恒定，但是年龄较大的陨石坑大多已在侵蚀作用、沉积作用和其他地质作用下毁坏，因此数目比年轻的陨石坑少得多。

许多撞击事件属于多重撞击。多重撞击会产生由两个或多个靠得很近的陨石坑构成的陨石坑链。若小行星或彗星在外层空间中或在刚进入大气层时发生碎裂，则很可能会导致多重撞击。曾经有一颗直径1英里（约1.6千米）的撞击物碎裂后高速撞向地面，在乍得（Chad）（乍得（Chad），国家名，位于非洲——译者注）北部的撒哈拉沙漠中撞出一连串的3个直径约7.5英里（约12.1千米）的陨石坑。苏联的卡拉（Kara）和乌斯季-卡拉（Ust-Kara）、黑海北岸附近的古谢夫（Gusev）和卡缅斯克（Kamensk）是两对双生陨石坑，两对陨石坑各自同时形成，子陨石坑间只相距数十英里。

在美国伊利诺斯州（Illinois）南部、堪萨斯州（Kansas）东部和密苏里州（Missouri）分布有8个巨大的、坡度平缓的凹坑，仿佛溅在地面上的巨大的泥斑。这些陨石坑直径2至10英里（约3.2至16千米），平均间隔60英里（约97千米）。在阿根廷的里奥夸尔托（Rio Cuarto），有一个由10个椭圆形的陨石坑构成的陨石坑链，这10个陨石坑分布在一条长30英里（约48千米）的线上，陨石坑中最大的长2.5英里（约4.0千米），宽1英里（约1.6千米）。这表明，在约2，000年前，一颗直径500英里（约810千米）的陨星曾以很小的角度撞向地面，陨星破碎后，碎片在地面上反弹，造就了这一特殊的景观。

## 表7 主要的陨石坑与撞击构造的位置

| 名称 | 位置 | 直径（英尺）/（米） |
|---|---|---|
| 俄安辰明 | 伊拉克 | 10，500/（约3，240） |
| 阿马克 | 阿留申群岛 | 200/（约62） |
| 安贵德 | 撒哈拉沙漠 | |
| 奥威罗 | 撒哈拉沙漠西部 | 825/（约254） |
| 巴格达 | 伊拉克 | 650/（约201） |
| 博克斯霍尔 | 澳大利亚中部 | 500/（约154） |
| 布伦特 | 加拿大安大略省 | 12，000/（约3，700） |
| 卡姆伯·德尔·塞罗 | 阿根廷 | 200/（约62） |
| 丘柏 | 加拿大昂加瓦地区 | 11，000/（约3，400） |
| 曲溪 | 美国密苏里州 | |
| 达尔加兰加 | 澳大利亚西部 | 250/（约77） |
| 深水湾 | 加拿大萨斯喀彻温省 | 45，000/（约13，900） |
| 齐瓦 | 撒哈拉沙漠 | |
| 达克沃克 | 美国内华达州 | 250/（约77） |
| 弗林溪 | 美国田纳西州 | 10，000/（约3，100） |
| 圣劳伦斯湾 | 加拿大 | |
| 哈根斯弗约德 | 格陵兰岛 | |
| 哈维兰 | 美国堪萨斯州 | 60/（约18） |
| 亨伯里 | 澳大利亚中部 | 650/（约201） |
| 荷里福特 | 加拿大安大略省 | 8，000/（约2，500） |
| 卡里亚夫 | 苏联爱沙尼亚 | 300/（约93） |
| 肯特兰穹丘 | 美国印地安纳州 | 3，000/（约930） |
| 柯菲尔斯 | 奥地利 | 13，000/（约4，010） |
| 博苏姆太湖 | 加纳 | 33，000/（约10，200） |
| 马尼夸根湖 | 加拿大魁北克省 | 200，000/（约62，000） |
| 米尔维瑟 | 加拿大拉布拉多， | 500/（约150） |

（续表）

| **名称** | **位置** | **直径（英尺）／（米）** |
|---|---|---|
| 流星坑 | 美国亚利桑那 | 4，000／（约1，200） |
| 努瓦山 | 法国 | |
| 多琳山 | 澳大利亚中部 | 2，000／（约620） |
| 穆尔加布河 | 苏联塔吉克斯坦 | 250／（约77） |
| 新魁北克 | 加拿大魁北克省 | 11，000／（约3，390） |
| 诺德林格莱斯 | 德国 | 82，500／（约25，440） |
| 敖德萨 | 美国德克萨斯州 | 500／（约150） |
| 比勒陀利亚盐盘地 | 南非 | 3，000／（约930） |
| 蛇丘 | 美国俄亥俄州 | 21，000／（约6，500） |
| 马德拉锯齿山脊 | 美国德克萨斯州 | 6，500／（约2，000） |
| 希克霍特–阿林 | 苏联西伯利亚 | 100／（约31） |
| 斯坦海姆 | 德国 | 8，250／（约2，544） |
| 塔莱姆赞 | 阿尔及利亚 | 6，000／（约1，900） |
| 特努美尔 | 撒哈拉沙漠西部 | 6，000／（约1，900） |
| 弗里德堡 | 南非 | 130，000／（约40，000） |
| 维尔斯溪 | 美国田纳西州 | 16，000／（约4，930） |
| 狼溪 | 澳大利亚西部 | 3，000／（约930） |

在已知的陨石坑中，约有2/3位于地壳的稳定区域，这些稳定的区域叫做克拉通（craton），克拉通由大陆内部坚固的岩石构成（图113）。在克拉通上，侵蚀作用及其他破坏性的地质过程发生的速率要慢一些，因此，陨石坑得以长期保存。大多数已知的陨石坑发现于北美大陆、欧亚大陆和澳洲大陆的克拉通上，这仅仅是因为人们对这些大陆的探索比南美大陆和非洲大陆多。此外，由于地球上70%的面积是海洋大多数陨石坑陨落在了海底。海底是一片人类未曾探索过的广阔区域。

陨石坑有两种基本类型，即简单陨石坑和复杂陨石坑，陨石坑的类型

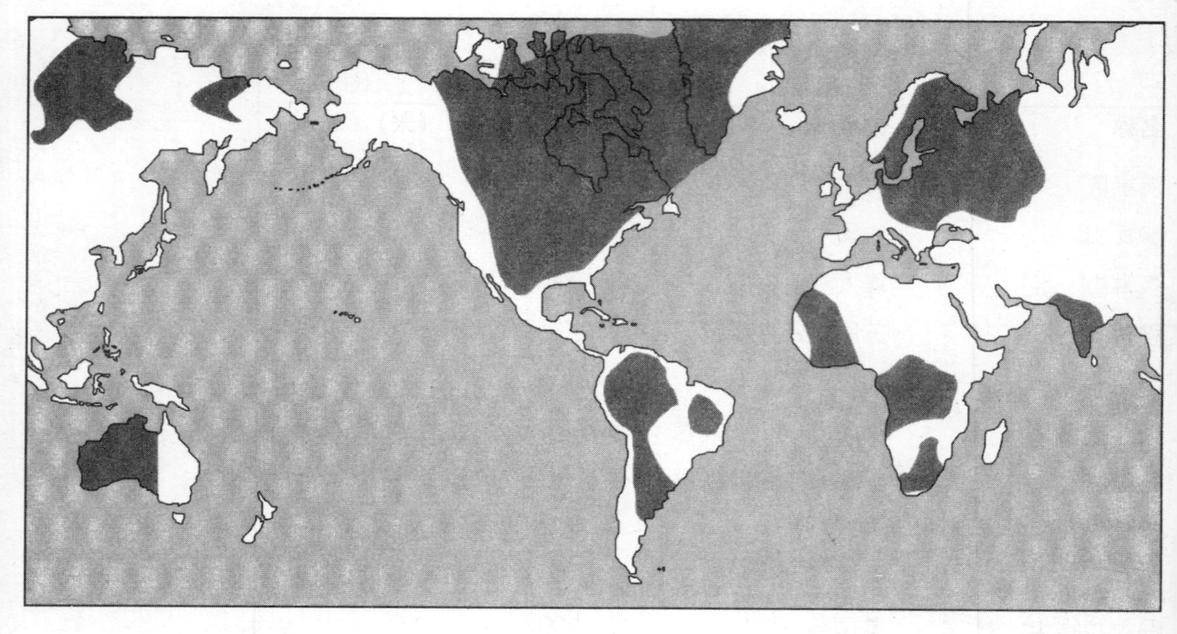

**图113**
*稳定的克拉通在全世界的分部情况*

取决于撞击物的大小和类型。简单陨石坑会形成深深的盆地，盆地直径达2.5英里（约4.03千米），例如美国亚利桑那州（Arizona）的流星坑（Meteor Crater）（图114）。若仅依靠地质学方法，简单陨石坑往往难于辨认，因为很多冲击变质作用留下的痕迹都被埋在撞击构造深处。因此，许多直径达数英里的、明显的环形地貌很难被证明源自陨星撞击。有的时候，偶尔也会出现像流星坑那样的情况：撞击物的碎片散落在陨石坑周围，在这种情况下，人们能够轻易地鉴别出这些碎片产生于大型陨星撞击，而不是火山活动的结果。

复杂陨石坑是一种更大的地质构造。与简单陨石坑相比，复杂陨石坑要浅得多，其宽度是深度的100倍以上。大型陨石坑形成的过程分为两个步骤：撞击时，先形成一个瞬态的深坑，然后，该深坑的坑壁在撞击后几分钟内坍塌，将碗状的坑底填满，并将陨石坑扩大至其最终的大小。

在大型陨石坑的中心，通常具有隆起构造，在中央隆起处，受过冲击的岩石暴露于地表，这与在月球陨石坑中观察到的中央峰相似（图115）。在月球陨石坑中，中央峰的高度大约可达陨石坑直径的1/10，中央峰形成于位于陨石坑中央的岩石的回弹作用，岩石回弹使陨石坑的底部隆起，这一过程与水滴落入池塘后再溅起的过程类似。例如，据估计，位于加拿大魁北克省

（Quebec）的、直径60英里(约96千米)的马尼夸根（Manicouagan）撞击构造中的隆起区域宽约6英里(约9.6千米)，在此处，陆壳厚度的1/4都已上升到地表以上。

中央峰被环形的谷地和断裂的边缘所包围。在古老的陨石坑上，这些特征非常难于识别，因为它们已被严重侵蚀，只在地面上留下了模糊的环形图案。在中央峰和外边缘之间，具有各种在撞击过程中转变及生成的物质，包括碎裂的岩石、熔化过的岩石及冲击变质矿物，这些物质有助于人们确认陨石坑的身份。

在其他地质过程的作用下，也可能会生成看起来像是陨石坑的地质构造。有的地质过程能够产生与陨星撞击几乎相同的岩层，例如火山作用。确定复杂陨石坑的起源比简单陨石坑容易得多，因为在复杂陨石坑的隆起区域中，含有大量受过冲击的岩石。然而，由于复杂陨石坑很浅，并且受到了严重的侵蚀，它们的中央隆起常被误认为是其他类型的地质构造。据估计，加拿大的萨德伯里（Sudbury）撞击构造和南非（South Africa）的弗里德堡

***图114***
*位于美国亚利桑那州（Arizona）科科尼诺县（Coconino County）的流星坑(W. B. Hamilton摄，本照片蒙美国地质调查局惠许刊登）*

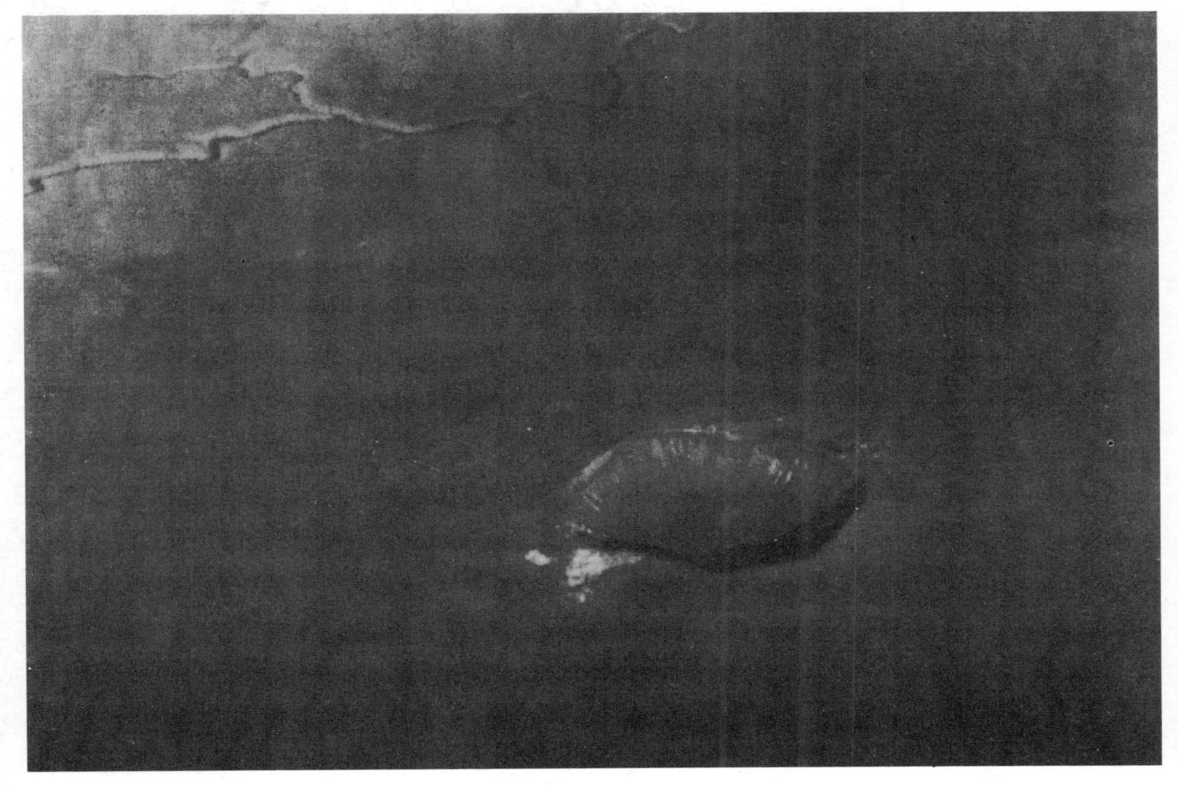

*图115*
*位于月球表面的一个大型陨石坑（本照片蒙美国宇航局惠许刊登）*

（Vredefort）撞击构造的直径原本都在100英里（约160千米）以上，在最古老的撞击构造中，即便是这些最大的撞击构造，在最后的20亿年间也发生了很大的改变，这样的改变常常会掩盖住陨石坑本来的身份。

## 散布区

玻陨石（图116）一词源自希腊语tektos，意思是“熔化过的”。玻陨石是一种玻璃质的物体，其形成于大型陨星撞击时所产生的熔融物。在撞击过程中喷射出来的岩石中，有一半以上能在上升的烟柱中保持熔融状态，这些岩石在空中冷却下来，并以玻陨石的形式回落到地面。在大规模的陨星撞击过程中，数百万吨玻陨石被倾倒在地面上，覆盖了广阔的区域。人们已经知道，许多飞向高空的物质最终落在与撞击地相隔半个地球的地方。

玻陨石的颜色从深绿色到黄棕色到黑色都有。克罗马努人（Cro-Magnon）（克罗马努人是旧石器时代晚期人类的一种早期人种。他们面颊很宽，身材很高。克罗马努人的残存骨骼最早发现于法国南部的克罗马努山洞中——译者注）是人类的祖先，他们曾把玻陨石视为宝贵的装饰品。玻陨石通常较小，大小与小石子相当，虽然也有少量大如鹅卵石的玻陨石存在。玻陨石的外形多种多样，从不规则形状到圆球形都有，具体而言，包括椭球形、筒形、梨形、哑铃形、按钮形等。同时，玻陨石表面还具有特殊的花纹，显然，这些花纹是玻陨石在空中飞行时凝固形成的。

玻陨石的化学成分与普通陨石不同，其成分与玻璃质的火山黑曜石相似，但所含的气体和水分比黑曜石少。玻陨石比地面岩石干燥得多，并且缺少铅、铊、铜和锌等元素，因为这些元素的化合物在1，000摄氏度时会变成挥发物挥发掉。此外，玻陨石并非由微晶构成，人们尚未发现任何一种具有这一特点的火山玻璃。玻陨石中富含二氧化硅，其所含的二氧化硅与用于制造玻璃的纯净的石英砂相似。的确，玻陨石似乎是在陨星撞击所产生的极高温环境下所形成的一种天然玻璃。在撞击过程中，熔化的物质被掷向远方，覆盖了广阔的区域。在空中，这些熔岩的液滴固化并形成各种不同的形状。

玻陨石似乎并非源自地球之外，因为它的成分与地面岩石更接近。玻陨石广泛分布于世界各地，这表明，它们曾在某种强有力的机制的作用下以很

***图116***
*1985年11月发现于美国德克萨斯州（Texas）的北美玻陨石，其表面具有侵蚀留下的痕迹（E. C. T. Chao摄，本照片蒙美国地质调查局惠许刊登）*

高的速度喷向空中，这样强有力的机制包括火山喷发或大型陨星撞击。然而，地球上的火山威力太弱，不足以产生人们所观察到的、跨越近半个地球的玻陨石散布区。

人们已将观察到的玻陨石散布区与陨石坑联系起来。人们发现，玻陨石主要散落形成了3个广阔的散布区，这3个散布区既存在于陆地上，也存在于海底（图117）。北美散布区是已知最古老的沉积区，这一散布区从美国东部和南部向南延伸，横跨墨西哥湾（Gulf of Mexico）和加勒比海（Caribbean Sea）。北美散布区约形成于3，500万年前，其中包含的玻陨石可能多达10亿吨，这些玻陨石大多已被侵蚀殆尽。象牙海岸（Ivory Coast）散布区始于非洲象牙海岸，并向东延伸进入大西洋。象牙海岸散布区的年龄约100万岁，包含约1，000万吨玻陨石。

人们在海底沉积物及地层柱（stratigraphic column）中也发现了古代撞击构造的踪迹。澳大拉西亚散布区（Australasian strewn field）是最大的玻陨石散布区，它从印度洋一直延伸到中国南部、亚洲东南部、印度尼西亚（Indonesia）、菲律宾（Philippines）及澳大利亚。澳大拉西亚散布区的年龄约为75万岁，约含有1亿吨玻陨石。被称为“哇爪耐特”（javanite）的澳大拉西亚玻陨石是一种厚块状或略呈圆形的物体，其外形多呈水滴状、哑铃状或圆盘状，未表现出明显的内部应力。有趣的是，在于19世纪30年代初期，当查尔斯·达尔文（Charles Darwin）为采集标本进行环球航行时，他曾获得过一块这样的玻陨石标本。

*图117*
*世界上主要的玻陨石散布区的分布图*

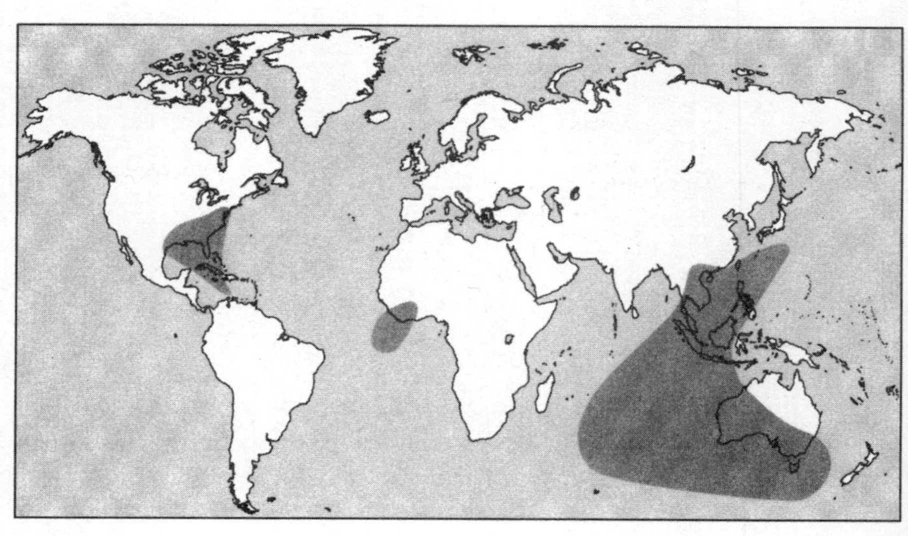

在埃及西部沙漠中，散布着一些神秘的玻璃碎片，这些碎片貌似是3，000万年前一次巨大的撞击所产生的熔化物。人们对散落在利比亚沙漠（Libyan Desert）中的一些如拳头般大小的大块透明玻璃碎块进行了分析，微量元素分析的结果表明，这些玻璃是陨星坠入沙漠时撞击产生的。位于南非（South Africa）的弗里德堡（Vredefort）撞击构造如今已有20亿岁。据鉴定，弗里德堡（Vredefort）撞击构造完全形成于撞击熔化过程，其中含有高浓度的铱。

在北美洲西部，从墨西哥到加拿大的广阔区域内，散布着许多冲击变质矿物。人们相信，这些矿物源自6，500万年前的一次大规模撞击，撞击发生时，恐龙开始灭亡。发现于美国新墨西哥州（New Mexico）东北部的拉顿盆地（Raton Basin）的冲击石英颗粒和长石颗粒表明，此次撞击发生于陆地上或近海大陆架上，因为这些颗粒在陆壳中的丰度很高，但却很少在洋壳中发现。

这些冲击石英颗粒的体积较大，表明撞击发生的位置距散布区相对较近，也许撞击点距散布区的距离在1，000英里(约1，600千米)以内。位于尤卡坦半岛（Yucatân）北部的希克苏鲁伯（Chicxulub）撞击构造最有可能是此次撞击留下的陨石坑。若陨星从东南方斜碰地面，则在撞击过程中会将受冲击的熔融岩石撒向散布区所在的方向。

## 陨石坑的侵蚀

在已知的、散布于世界各地的所有陨石坑中，大多数陨石坑的年龄都不足2亿岁。较古老的陨石坑的数量较少仅仅是因为侵蚀作用和沉积作用已将它们摧毁。火山作用、褶皱作用、断裂作用、成山作用、风化作用和冰川作用已经改变了地球大部分古老的的历史，甚至直接将某段历史从地球的表面上擦去。此外，这些活跃的侵蚀过程在很早以前就已将大部分陨星撞击构造摧毁。地质侵蚀作用包括降雨、刮风、结冰、冰冻与融化，以及动植物的活动等。只有位于沙漠中或极区的陨石坑例外，因为在沙漠中，侵蚀作用进行的速率较慢。

霍顿坑（Haughton Crater）是一个有趣的撞击构造，该陨石坑以一位北极地质学家的名字命名。霍顿坑的存在，使位于加拿大北极圈（Canadian Arctic）内的得文岛（Devon Island）带上了一个痘点（图118）。霍顿坑产生于约2，300万年前的一次陨星撞击，当时，一颗大型陨星以每小时40，000英里(约64，000千米)的速度坠落在得文岛上，在地面上掘出一个15英里(约

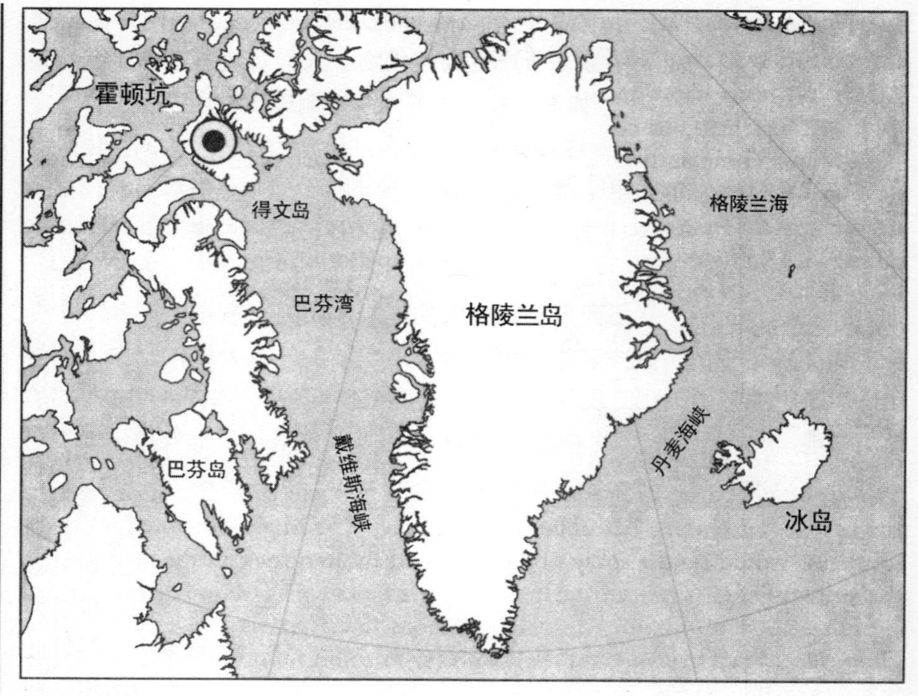


***图118***
*位于加拿大北极圈（Canadian Arctic）内得文岛（Devon Island）上的霍顿坑（Haughton Crater）的位置*

24.2千米)深的大坑。虽然数百万年已经过去，但霍顿坑依然保持完好，因为在荒凉的冻原上，侵蚀作用很弱。

月球和火星表面上的陨石坑大多得以存留下来（图119），这仅仅是因为月球和火星上没有水循环，正是水循环将大多数撞击构造从地球表面擦去。侵蚀作用夷平了最高的高山，掘出了最深的峡谷，在它的长期作用下，所有的地质构造都会被消灭。在强有力的风化作用的攻击下，陨石坑不能幸免于难也就不足为怪了。但也有几类陨石坑例外，它们包括：位于海底的陨石坑——海底不受风化作用影响，位于沙漠中的陨石坑——沙漠中没有大量降雨，以及位于冻原地区的陨石坑——冻原地区常年不会发生本质性的变化。

事实上，直径超过12英里(约19.3千米)、深度超过2.5英里(约4.02千米)的陨石坑似乎不受侵蚀作用的影响。这样的陨石坑能够免于毁灭，因为，确切地说，地壳漂浮在由稠密的液体构成的地幔之上。随着侵蚀过程的进行，物质被逐渐从大陆上移走，这一过程与一种浮力形成了微妙的平衡，地壳就是靠这种浮力漂浮在熔岩的海洋上，这种平衡被称为地壳均衡

(isostasy)(图120)。"isostasy"一词在希腊语中是"地位相同"的意思。因此，侵蚀作用只能将陆壳表面的2至3英里(约3.2至4.8千米)刮去，之后大陆的平均高度将落入海平面以下，此时，侵蚀作用中止，沉积作用开始进行。大型陨石坑通常足够深，因此，即便整块大陆都被侵蚀作用耗尽，细微的遗迹也会存留下来。

人们运用多种地球物理学方法来探测那些不能从空中直接看到的大型撞击陨石坑。地震勘探(Seismic survey)可用于识别地壳中位于厚厚的沉积层之下的环状扭曲。受影响的岩石常会产生引力异常，这样的引力异常可以用重力计探测到。由于很多陨星都是铁-镍型陨星，因此，这些陨星能够被一种叫做"磁强计"的敏感磁性测量仪探测到。

同时，通过地表的地质情况，人们可以找到那些岩石曾受到过撞击的区域及大型环状地质构造的露头(露头(outcrop)指的是基岩或其他岩层露出地面的部分——译者注)。美国田纳西州(Tennessee)的维尔斯溪(Wells Creek)地质构造宽10英里(约16千米)，该地质构造位于一片由平伏的古生代岩石构成的区域上，该区域内的岩石隆起并形成两个同心向斜(即向下褶曲的岩层)，两个向斜之间隔有一个背斜(即向上褶曲的岩层)。

形成于6，500万年前的希克苏鲁伯构造(Chicxulub structure)位于尤卡塔半岛(Yucátan peninsula)顶端以外，此陨石坑隐藏在近1英里(约1.6千

**图119**
*火星表面一个陨石坑密集的区域，图中展现了风力侵蚀的效果(本照片蒙美国宇航局惠许刊登)*

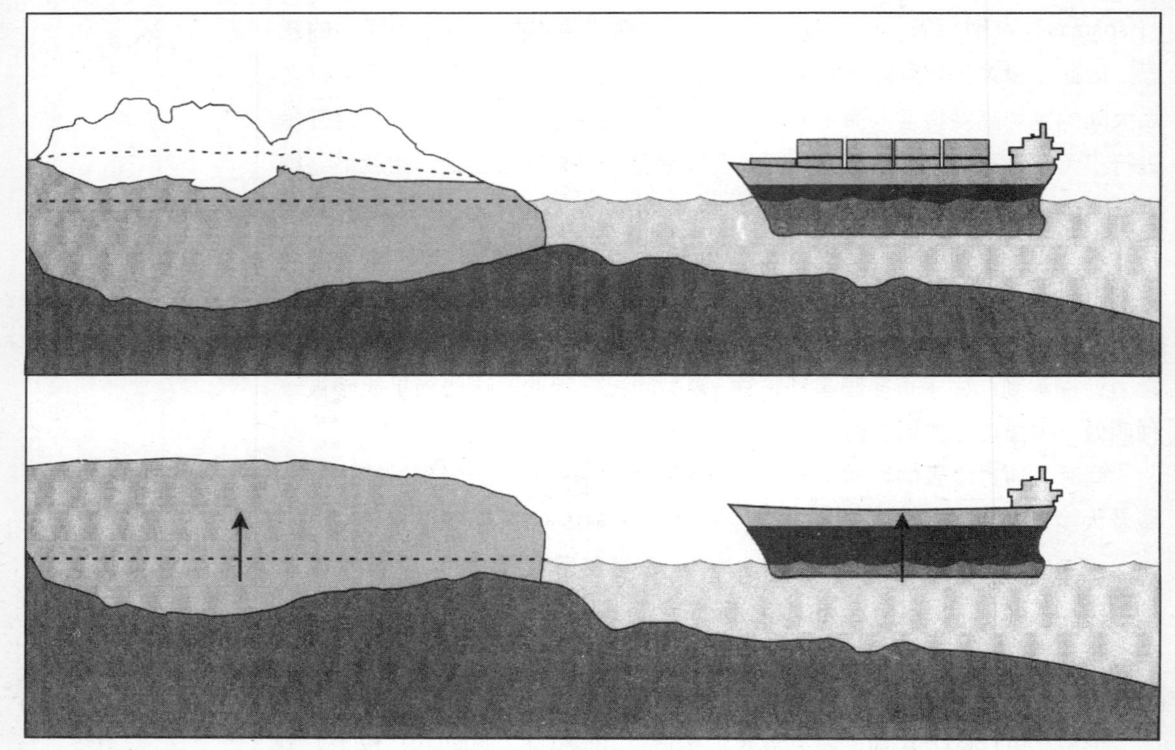

***图120***
*地壳均衡原理。被冰川覆盖的大陆会像负重的货轮那样随着附加重物的变化不断调整自己的位置。当冰川融化时，大陆负重减轻，因而向上浮起*

米）厚的沉积物下方，人们完全依靠地球物理学的方法发现了它的存在。地震勘探的结果显示，这个陨石坑具有多重同心圆环结构，这样的结构在月球和金星上很常见，但在地球上很少见。此陨石坑带有一个隆起的内环，内环直径约50英里（约81千米），另一个环的直径约85英里（约136.7千米），外环直径约120英里（约193千米）。信号显示，还有一个更大的外环存在，这将使希克苏鲁伯构造成为地球上最大的撞击构造之一。人们在该区域钻井采油时钻出的岩屑具有被碰撞冲击过的迹象。采自美国佛罗里达州（Florida）东海岸的海底岩心（ocean core）样本中含有一种淡棕色的黏土，人们认为这是小行星本身的蒸发残留物形成的“火球层”。此外，人们还在该区域周围发现了散落的撞击岩屑，包括被冲到岸上的玻陨石和碎石块。

通过重力测量，人们同样发现了一块呈牛眼状的、明显的重力异常。在这个被埋没的陨石坑的边缘，分布着异常集中的灰岩坑（灰岩坑（sinkhole）地表的一种自然凹陷，其与某一地下通道相连。灰岩坑通常出现在灰岩地区，形成于石灰岩的溶解或溶洞顶部的下沉——译者注），这些灰岩坑所形成的图案与重力圈（gravity ring）同心。这一现象的独特之处在于这些灰岩坑形成了边界明确的圆形图案。撞击产生了一个圆形的断裂系统，这一断裂系统形成了一个地下水含水层，因为不存在地表河流，地下水是一种至关重要的资源。灰岩坑的洞穴构造深约1，000英尺(约310米)。灰岩坑具有良好的渗透性，它们像管道一样把环中的水带出到海洋中。

在讨论完陨石坑的形成之后，下一章我们将探讨大型小行星或彗星撞击地球产生的效应。

# 8

# 撞击效应

## 全球性的变化

**本**章探讨大型陨星或彗星撞击地球所带来的全球性影响。历史上重大的全球性变化可能源自大型小行星或彗星对地球的撞击。撞击发生时，地球会像一口巨大的钟一般当当作响。地球的震动会引发强有力的地震和剧烈的火山爆发。如果撞击发生在海洋中，则会引发大规模的海啸，巨大的海浪会冲上附近的海岸。同时，撞击会使地磁场发生反转，历史上，地磁场的几次反转就与陨石坑有着紧密的联系。

撞击使地表厚厚的尘埃上升到高空中。尘埃遮住了太阳，地球开始变冷。在寒冷、黑暗的环境中，光合作用没法进行，食物链的底部发生断裂，大饥荒将会产生。撞击也会使地球的自转轴产生轻微的偏移，并导致冰期产生。当撞击事件发生时，地球同时受到这么多破坏性事件的围攻，随后发生物种大灭绝自是理所当然。

## 全球效应

在火星上，大规模的尘暴十分寻常（图121）。1971年，当“水手9号”（Mariner 9）进入绕火星运行的轨道时，碰上了火星一次全球性的尘暴，这次尘暴使火星表面在我们的视野中变得模糊。尘暴持续了好几个月才最终散去，直到那时，轨道飞行器才得以拍摄到火星表面的照片。火星上尘暴的规模之大是地球上闻所未闻的，这样的尘暴促使人们开始思索热核战争所带来的全球性效应，这种全球性效应被称作“核冬天”。大型陨星或彗星撞击地球时也会产生极其相似的效应。

大型陨星撞击所带来的环境效应可与1883年印度尼西亚喀拉喀托火山（Krakatoa）喷发相比，事实上，这次火山喷发使整个岛屿毁于一旦。爆炸的巨响在3，000英里(约4，800千米)外都能听到。火山爆发产生的冲击波环绕地球传播了整整3周，世界各地的气压计都记录了这一事件。火山爆发导致了巨大的海啸，高达100英尺(约160千米)的巨浪从附近的海岸飞奔向大洋深处，36，000人在海啸中溺水身亡。远在欧洲的潮位计都探测到了这次巨大的海啸。火山灰升到50英里(约81千米)的高空中，遮住了太阳，使全球气温下降达数年之久，农业遭到了严重破坏，死亡人数进一步增加。

当大型天体撞击地球时，天空中将塞满烟尘。这样的撞击会带来什么样的效应呢？人们可以在地质史上找到一些相关的线索。有关的迹象隐藏在形成于6，500万年前白垩纪末期的沉积物之中，就在这一时期，恐龙从地球上不可思议地消失了（图122）。只有类似全球核战争的事件才可能使生物发生如此大规模的灭绝。的确，除了不会留下大量的放射性辐射之外，大型陨星撞击对环境的影响与核战争惊人地相似。

如果大型天体，例如小行星或彗星，与地球相撞，撞击将会产生浓密的烟云、强烈的爆炸冲击波、排山倒海般的海啸、剧毒的气体和酸性很强的酸雨，这将对地球的环境造成极大损害。也许，对环境危害最大的当数撞击过程中产生的、悬浮于大气中的大量沉积物，这些悬浮物有的来自撞击时从陨石坑中炸出的物质，有的则源于撞击时汽化的撞击物本身。

在撞击过程中，数百万吨泥土、尘埃颗粒和煤烟被泵入大气层中，其中的煤烟源自撞击时烧毁的森林。在全球性的大气混合作用下，尘埃得以环绕

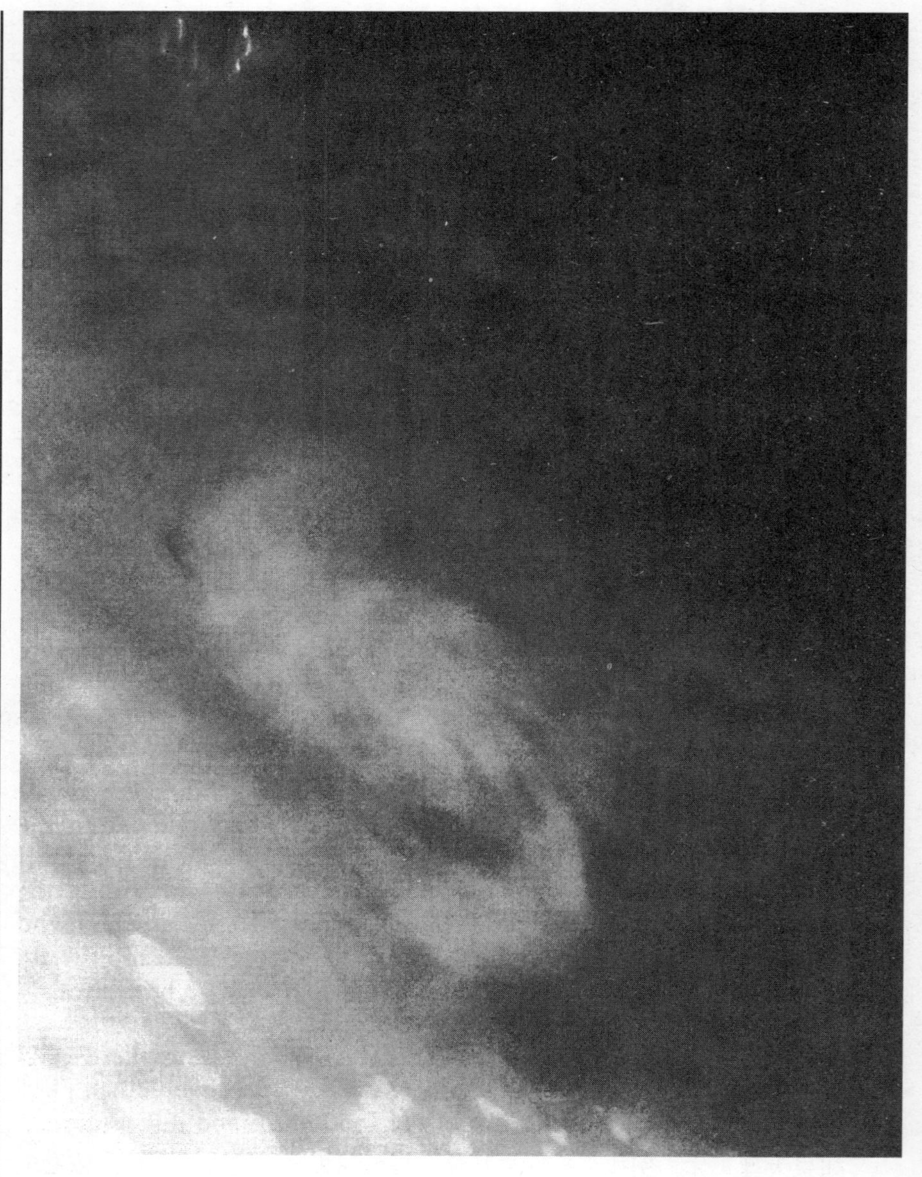

*图121*
*“水手9号”（Mariner 9）观察到的火星尘暴，这次尘暴持续了好几个月才消散到可以看清火星表面的程度（本照片蒙美国宇航局惠许刊登）*

地球运行。在太阳辐射的作用下，这些位于大气层中的、充满了沉积物的深色气体层的温度将会升高，从而导致热量的不均衡，并使气候类型发生彻底的改变，陆地上的很多地区将会变为荒芜的沙漠。

横扫整个大陆的狂风将会激起可怕的尘暴，尘埃将塞满天空。此外，撞向海底的小行星或彗星会释放出大量热量，这些热量会激起大规模的飓风，人们把这种大规模的飓风叫做超级飓风（hypercanes）。超级飓风的风速接近每小时500英里（约810千米），风中带有大量沉积物。超级飓风可到达距地面20英里（约32千米）的高空。横跨洲际的大火产生的尘埃和煤烟将塞满天空，即便在正午时分，地面上也将是一片黑暗。

地球表面约1/3的陆地被森林及与之毗邻的灌木和草原所覆盖。撞击过程中产生的熔融岩石会四处飞溅，撞击物炽热的碎片也会向四面八方飞射，在此过程中，它们与大气之间存在冲击摩擦作用，同时，在撞击过程中，大气会被压缩。大气压缩与冲击摩擦所产生的热量将会引发全球性的森林大火，大火将产生浓厚的烟尘。这时的情况会比近来发生的、吞噬了亚马逊热带雨林（Amazon rain forest）的那场大火糟得多（图123）。全球性的大火也许会将大陆上1/4的植被烧毁，使大部分地球表面变为隐隐燃烧的余烬。

*图122*
*位于美国怀俄明州（Wyoming）克罗佛利（Cloverly）附近豪牧场（Howe Ranch）采石场的恐龙遗骸（G.E.Lewis摄，本照片蒙美国地质调查局惠许刊登）*

*图123*
*南美洲亚马逊热带雨林的大火烧毁了大片热带雨林，大火产生的浓烟使亚马逊盆地（Amazon basin）在视野中变得模糊，这是1988年探索号（Discovery）航天飞机拍摄到的景象（本照片蒙美国宇航局惠许刊登）*

同时，缺乏蒸发过程的、过度干燥的环境也会引发森林大火，这样的大火一旦开始燃烧就会失去控制，在大约几天之内，数亿平方英里土地将被烧毁。大火会将地表变成炽热的地狱，多达80%的陆地生物量将在大火中死亡。地球将被一层厚厚的尘埃和煤烟所环绕，这些尘埃与煤烟会在大气中存留好几个月。由于烟尘的遮挡，地表温度将会下降，植物光合作用也将停止。同时，森林和草原上的大火会产生大量氧化亚氮，并形成酸性很强的酸雨。如此大规模的灾难会将陆地上大部分生物的栖息地摧毁，导致悲惨的生物大灭绝。

注入大气的尘埃和烟雾会挡住阳光，使其不能到达地表，从而严重影响水汽的凝结，使降水量剧减。降水的减少使雨水的清洗效应无法发挥，于是尘埃和烟尘在大气中停留的时间将会增加。由于太阳投射到海洋表面的能量减少，海水的蒸发量将受到严重限制，从而严重限制了降雨量，大气中颗粒物质得以在相当长的时间内保持悬浮状态。

悬浮的沉积物和煤烟将塞满天空，使到达地面的阳光大大减少。这将阻碍光合作用的进行，植物将因此枯萎死亡。同时，由于降雨量很小，植物还面临着缺水的威胁。地球上将出现大面积的干旱，整个地球都将变成沙漠。此外，由于到达地表的阳光减少，地表温度将显著下降，植物将会停止生长。植物停止生长将会严重地扰乱陆生食物链，导致大比例的物种灭绝。

海洋浮游生物会在接下来的黑暗环境中死亡，因为它们需要阳光进行光合作用。浮游生物是食物链中的初级生产者，它们的死亡会给位于食物链的上层的生物带来致命的后果，从而在海洋中引发灾难性的物种灭绝。热带地区的本地生物对温度的变化最为敏感，大量的海洋生物将很快消失。海洋中将会发生一次剧变性的物种灭亡事件，其规模可与地质学历史上的其他大灭绝事件相当。

大规模的陨星轰击会将位于地球大气上层的臭氧层剥去，使地球整个暴露在可怕的太阳紫外线之下，这些紫外线会阻碍新的臭氧分子生成（图124）。随着太阳辐射强度的增加，陆生植物和海水表层中的初级生产者将被杀死。在撞击过程中及其后的森林大火产生的高温条件下生成的氧化亚氮会将臭氧层破坏，于是，在烟尘最终散尽后，强烈的太阳紫外辐射将直接照射到地球表面。

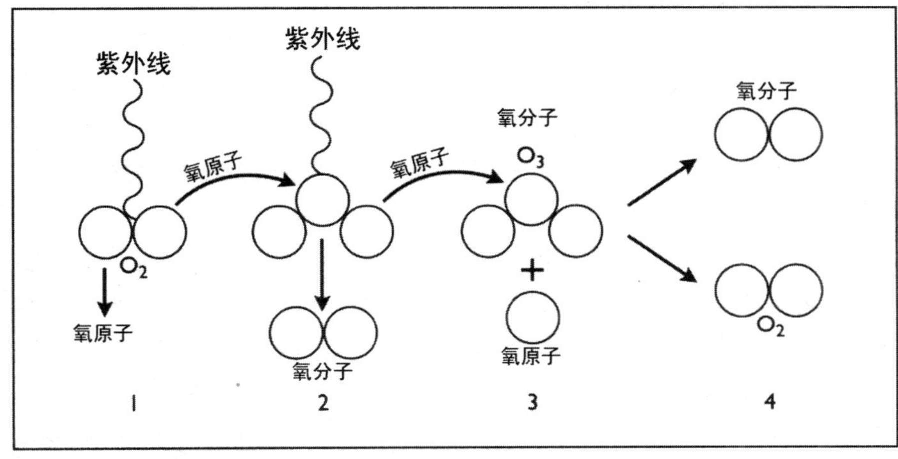


***图124***
*臭氧分子的生命周期。（1）紫外线将一个氧分子分裂为两个氧原子。（2）氧原子与另一个氧分子结合形成一个臭氧分子。臭氧分子吸收紫外线后，释放出一个氧分子和一个氧原子，释放出的氧分子和氧原子可能会再次形成一个臭氧分子。（3）加入另一个氧原子，形成（4）两个新的氧分子*

大剂量的紫外辐射会杀死动植物。因此，整个陆地生态系统将会被破坏，亟待恢复的农业生产将快速下降，导致空前的大饥荒。原本徘徊在人口过剩灾难的边缘的人类，将会面临灭绝的危险。

## 构造作用

在大型陨星的撞击作用下，地球薄薄的地壳表面产生了许多局部运动，此时，在地壳的薄弱区域，火山运动和地震将会变得活跃起来，这将给环境造成额外的破坏。大陆撞击的强烈地震活动会使即将断裂的地震断层最终发生断裂。有可信的证据表明，在白垩纪末期，地球曾遭到大型陨星或彗星彗核的撞击。撞击力所产生的冲击波的强度相当于13级地震，比人类有记载的最强的地震还剧烈100万倍。

有几种类型的浅源地震更容易在外部事件（如陨星撞击）的作用下触发，这些地震的震级都在5.0级以上。甚至当太阳和月球的引力共同施加在地球上时都会导致某些地震断层系统发生破裂。即便是中等强度的地震，其释放出的能量也非常巨大（图125），相当于广岛（Hiroshima）原子弹能量的100倍。

大型陨星撞击会使地壳发生断裂，也会扰乱地幔对流，使由炽热的岩浆构成的地幔热柱上升至地表，从而导致溢流玄武岩喷发（图126，表8）。在过去的2.5亿年间，主要的玄武岩溢流发生的时间、非海洋生物灭绝的时间及撞击陨石坑形成的时间形成了对应的循环。然而，与相对温和的玄武岩溢流相比，爆发性的喷发能更有效地把火山物质掷向大气层高处。

当一颗或多颗大型陨星轰击地球时，可能会引起火山喷发。火山喷发会将大量火山灰注入大气层中。极大的陨星撞击所产生的陨石坑的瞬间深度可达20英里(约32千米)以上，位于撞击地下面的炽热的地幔将会暴露出来。当地幔以这样的方式露出时，会产生巨大的火山爆发，并将极大量的火山灰释放到大气中，火山灰的总量可能比陨星撞击过程本身所释放出的大气产物还多。

在约6，500万年前的白垩纪末期，南亚次大陆上发生了一次火山喷发，这次火山喷发与一次陨星撞击事件相一致，有关这种一致性的证据也许是所有火山喷发中最可信的。在这次喷发中，一道巨大的裂谷将南亚次大陆西部划破，大量熔融的岩石涌出到大陆上（图127），在50万年间，共有约500，000立方英里(约2，100，000立方千米)熔岩涌出，这些熔岩厚达

**图125**

美国880号州际公路上的一座坍塌的桥梁，该桥于1989年10月17日在加州阿拉米达县（Alameda County）的洛马普列塔（Loma Prieta）地震中倒塌（G. Plafker摄，本照片蒙美国地质调查局惠许刊登）

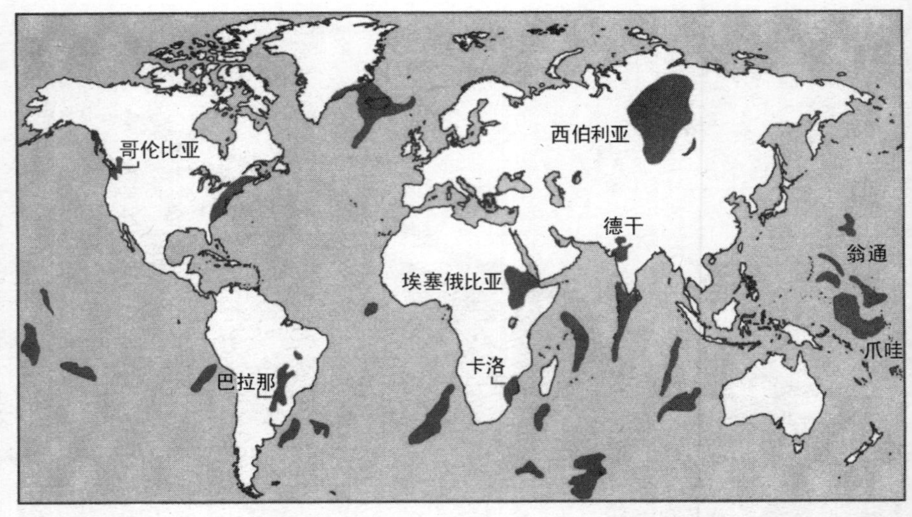


*图126*
*受溢流玄武岩火山作用影响的区域*

8，000英尺(约2，500米)，铺满了印度中西部的大部分地区。人们将这些熔岩称为德干岩群（Deccan Traps），意思是“南边的楼梯”。这是过去的2亿年中规模最大的一次火山喷发。喷发结束后，地面上覆盖了好几层玄武岩熔岩，每层熔岩都厚达数百英尺。

**表8 溢流玄武岩火山作用与大灭绝**

| 火山事件 | 距今时间（万年） | 大灭绝事件 | 距今时间（万年） |
|---|---|---|---|
| 美国哥伦比亚河 | 1,700 | 中新世中前期 | 1,400 |
| 埃塞俄比亚 | 3,500 | 始新世后期 | 3,600 |
| 印度德干 | 6,500 | 马斯特里赫特期 | 6,500 |
| | | 赛诺曼期 | 9,100 |
| 印度拉杰马哈尔 | 11,000 | 阿普特期 | 11,000 |
| 西南非 | 13,500 | 提通期 | 13,700 |
| 南极洲 | 17,000 | 巴柔期 | 17,300 |
| 南非 | 19,000 | 普林斯巴赫期 | 19,100 |
| 北美洲东部 | 20,000 | 瑞替期/诺利期 | 21,100 |
| 西伯利亚 | 25,000 | 瓜德鲁普世 | 24,900 |

人们在这一巨大的熔岩流下方发现了冲击石英颗粒，这些冲击石英可能是在大型星撞击产生的高压冲击作用下形成的。这些冲击石英的沉积物似乎与一次明显的陨星撞击事件相关，这次陨星撞击发生于马达加斯加（Madagascar）东北300英里(约480千米)处的阿米兰特（Amirante）盆地，靠近南亚次大陆（India），当时南亚次大陆正在向亚洲南部漂移。仅溢流玄武岩本身可能就为白垩纪–第三纪（K–T）交界处的地层贡献了多达30，000吨铱。这次撞击可能对地球的气候和生态稳定性造成了重大打击，并导致了大规模的物种灭绝。

火山会直接影响地球的气候。大型火山喷发时，会将大量灰尘和悬浮物喷到大气中，这些灰尘和悬浮物会使天气发生改变。例如1980年圣海伦斯火山（Mount St. Helens）喷发（图128）时的情形即是如此。火山喷出物阻挡住阳光，使地球变冷。同时，火山灰会吸收太阳辐射，使大气在内部受热。这将导致热量分部不平衡，并使气候条件变得不稳定。

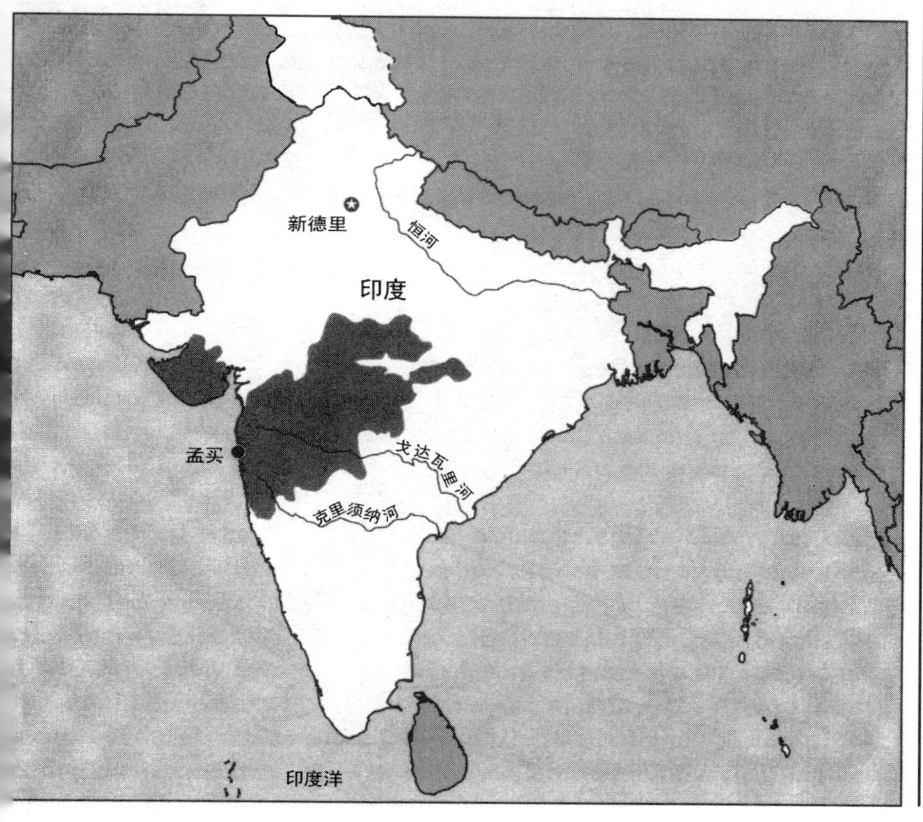


***图127***
*位于印度的溢流玄武岩——德干岩群（Deccan Traps）（孟买这一地名在英文中有两种拼法，即Mumbai与Bombay。现在印度政府指定的官方拼写为Mumbai——译者注）*

火山喷出的大量温室气体会导致全球变暖。此外，火山喷发会产生酸，然而，彗星事件（cometary event）所产生的酸雨的量比火山喷发多1，000倍。也有人认为，火山喷发是恐龙灭亡的首要原因，这样，这种巨大的动物可能是在没有陨星参与的情况下灭绝的。

***图128***

*1980年7月22日，圣海伦斯火山（Mount St. Helens）喷发时产生的巨大的喷发云（本照片蒙美国地质调查局惠许刊登）*

## 海啸

在海上风暴、海底地震或海底火山喷发所引发的海啸中，最大浪高很少超过100英尺(约31米)。然而，这些波浪都无法与超级大海啸（mega-tsunamis）产生的波浪相比。当如山般大小的小行星或彗星坠入海洋中时，就会产生超级大海啸。这种由陨星溅落在海洋中所产生的巨大海啸会对沿岸及海岸附近的居民产生巨大的危害，其危害比大规模地震所产生的最大的波浪的危害还要大得多，例如1964年将美国阿拉斯加州（Alaska）大部分毁掉的那次地震（图129）。同时，碰撞所产生的冲击会使大量泥石流沿大陆坡冲向深水中，这也会引发巨大的海啸。

如果一颗小行星或彗星坠落在海洋中，大量海水将会在瞬间蒸发，大气中将充满汹涌翻腾的水蒸气云。这些水蒸气云将成为大气的额外负担，它们会使大气层的密度戏剧性地上升，并极大地降低大气层的透明度，使阳光穿透大气层变得极为困难。此外，如果撞击物将类似于加勒比海（Caribbean）石灰石岩层的、较厚的石灰石岩层蒸发，大量的二氧化碳将会注入大气层中，产生失控的温室效应，将地球烤焦。

撞击时，数十亿吨海水被小行星或彗星高高地溅射到大气层中，形成一个锥形的水帘。大气层中的水蒸气将会过饱和。厚厚的云带会将地球掩盖，云层挡住阳光，白天将变为黑夜。海啸将从撞击地向外奔流而出，其规模之大难以想象。高达1，000英尺(约310米)的波浪将横贯整个世界。当波浪与海岸相撞时，会涌入内陆数百英里，并将沿途的一切摧毁。

有证据显示，在6，500万年前，可能有一颗小行星坠落在非洲东海岸之外、马达加斯加（Madagascar）东北面300英里(约480千米)的印度洋中。阿米兰特盆地（Amirante Basin）环形构造是一个宽度近200英里(约320千米)的凹坑，此凹坑位于塞舌尔海底高地（Seychelles Bank）南部边缘处，并基本保持完好。显然，阿米兰特盆地就是在这次撞击中产生的。有关小行星在此区域坠落的另一证据是发生于非洲东海岸的一次大规模滑坡，这次滑坡覆盖了7，500平方英里(约19，400平方千米)土地。这次大滑坡可能是陨星撞击时产生的大海啸所引发的。

希克苏鲁伯构造（Chicxulub structure）是地球上已知最大的陨石坑，它的存在是某颗大型小行星或彗核曾坠落于海洋中的最有说服力的证据。希克苏鲁伯构造位于墨西哥（Mexico）尤卡塔（Yucatán）半岛北海岸，它隐藏在约1英里(约1.6千米)厚的沉积岩之下。在白垩纪末期，此撞击地浸没在约

***图129***
*1964年美国阿拉斯加州（Alaska）地震引发的海啸在科迪亚克（Kodiak）岛造成的损害（本照片蒙美国国家海洋和大气局惠许刊登）*

300英尺(约93米)深的水中。如果陨星坠落在近海的海底，6，500万年的沉积作用早已将其掩埋在厚厚的泥沙沉积物之下。

此外，加勒比海（Caribbean）和墨西哥湾（Gulf of Mexico）中的岩石似乎带有撞击所留下的疤痕。陨星在海洋中溅落会引发巨大的海啸，海啸冲刷海底，并把海底的碎石带到附近的海岸上。撞击将数百万吨海底碎石冲上海岸，这些碎石有助于人们对陨石坑进行定位。

同时，海啸将涌上陆地，将岩石和有机碎屑拖回深海中。的确，人们在暴露的海洋沉积物中找到了已经变为化石的碎木块，这些海洋沉积物沉积于6，500万年前，在形成之后，已经隆起了约2，000英尺(约620米)。巨大的浪涛将在墨西哥湾来回晃荡，仿佛一个装满水的、不断前后倾斜的大碗。

## 磁场反转

地磁场保护着地球，使其免受源自外太空及太阳风的宇宙辐射（图130）的伤害。地磁场以某种高度不规则的形式发生反转，并经常以相反的极性重现，这样的反转似乎是一个随机过程。在最近1.7亿年间，地磁场共发生了约300次反转。在最近3，000万年间，地磁场平均每一百万年反转4次。

最后一次地磁反转发生于约780，000年前，这表明，下一次地磁反转已姗姗来迟。当前，地球似乎正处于磁场逐渐衰退的时期。如果这一过程继续下去，磁场的不断变弱将在接下来几千年内的某一时刻最终促成地磁反转。

自前寒武纪起，地磁反转在其后的每一个地质纪内都有发生。没有迹象表明，地球磁极的某种取向能在很长时间内保持优势，除了白垩纪可能是个例外。在距今1.23亿年前至8，300万年前的4，000万年间，很明显，地磁场没有发生过反转，人们将这段时期称作地磁超时（magnetic superchron）。此外，有证据表明，地磁反转的速率在大灭绝时期达到峰值。

地磁反转也许是与地核中的对流物质流的反转一同发生的（图131），对流物质流在所谓的发电机效应（dynamo effect）的作用下产生了地磁场。

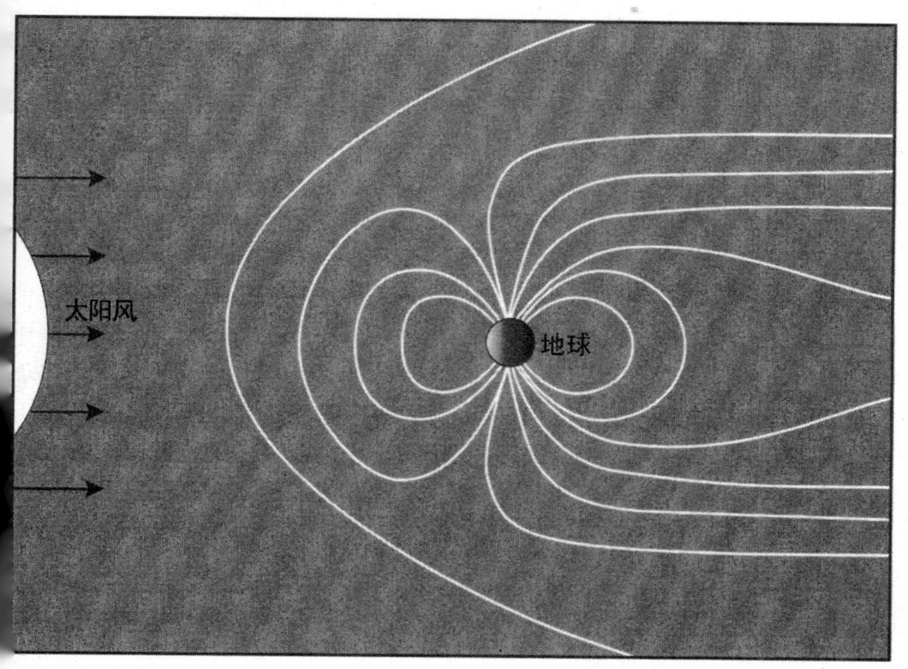


*图130*
*地球的磁层保护着地球，使地球免受太阳风中的宇宙射线的伤害*

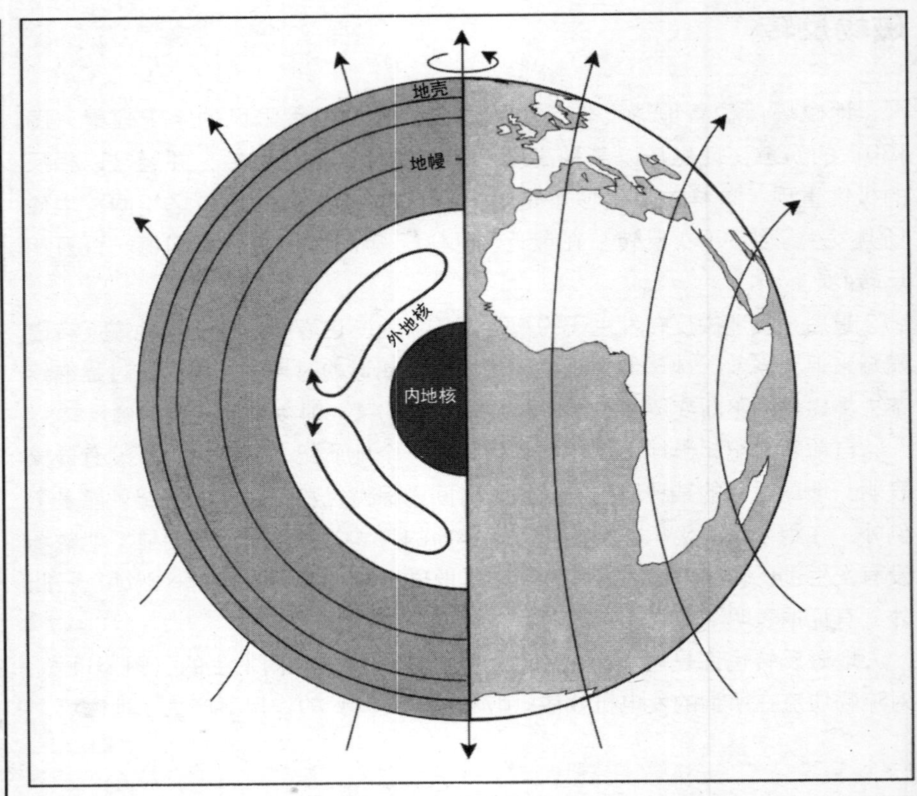


***图131***
*与液态的外层相比，固态的、金属性的内核的转动速度相对较慢，地磁场就产生于这种转速差*

发电机是这样的一种机器：它通过导电介质在磁场中的旋转产生电流，电流反过来又会增强磁场（图132）。这是一种非常不稳定的仪器，其磁极会以一种貌似混乱的方式自己发生反转。就地球的“发电机”而言，地球固态的内地核与地幔之间微小的转速差产生了地磁场，地球液态的外地核则相当于发电机中的电介质。

液态的外地核中对流物质流的反转可能源自地核中湍流度（level of turbulence）的涨落，导致这种涨落的原因有两个：一是地核－地幔交界处的热损失；二是固态内核的逐渐长大，逐渐长大的固态内核为驱动地球的“发电机”提供了引力能量。构造事件、冰川作用以及大型陨星撞击会导致地核压强发生变化，这也会导致地核中的湍流度发生波动，从而使地磁场发生反转。

在稳定存在数十万年至100万年或者更久之后，地磁场的强度会在不到2，000年的时间内突然减弱，减弱后的磁场强度约为正常值的20%，再过约

20，000年，地磁场将最终发生反转。此时，地磁场突然衰竭，继而发生反转，然后逐渐变回其正常的强度，这整个过程约需要10，000年，磁场强度完全恢复至正常值也需要1，000年。同时，磁极会发生漂移，并在极区中四处游走（图133）。

在过去的400万年间，地磁场共发生了11次反转。在最近发生的地磁场反转中，约有一半似乎与大型撞击事件有关。长期以来，人们一直怀疑地磁场的改变与地球表面发生的事件之间存在关联。通过许多次地磁反转与已知的气候波动之间的对比，人们发现，二者表现出显著的一致性。发生于约200万年前、190万年前和70万年前的地磁场反转都与某次不寻常的寒潮发生的时间一致（表9）。

此外，最后两次磁场反转与大型小行星或彗星彗核撞击地球的时间相一致，这两次撞击分别与两个玻陨石散布区相对应。其中一个玻陨石散布区位于澳大拉西亚（Australasia）（澳大拉西亚（Australasia）是一个所指位置不太明确的地理名词，一般指澳大利亚，新西兰及附近南太平洋诸岛，但在广义上也泛指大洋洲和太平洋岛屿——译者注），该散布区的源陨石坑位于亚洲大陆，约形成于730，000年

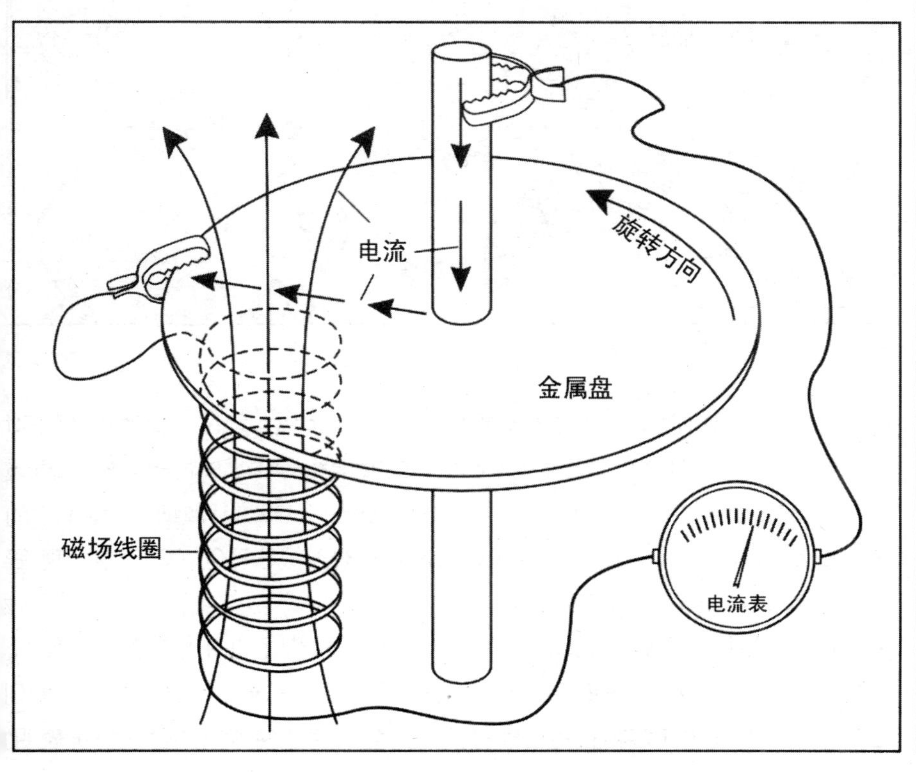


***图132***
*法拉第（Faraday）圆盘发电机解释了地磁场的形成*

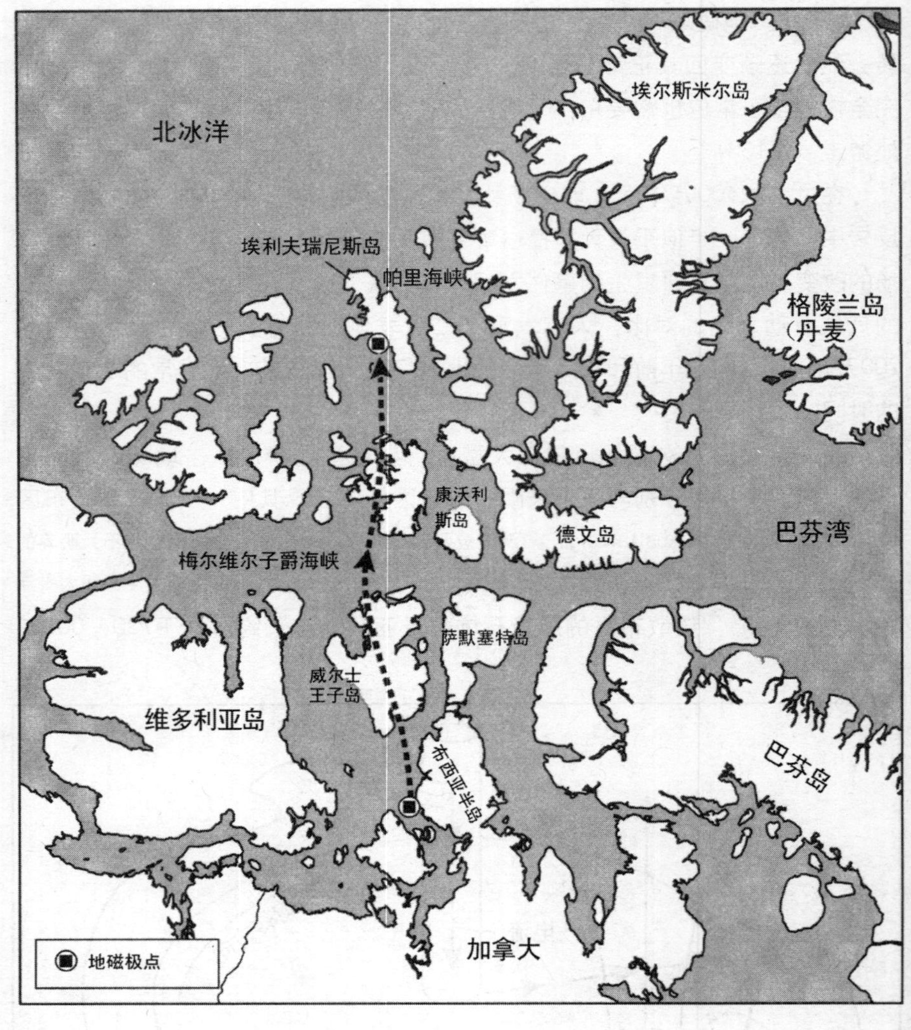


*图133*
*过去150年间的地磁极点漂移。在这期间，磁极从布西亚半岛（Boothia）漂到了埃利夫瑞尼斯岛（Ellef Ringnes Island），在加拿大北极圈（Canadian Arctic）内移动了约450英里（约724.2千米）*

前。另一个玻陨石散布区则位于象牙海岸（Ivory Coast）地区，此散布区的来源是西非（West Africa）（西非（West Africa）指的是非洲西部、撒哈拉大沙漠与几内亚湾之间的地区。直到20世纪，它的大部还为殖民势力所控制——译者注）加纳（Ghana）的博苏姆太（Bosumptwi）陨石坑，博苏姆太陨石坑形成于900，000年前，现在是一个6英里(约9.6千米)宽的湖泊。

有关陨星撞击导致地磁场发生反转的最惊人的例子也许当数德国南部的莱斯坑（Ries crater），莱斯坑宽约15英里(约24.1千米)，约形成于1，480万年前。莱斯坑的回落物在撞击时被部分熔化，这些回落物的磁化情况表明了撞击发生时地磁场的极性。然而，陨石坑形成后覆盖于其上的第一批沉积物则呈现出相反的磁极，这表明撞击之后地磁场必定发生了反转。

在地磁场发生反转的过程中，当地磁场减退时，气候也随之变冷。在过去数十万年间，地磁场强度的变化与地球表面温度的变化表现出很好的一致性。当地磁场变弱时，更多的宇宙射线得以穿入低层大气，并使其变暖，这将会导致热量不平衡，并影响气候。此外，当地磁场强度较低时，大气层将曝露在太阳风和高强度的宇宙辐射之下，空气分子将受到更多的轰击，这样的轰击会影响上层大气的成分，产生更多的氮氧化物，这些氮氧化物会挡住阳光，并使气候发生改变。

彗星雨导致的气候变化也会引发地磁场的反转。彗星撞击会产生大量岩屑，撞击引发的大范围的大火则会产生大量烟尘，这些岩屑和烟尘会使大气层变暗，并给地球带来寒冷的气候环境。气温降低会使两极附近的冰川面积增加，冰川的堆积会使海平面骤然下降。

冰川在地球极区的聚积会使地球质量的分布发生改变，这种改变可以大到影响地球自转的程度。反过来，地球自转速度的改变又会扰乱地球液态的外地核中的、产生地磁场的对流物质流，导致地磁场的极性发生反转。然而，在特别温暖的时期，彗星撞击可能不足以使地球上的温度冷到能够产生冰川的程度。

**表9　磁场反转与其他现象的比较**（单位：距今万年）

| 磁场反转 | 寒潮 | 陨星活动 | 海面下降 | 大灭绝 |
|---|---|---|---|---|
| 70 | 70 | 70 | | |
| 190 | 190 | 190 | | |
| 200 | 200 | | | |
| 1,000 | | | | 1,100 |
| 4,000 | | | 3，700～2，000 | 3,700 |
| 7,000 | | | 7，000～6，000 | 6,500 |
| 13,000 | | | 13，200～12，500 | 13,700 |
| 16,000 | | | 16，500～14，000 | 17,300 |

## 冰期

地球历史上出现过多次冰期（冰期（glaciation），也译作冰川期，冰河时代等——译者注）。当大型陨星或大规模的流星雨撞击地球时，会将大量岩屑喷射到地球的大气层中，这些岩屑会挡住阳光达数月或数年之久，并可能使地表温度降低到足以产生冰期的程度。在大型天体撞击地球后，地球会发生重大的变化。在地质学的时间尺度下，这样的撞击是经常发生的。撞击后，悬浮的颗粒构成了巨大的云朵，减小了照射到极地海洋的阳光，从而使冰块在两极堆积。

大约230万年前，很明显，一颗小行星或彗星坠落在太平洋海底，撞击地位于距南美洲（图134）西部最顶端700英里(约1，100千米)处。撞击可能将5，000亿吨遮天蔽日的沉积物注入大气层中。地质学上的证据表明，地球的气候在2，200至2，500万年前之间发生了戏剧性的改变，在此期间，大陆冰川开始在北半球大部分地区蔓延（图135）。

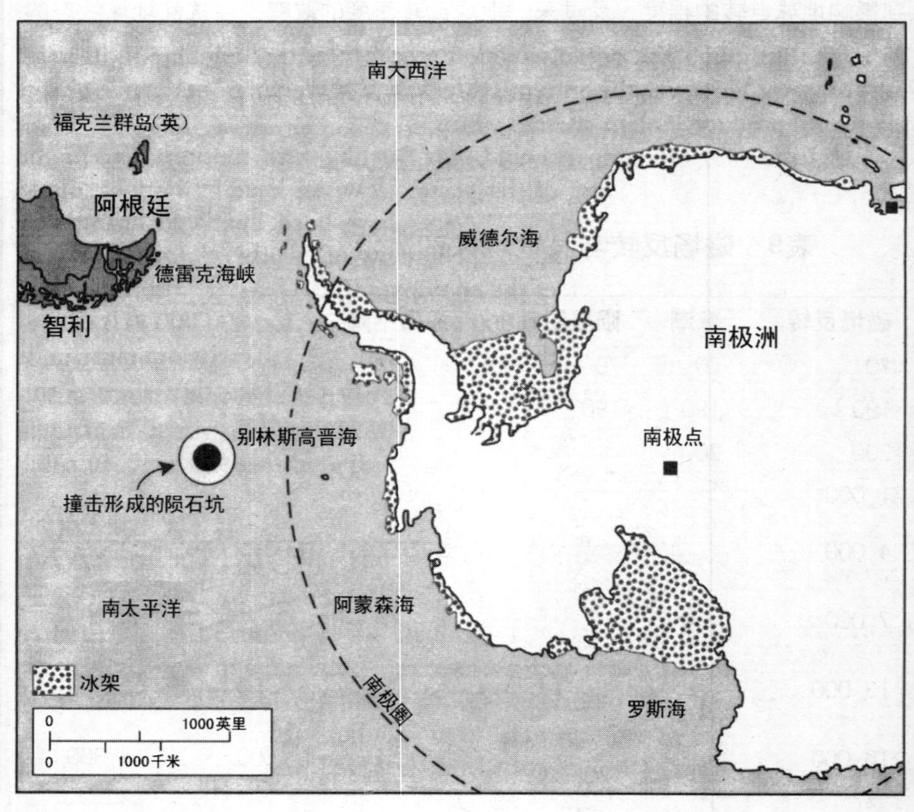


***图134***
*230万年前，南美洲西部最顶端处的一次撞击产生的大型陨石坑*

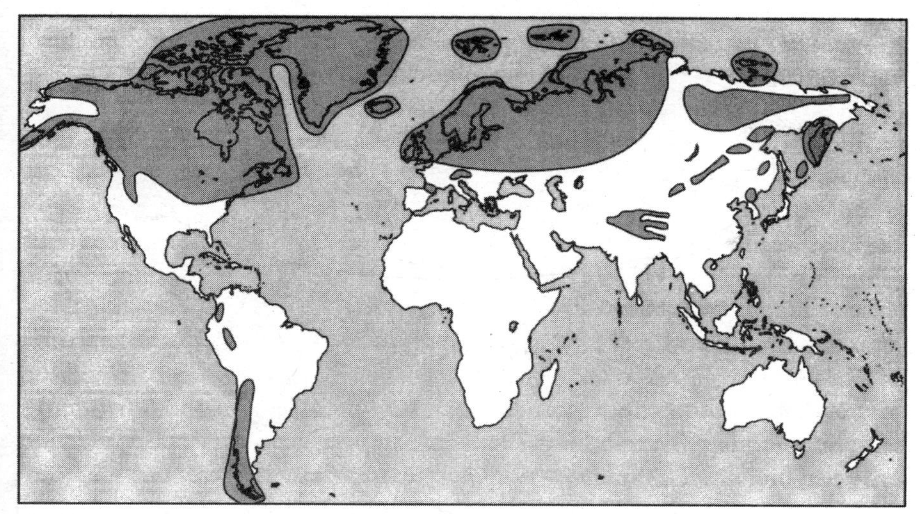

*图135*
*更新世冰期的覆盖范围*

由于烟尘遮蔽了太阳，地表温度会迅速下降20摄氏度以上。低温天气会持续几个月至1年多，在盛夏中给地球带来严寒。虽然由于海洋的热容很大，总体上说，海面上并不会完全封冻，但两极海域上的浮冰将会增加。然而，陆地和海洋之间极大的温度差会导致剧烈的海岸风暴。

大型陨星撞击会改变地球的轨道运动。这也许可以解释为什么自恐龙时代末期起，地球的温度一直稳步下降。人们已将冰期与地球轨道运动的变化联系起来，这些变化包括地球轨道椭圆度的变化、自转轴倾角的变化（章动）以及昼夜平分点的进动（图136）。在最近800，000年间，地球轨道变化发生的时间尺度约为100，000年，这与冰期发生的周期相一致。轨道变化会影响地球四季接收到的太阳光量，从而改变夏季和冬季间的温度差。

地球自转轴倾角的变化会改变一年中不同时期照射到某个纬度的太阳辐射量。如果地球绕太阳运转的轨道变宽，在某个季节里，地球距太阳的距离将比原来远数百万英里，于是输入到地球上的太阳辐射将减少。虽然季节间的变化会变得很剧烈，但地球的轨道变化并不会显著降低一年内太阳辐射的平均输入量。

每100，000年，地球绕太阳运动的轨道会以某种方式发生改变，使地球靠近太阳系中含有大量尘埃和岩屑的区域。进入大气层的宇宙尘埃会将温暖的阳光直接反射回太空中，尘埃也会促进云的形成，从而对阳光产生间接的反射，使到达地面的阳光减少，并引发长期的全球变冷效应。大块的岩屑会穿入大气层中，并在燃烧过程中释放出尘埃和气体，这可能会对大气造成足够大的扰动，并产生冰期。

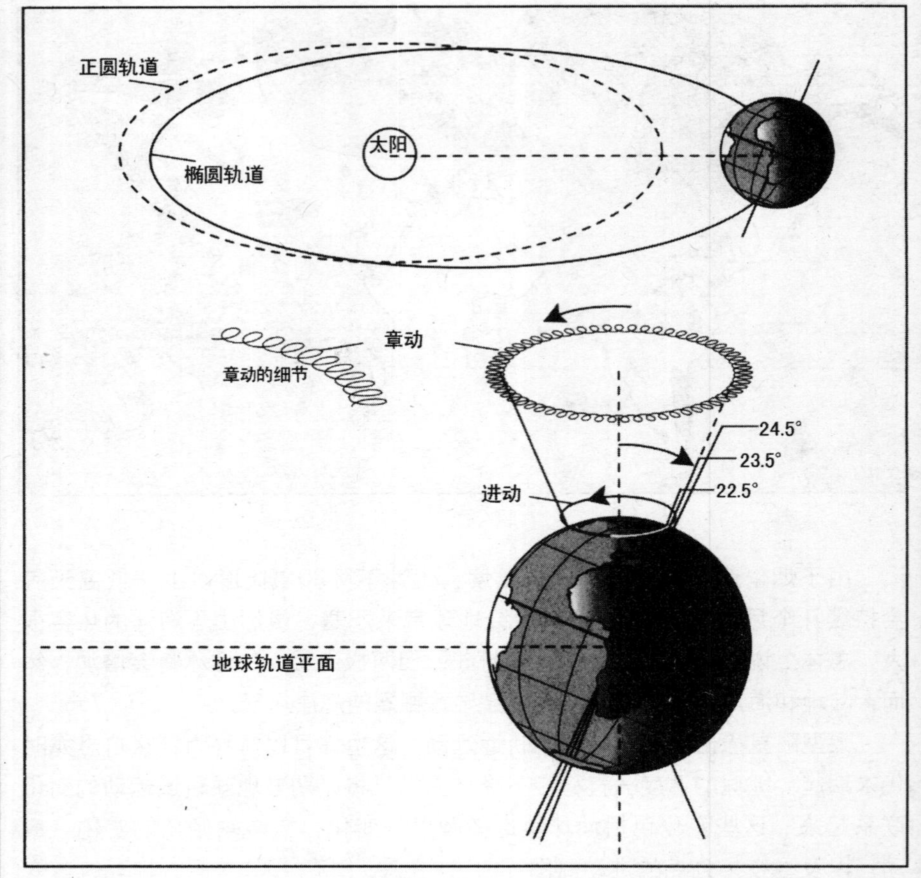


*图136*
*地球的轨道变化会影响地球接收到的阳光。地球轨道的变化包括轨道椭圆度的变化、自转轴倾角的变化（章动）以及昼夜平分点的进动*

## 大灭绝

坠落在地球上的大型小行星会产生巨大的爆炸，爆炸会将大量沉积物喷向空中，并在地面上挖出一个深坑。颗粒较细的物质会上升到高空中，使地球处于阴影之下，并使全球气温下降。此外，进入大气层的大量流星或彗星所产生的酸会在自然环境中引入强酸雨，从而打乱生态平衡。同时，流星或彗星对地球的大规模轰击会侵蚀臭氧保护层，使太阳致命的紫外辐射得以到达地球表面。随着辐射量的增加，陆生生物及生活在表层海水中的初级生产者将被杀死。浮游生物指的是漂浮在海面上的小型动物或植物，它们就是这样的初级生产者（图137）。

大型天体的撞击可能会立即引发大灭绝。若一颗撞击力相当于圣海伦斯火山（Mount St. Helens）爆发1，000倍的大型小行星与地球相撞，约5，000

亿吨沉积物将被送入大气层中。同时，撞击会在地面上掘出一个深坑，坑的深度足以暴露出地幔中熔融的岩石，导致大规模的火山喷发。注入大气层的大量火山灰会与撞击产生的数量极大的尘埃一起遮住太阳。

撞击过程中的冲击摩擦和大气压缩会产生足够多的热量，将森林点燃，引发全球性的森林大火。野火会将大陆表面的1/4烧尽，陆地生物将大量死亡。火焰将摧毁陆地生境（terrestrial habitats）（生境（habitats）指的是生物群体生存繁衍所依赖的自然环境——译者注），并导致大比例的物种灭亡。地球表面将被一层厚厚的尘埃与煤烟所覆盖，这些尘埃与煤烟将存留数月之久。大气污染会使地球变冷，并中断光合作用，使大量物种消亡。

在紧接着的一年里，地球将处于浓密的棕色烟雾笼罩下的黑暗之中。全球性降雨的腐蚀性将变得如同电池酸液（battery acid）（电池酸液指的是蓄电池中的电解液，一般是硫酸和水的混合物——译者注）一般，雨水渗透到地下，径流（径流（runoff）指的是当降雨超过土壤的入渗量时，在地表产生的未被土壤吸收的水流——译者注）将被土壤和岩石滤出的有毒的微量金属污染。只有以根或种子的形式存在的植物才能躲过这场猛烈的袭击。海洋中的高酸度会以令为恐怖的规模杀死浮游生物，将海洋食物链的底层破坏，使位于食物网上层的物种饿死。生活在洞穴中的动物以及生活在对酸具有缓冲作用的湖泊中的生物，将在环境的保护下逃过这次残杀。

人们已将不止3次陨星撞击事件与物种大灭绝紧密地联系在一起。人们

*图137*
*颗石藻（Coccolitho-phore）是一种海洋浮游植物*

通过两种方法辨别与撞击相关的大灭绝：一是异常的铱浓度；二是含有玻璃小球的沉积层。这种玻璃小球叫做玻陨石，玻陨石只会产生于小行星或彗星对地球的撞击。此外，大灭绝所表现出的明显的周期性与彗星轰击地球的周期相一致。

第一次与撞击相关的大灭绝发生于泥盆纪末期，大约3.65亿年前，当时，有一至两颗小行星或彗星与地球相撞，很多热带海洋生物群在此次撞击中灭亡了。有许多证据支持这次陨星撞击的存在，这些证据包括人们在比利时（Belgium）和中国湖南省发现的、可能与瑞典（Sweden）锡利扬（Siljan）陨石坑相关的玻陨石，以及在乍得（Chad）北部撒哈拉沙漠（Desert Sahara）中发现的一系列陨石坑等。同时，这些沉积物中含有异常的铱含量，表明其来源于地球之外。

地球上规模最大的大灭绝发生于2.5亿年前的二叠纪末期，当时95%的物种在此次大灭绝中灭亡了，灭亡的物种主要是海洋生物，例如苔藓虫（bryozoan）（图138）。两栖动物中约75%的生物科、爬行动物中80%以上的生物科与大多数海洋无脊椎动物一起消失了。化石记录表明，大灭绝分前后两波，二者之间相距500万年。大约70%的物种在第一次事件中消失了，幸存物种中的80%则在第二次事件中灭绝。只有重大的环境灾变，例如小行

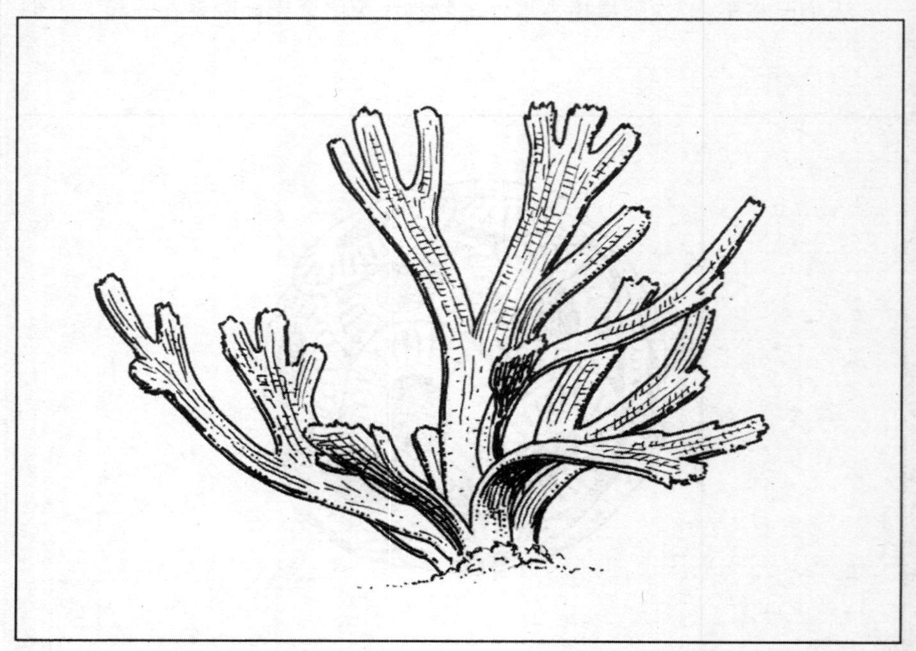

***图138***
*已灭绝的苔藓虫是古生代一种主要的造礁生物*

***图139***
*恐龙的行迹，位于智利（Chile）塔拉帕卡省（Tarapaca Province）（R. J.Dingman摄，本照片蒙美国地质调查局惠许刊登）*

星或彗星的撞击或巨型火山喷发，才可能导致如此大规模的生物浩劫。

很明显，在大约2.1亿年前的第三纪末期，一颗巨大的陨星与地球相撞。其造就了位于加拿大魁北克省（Quebec）的一个巨大的撞击构造，60英里(约96千米)宽的马尼夸根水库（Manicouagan reservoir）（马尼夸根水库

(Manicouagan reservoir)，即马尼夸根湖，是一个环状的湖泊，见本书图47——译者注）勾勒出了这一撞击构造的轮廓。撞击时巨大的爆炸似乎与一次大灭绝相一致，在地质学的时间尺度下看，此次大灭绝持续时间较短，20%以上的动物科在此次大灭绝中消失了，其中包括爬行动物中接近一半的生物科。这次大灭绝使地球上生物的特性发生了永久性的改变，并导致现代动物的直系祖先发生进化。这次陨星撞击的一个直接结果是使恐龙从一种体型相对较小的动物转变为一种巨大的生物，从它们留下的巨大的化石骨架和令为难忘的足迹中可以看出这一点（图139）。

历史上最著名的大灭绝事件发生于6，500万年前的白垩纪末期，恐龙与当时3/4的物种一同在这次大灭绝中灭亡。当时可能有2到3颗小行星或彗星与地球相撞，撞击给地球留下了一大笔“遗产”，这样的“遗产”从未在地质史上的其他时期重现过。在标志着白垩纪结束的岩石中含有最强的异常铱浓度及其他化学证据，这些证据表明当时发生了陨星撞击。因此，情况可能是这样：恐龙在小行星撞击的作用下诞生，最终又被小行星毁灭。

与大灭绝之间的关联强度排名第二的陨星撞击发生于约3，700万年前的始新世末期，当时，两颗或多颗大型陨星曾在地球上坠落。人们在世界各地的沉积物中找到了集中分布的微玻陨石及含量异常高的铱元素，这预示着当年曾发生过陨星撞击事件。始新世大灭绝在海洋中延续了200至300万年，这也许是一场大型彗星雨的结果。此外，人们已经找到几个产生于这一时期的陨石坑。同时，这次撞击发生的时间与古老的哺乳动物（图140）的消失相

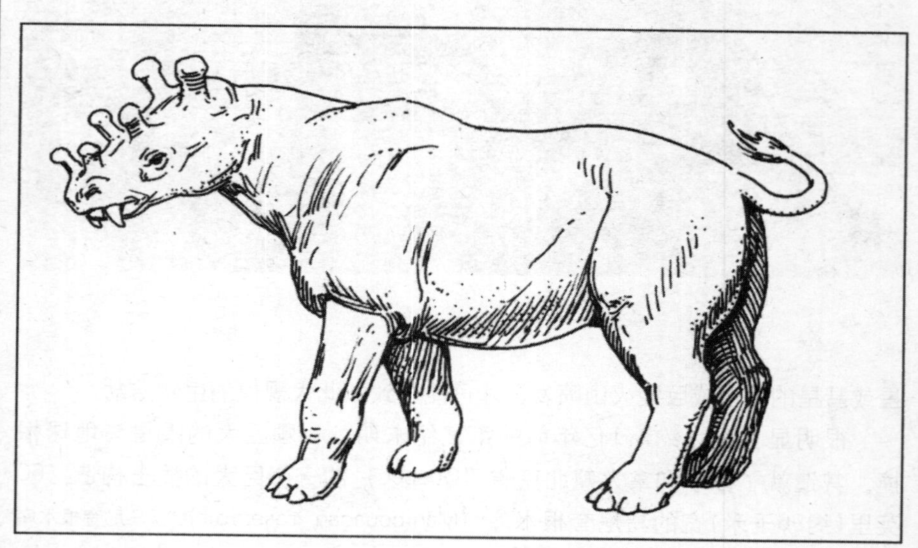

***图140***
*一种已灭绝的始新世哺乳动物。这种动物长有5支角，具有上犬齿，为植食动物*

一致。古老的哺乳动物是一些奇形怪状的大型动物，或许由于它们已进化得过度专门化，因此无法适应可能由星际入侵者所引发的气候环境突变。

在讨论完小行星和彗星撞击地球所产生的效应之后，下一章我们将探讨陨星撞击导致的物种大灭绝所表现出来的明显的周期性。

# 9

# 死亡之星

## 撞击导致的物种灭绝

**陨**星撞击导致的大灭绝呈现出明显的周期性，本章将探讨这种周期性。在地球上的某些特定的历史时期，大量物种忽然消失了（表10），这样的大灭绝事件似乎是由地球内部和地球之外的原因共同导致的。地质年代表也暗示我们，大灭绝可能是一种周期性的事件，自然界中仿佛有一个巨大的自然之钟在控制着大灭绝发生的速率。人们注意到，在过去的2.5亿年中，有10次大灭绝事件呈现出明显的周期性。

大灭绝周期的形成也许可以归因于某些宇宙现象，例如地球在银河系平面中的运动。在此运动过程中，来自银河系不同位置的引力扰动可能会使彗

## 表10　物种的辐射与灭绝

| 生物 | 辐射时间 | 大灭绝时间 |
| --- | --- | --- |
| 哺乳动物 | 古新世 | 更新世 |
| 爬行动物 | 二叠纪 | 上白垩纪 |
| 两栖动物 | 宾夕法尼亚纪 | 二叠–三叠纪 |
| 昆虫 | 上古生代 | |
| 陆生动物 | 泥盆纪 | 二叠纪 |
| 鱼类 | 泥盆纪 | 密西西比纪 |
| 海百合 | 奥陶纪 | 上二叠纪 |
| 三叶虫 | 寒武纪 | 石炭纪 & 二叠纪 |
| 菊石 | 泥盆纪 | 上白垩纪 |
| 鹦鹉螺 | 奥陶纪 | 密西西比纪 |
| 腕足动物 | 奥陶纪 | 泥盆纪 & 石炭纪 |
| 笔石动物 | 奥陶纪 | 志留纪 & 泥盆纪 |
| 有孔虫 | 志留纪 | 二叠纪 & 三叠纪 |
| 海洋无脊椎动物 | 下古生代 | 二叠纪 |

（上表中的“辐射（radiation）”一词用的并不是其在物理学中的含义，而是在生物学中的含义。在物理学中，“辐射”一词指的是物体以波或粒子的形式释放出能量的过程，例如电磁辐射等。而在进化生物学中，“辐射（radiation）”指的是同一物种迁徙到不同的生活环境中之后产生适应性分化的过程，即一个物种在不同的生活环境下分化成许多新物种。在此过程发生后，我们会得到一张呈辐射状的进化图。在有的词典里，radiation的这一含义也被翻译作“分散”，但我们认为这种译法并不准确。如需了解更多内容，可在互联网上参看英文维基百科“evolutionary radiation”条目——译者注）

星从奥尔特云（Oort cloud）中挣脱，并撞向地球。太阳可能拥有一颗绕其运动的伴星，这颗伴星是一颗褐矮星，它会从奥尔特云附近经过。太阳系中神秘的第十颗行星也可能会在柯依伯（Kuiper）彗星带内周期性地穿进穿出。这样的相遇会使许多彗星的运动受到扰动，并被掷向内太阳系。这些彗星中的一部分如雨点般地陨落到了地球上。

## 超新星

太阳围绕银河系的中心运行，每绕行一周约需要2.5亿年。在绕行过程中，太阳在垂直于星系平面的方向上不断上下振荡。太阳大约每3，200万年穿过银河系平面一次，这一时间与一个主要的大灭绝周期相吻合。彗星导致的大灭绝具有明显的规律性，这种规律性可能是由地球穿过银河系中平面的运动引起的。浓密的气体和尘埃云会产生足够强的引力异常，使奥尔特云彗星从奥尔特云中挣脱，并将这些彗星掷向地球。

奥尔特云围绕在太阳周围，是一个由彗星构成的球体，其距离太阳约10万天文单位（天文单位（astronomical unit）简称AU，指的是地球与太阳之间的平均距离，约9，300万英里（约1.5亿千米））。奥尔特云是一个巨大的“彗星水库”，其中包含数万亿颗彗星，总质量约为地球质量的40倍。从太阳系附近经过的恒星会对奥尔特云内的彗星产生随机的引力推挤，从而将某些彗星撞出其稳定轨道之外，并使其轨道向太阳方向偏转。在每100万年间，约有十多颗恒星会从距太阳200，000AU的地方经过，这样的近距离接触足以扰动彗星的轨道，将许多彗星送入内太阳系，形成稳定的“彗星雨”。

有时候，恒星会到达距太阳很近的地方，并完全从奥尔特云中穿过。在此过程中，附近的彗星将会受到剧烈的扰动，有的彗星被抛出奥尔特云之外，进入星际空间中；有的则被掷向太阳。每隔200万年至300万年，地球会遭到一场剧烈的“彗星雨”的袭击，这场彗星雨的剧烈程度是通常情况下的数百倍，并可能导致地球物种的大灭绝。

太阳系在位于银河系中平面内的巨分子云（giant molecular clouds）（巨分子云是大量分子气体的集合体，气体的密度约每立方米102～103个粒子——译者注）中的运动会使太阳输出的能量受到限制，并减小地球的日照量，即输入地球的太阳能量。太阳光的强度受到限制会导致气候发生变化，从而使地球上的生物受到很大影响。太阳穿越银河系中平面的旅程可能会长达数百万年，然而，人们认为，在此过程中太阳所遇到的尘埃云的密度不足以对阳光产生明显的阻碍。目前，太阳系位于银河系中平面附近，地球似乎正处于两次大灭绝事件之间，上两次大灭绝分别发生于约3，700万年前和约1，100万年前。

既然穿越银河系中平面的过程不会产生明显的效应，则大灭绝事件可能与太阳系向距银河系中平面最远点的运动过程有关。6，500万年前，当恐龙和大量其他物种灭亡时，太阳系距银河系中平面的距离接近最大值。当到达银河系最上方或最下方的区域时，太阳系将更多地暴露在超新星（图141）

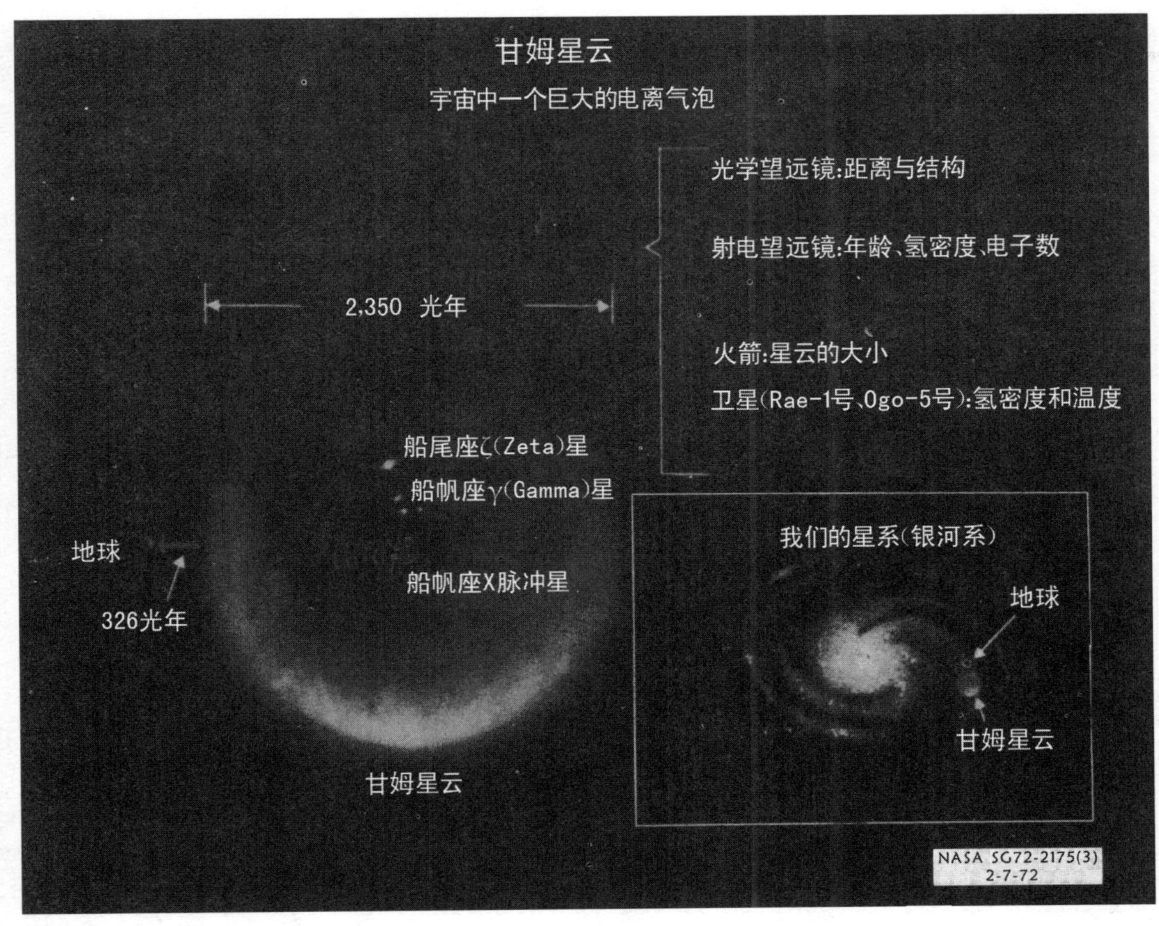


产生的高强度的宇宙辐射中。宇宙辐射会使地球的上层大气电离，形成阻碍阳光的雾气。此外，如果某颗巨星变为超新星，例如距地球300光年、直径为太阳的1，000倍的猎户座参宿四（Betelgeuse），地球可能会遭到紫外辐射和X射线的轰击，轰击的强度足以将上层大气中的臭氧层烧毁。没有臭氧层的保护，地球表面脆弱的生命就可能会遭到破坏。

在宇宙学的时间尺度上看，银河系中的超新星爆发非常频繁，每个世纪大约会有两、三次超新星爆发发生。人们认为，超新星有两种。Ⅰ类超新星中缺乏氢元素。宇宙中有一种致密的小型星体叫做白矮星，人们相信，Ⅰ类超新星形成于当白矮星从伴星中偷取大量物质时产生的爆发。Ⅱ类超新星会释放出大量的氢。人们认为，当大质量恒星的星核发生坍塌时，其产生的冲击波会引发爆炸，从而形成Ⅱ类超新星。

***图141***
*甘姆星云（Gum-Nebula）可能是超新星爆发产生的辐射使星际空间中的气体加热离化形成的（本照片蒙美国宇航局惠许刊登）*

大部分超新星是不可见的，因为它们隐藏在黯淡的银河云（galactic clouds）背后。据已知情况，在过去的1，000年中，人们仅观察到5颗属于银河系的超新星。公元386年，中国的天文学家观察到一次超新星爆发，人们已将此次爆发同一颗已知的脉冲星联系起来。脉冲星是一种高速旋转的高密度中子星。来自东方的记录显示，公元1054年，中国天文学家在天空中看到一个亮点，该亮点之前并不存在。在好几周的时间里，人们甚至可以在白天看到这颗超新星。他们所观察到的这颗超新星，如今被称为蟹状星云（Crab Nebula）（图142），蟹状星云是由超新星爆发后残留的碎屑构成的。

*图142*
*美国基特峰国家天文台（Kitt Peak National Observatory）拍摄的蟹状星云（本照片蒙美国国家光学天文台惠许刊登）*

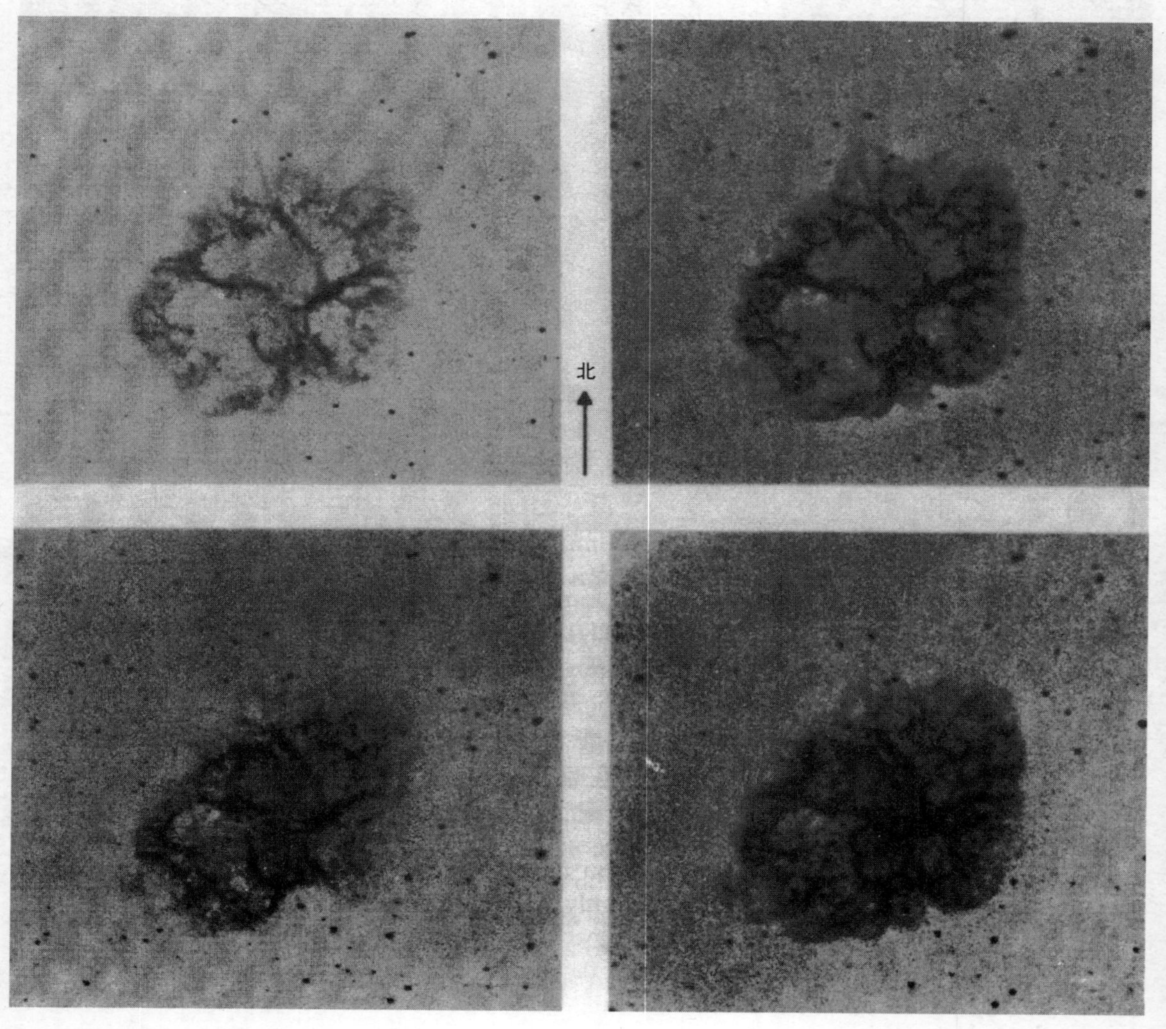

仙后座A（Cassiopeia A）是一颗距地球9，000光年的超新星爆发后的残余物，这颗超新星爆发时的火球最早于1680年被观察到。如今，这个火球直径约有10光年，火球中含有致密的气泡，这些气泡点缀在火球表面，形成巨大的污点，污点的质量相当于300个地球。由炽热气体构成的外壳不断向外膨胀，落后于膨胀速度的恒星碎块刺入气体外壳中，直到外壳膨胀的速度减缓，使这些碎块得以跟上并通过气体外壳向外爆发。这一效应给这颗超新星带来了斑驳的外表，并且也许能够解释为何有的超新星能够在如此长的时间内维持如此高的亮度。

1987年2月23日，人们发现了一颗超新星，这是近400年来人们在地球上观察到的第一颗超新星。显然，这是一颗在大麦哲伦云（Large Magellanic Cloud）中爆发的蓝巨星。该星体位于银河系外，距银河系约17万光年，因此，形成这颗超新星的巨星应该爆发于17万年前，它爆发时发出的光刚刚到达地球。这是一颗五等星，在短时间内，其亮度用裸眼可见。

当一颗巨星变为超新星时，剧烈的核爆炸会将星体的外层以难以想象的速度掷入宇宙空间中，同时，星核被压缩为一颗极度致密的中子星。超新星将大量的氦释放到星系中，同时放出大量的辐射，辐射中包含致命的宇宙射线。宇宙射线是已知能量最高的辐射形式。轰击地球的宇宙射线（图143）由原子核、质子、电子、伽马射线和X射线构成。

显然，如今射向地球的大部分宇宙辐射源自10，000年前船帆座（Vela）一颗巨星的爆发，这颗巨星距地球约50光年。在这颗巨星爆发的同时，地球上的大型哺乳动物开始走向灭绝，这些动物包括猛犸象（图144）、剑齿虎、大树懒（giant sloths）、恐狼（dire wolves）及乳齿象。人们相信，当时船帆座释放出的伽马射线暴的强度足以毁坏80%的臭氧层，使阳光中有害的紫外辐射得以穿过大气层，将大型哺乳动物赖以生存的植被杀死。

## 末日彗星

早在1750年，法国科学家皮埃尔·德·莫佩尔蒂（Pierre de Maupertuis）就提出，在偶然的情况下，彗星曾撞击过地球，并使大气和海洋产生了极大的改变，导致物种发生大灭绝。彗星由冰块和岩石构成，直径可达数十英里。彗星在高度椭圆的轨道上运行，彗星的轨道会将它们带入内太阳系。如果地球进入彗星轨道内，这些来自外太空的冰质访客可能会与地球发生毁灭性的碰撞，并在瞬间导致物种大灭绝。

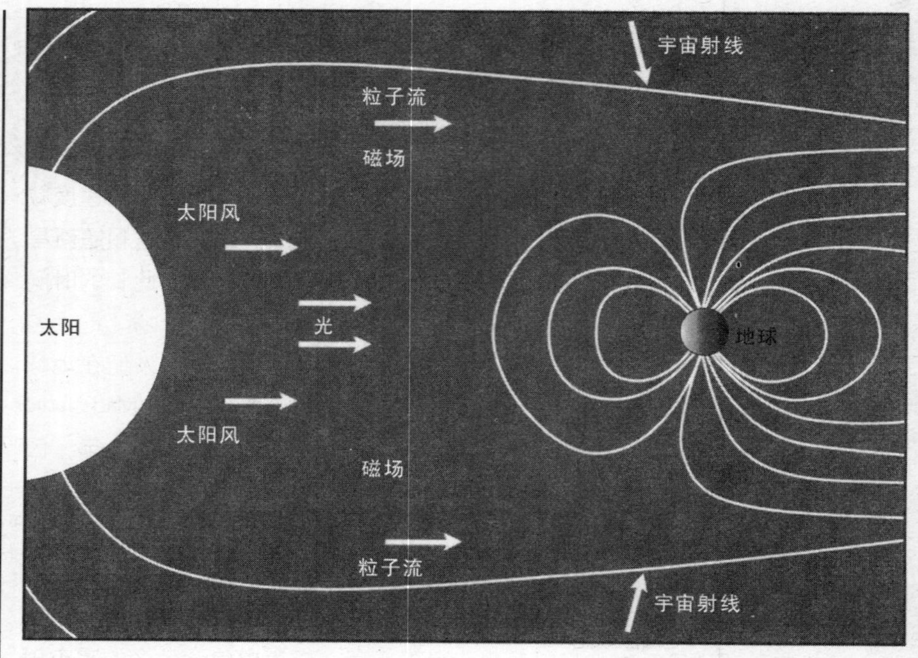


*图143*
*地球正不断地受到太阳辐射和宇宙辐射的轰击*

当一颗彗星般大小的星体与地球相撞时，若撞击能够产生直径100英里(约160千米)的陨石坑，则位于可看到星体坠落时产生的火球的范围内的所有生物都将被杀死。在撞击中被掷向大气层高处的岩屑层会将世界

*图144*
*巨型草食动物，如猛犸象，在最后一个冰期的末尾灭亡了*

置于长达数月的严寒之中，由于无法抵御寒冷，对温度敏感的生物将会灭绝。这个寒冷黑暗的时期所产生的效果，相当于把所有物种都送到如今的南极。

在大规模的彗星雨中，数以千计的撞击物飞向地球，这样的彗星雨也许能帮助我们解释地质史上的物种灭亡。人们认为，彗星雨平均每隔1亿年左右会重现一次，并持续100万年。每当地球围绕太阳公转的轨道被带入彗星岩屑区时，多重撞击的几率将大大增加。碎裂的彗星产生的岩屑将年复一年地撞击地球。

白垩纪（Cretaceous）一词在德语中拼作Kreide，缩写为K。据推测，一颗小行星或彗星对地球的撞击终结了白垩纪，这次撞击似乎是地质史上一次独一无二的事件。在沉积物中，白垩纪–第三纪（Cretaceous–Tertiary，缩写为K–T）交界处的铱的丰度是地壳中正常值的160倍。这些铱在地球上分布均匀，据估计，总量约有20万吨。据此推算，撞击物的直径约6英里（约9.6千米）。另一方面，彗星上的铱浓度比大多数小行星低，但撞击地球的速度可能比小行星快，因此，当铱总量一定时，彗星撞击比小行星撞击的规模更大。

与小行星不同，彗星有时会成群结队地到来，这通常是因为彗星在遥远的太空中发生了碎裂。例如，在过去的150年间，人们大约观察到20多颗在靠近太阳时碎裂的彗星。自1994年7月16日起，约有20块苏梅克–列维9号彗星（Comet Shoemaker Levy 9）的碎片与木星背侧相撞，在木星大气中形成了巨大的烟柱。如果在地球上发生与此相似的撞击，大部分物种将会灭绝，在数百万年内，生物进化的历程将发生彻底的改变。

随着彗星向地面飞奔，它会形成一个膨胀的火球，火球不断加热周围的大气，使氮、氧和水蒸气化合，形成一种强硝酸雨。在最初的几个月中，几乎纯净的硝酸将会洒落在约10%的地球表面上。硝酸会改变环境的酸碱成分，从而打乱生态平衡。酸的泛滥将会导致大量物种灭亡，因为大多数生物无法忍受高酸度的环境。

大规模的陨星或彗星的撞击会将上层大气中的臭氧层剥去，地面上的物种将更容易受到太阳致命的紫外线的伤害。随着紫外辐射强度的增加，陆生植物、陆生动物以及海水表层中的初级生产者将会被杀死。的确，许多陆生植物物种在白垩纪的晚期快速地消亡了。浮游生物是漂浮在海面上的微小动植物（图145）。在所有海洋生物群中，浮游生物灭绝的速度最快，90%的浮游生物在50万年间消失了。

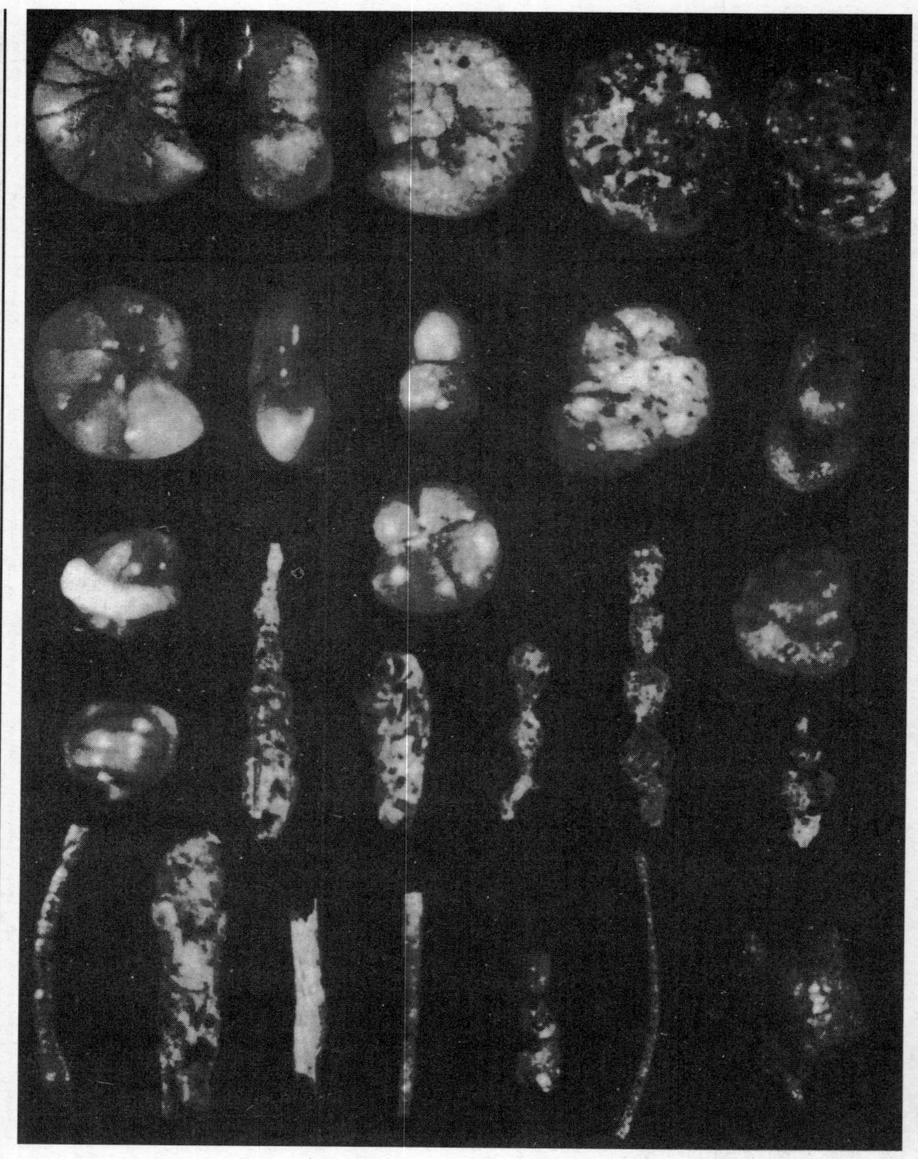

*图145*
*北太平洋中的有孔虫（P. B. Smith 摄，本照片蒙美国地质调查局惠许刊登）*

## 杀手小行星

在过去6亿年间，撞击过地球的大型小行星可能多达10颗以上，其中许多次撞击与物种大灭绝有关。在地球历史上的陨星撞击产生的陨石坑中，已知的约有150个，这些陨石坑分布在世界各地（图146）。重大的陨星撞击事件似乎同样具有某种周期性，这样的撞击大约每2，600万年到3，200万年会重现一次。

大型天体撞击会立即引发大灭绝。若某颗大型小行星撞击地球时的撞击力相当于1，000次圣海伦斯（St. Helens）火山爆发，则在撞击过程中，会将5，000亿吨沉积物送入大气层高处，这些沉积物会挡住阳光。同时，撞击可能会在地面上掘出一个很深的大坑，坑的深度足以暴露出地幔中的熔岩。这将会引发巨大的火山喷发，大量的火山灰将会被注入大气层中，火山灰将和撞击本身产生的大量尘埃将阻断阳光。

数十亿块撞击熔化物形成的炽热的小块从亚轨道（亚轨道指的是距地面约20～100千米的区域，此区域位于外层空间边缘，比卫星飞行的高度低——译者注）飞速穿过大气，它们会使地表温度升高，并引发全球性的森林大火。此外，在所谓的“撞击冬天”（撞击冬天（impact winter）是仿照“核冬天”的一种说法，指地球在被大型星体撞击后，大气中大量的尘埃会阻碍阳光到达地球，使地表温度骤降——译者注）中的温度下降会使世界上很多森林中的树木死亡，这些树木将处于脱水、易燃的状态，极易被闪电点燃。野火会将大部分陆地表面烧尽，大量野生动物的生境将被毁坏，大多数生物将会灭亡。大火带来的附加的空气污染将会使气温进一步下降，光合作用将中止，物种将以悲剧性的数目灭亡。

大气中将存留有很多有毒的污染物，例如氮氧化物。氮氧化物对正在生

*图146*
*世界上部分已知的陨石坑的位置*

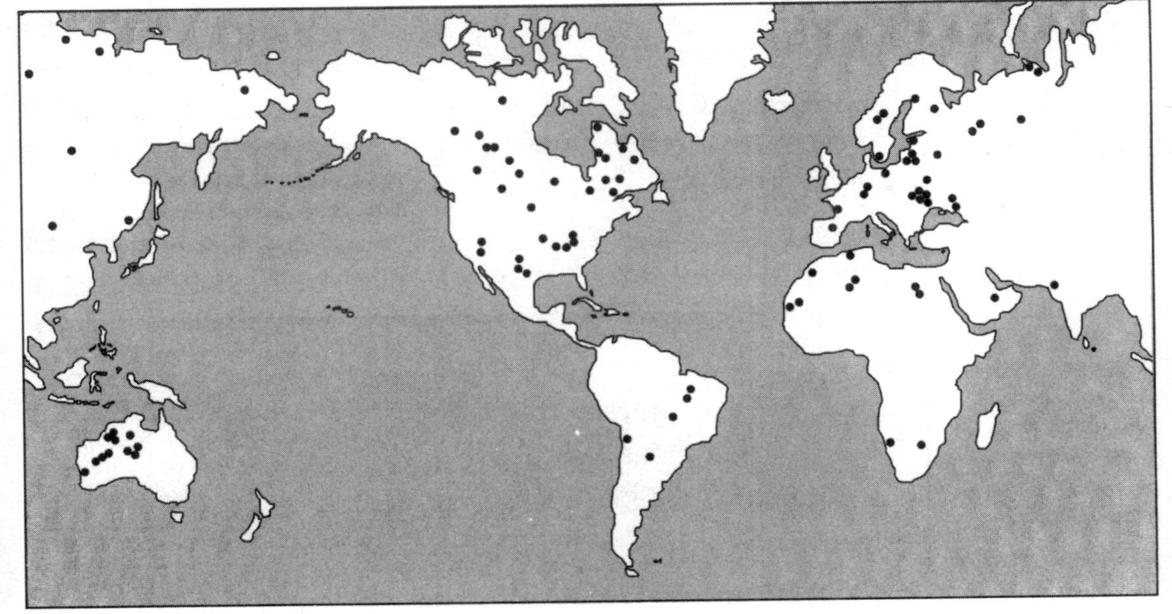

长的植物和需要呼吸的动物有剧毒。大规模的森林大火产生了大量煤烟，这些有毒污染物与煤烟一同形成浓密的烟雾，在浓密的烟雾笼罩之下，世界将陷入一片黑暗。这样的黑暗将持续一年以上。全球性的降雨中将会带有强酸性物质，这些酸性物质会渗入土壤和岩石中，并将污染径流（径流（runoff）指的是当降雨超过土壤的入渗量时，在地表产生的未被土壤吸收的水流——译者注），将致命的微量金属带入径流中。溪流会将有毒物质带入海洋，撞击产生的沉降物也会落入海洋中，海洋将变为潮湿的墓地，只有那些生活在深海底部的耐受力最强的生物能够幸免。

然而，也有一些物种能够在冲击中幸存。那些以根或种子的形式存在的植物面对的情况会相对较好。有的海洋生物带有由碳酸钙构成的外壳，变为强酸性的海水会将它们的外壳溶解，导致其死亡。相反，具有由二氧化硅构成的外壳的物种，例如硅藻（图147），则会保持完好，并得以幸存。由于受到洞穴的保护，生活在洞穴中的陆生动物总体上将会在撞击中幸存。生活在对酸起了缓冲作用的湖泊中的生物也将幸存。

在白垩纪–第三纪（K–T）交界处的岩石（图148）中含有一个由沉降物构成的薄层，其中所含的泥土大约是在一年或一年多一点的时间内沉降下来的。这一泥土层在世界上很多地方都有发现，但在北美洲中部最为集中。该沉积层中包含撞击沉积物、小球体、有机碳、斯石英、陨石氨基酸及异常高的铱浓度。其中的有机碳可能源自森林大火，斯石英是一种只出现于陨星撞击地的矿物，铱则是铂的一种稀有同位素（铱并非铂的同位素，铱（iridium）和铂（platinum）是两种不同的元素，这一错误在本书中出现了很多次——译者注），其在小行星和彗星中的含量较高。铱在世界上的分布并不均匀，因为微生物可能会提高或降低岩石中的铱浓度。细菌能使铱进入溶液中，这表明微生物可能已将原始的铱层部分破坏，或使其扩散到了更深的岩层中。

大规模的火山喷发也是铱的一个主要来源，这些铱究竟是源自小行星或彗星的撞击还是大规模的火山喷发？人们对此存在争论。然而，人们在已知的撞击地中发现了具有撞击特征的沉积物颗粒，火山喷发不会产生这样的颗粒。白垩纪–第三纪（K–T）交界处的小球体似乎产生于撞击熔化而不是火山作用。斯石英是一种致密的石英，其在300摄氏度下将会分解，这一温度远低于火山喷发所产生的温度，因此，这些铱应该源自陨星撞击。

陨星中含有55种不同的氨基酸，而生物只利用了其中的20种。在宇宙中同时存在左手型和右手型的分子，然而生物只能制造右手型分子。陨星氨基酸如何得以逃过撞击时产生的热量对它们的损害？当氨基酸与其他撞击沉淀

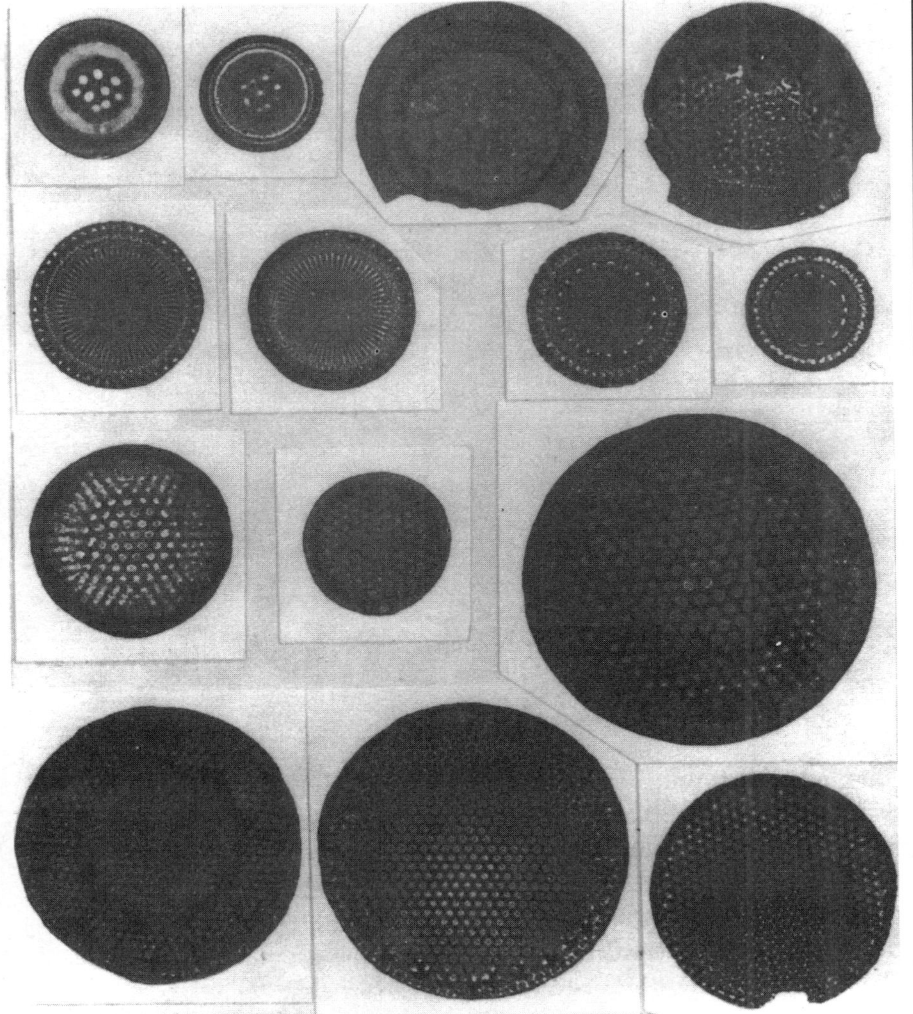

**图147**
美国马里兰州（Maryland）卡尔弗特县（Calvert）查普唐克地层（Choptank Formation）中的硅藻（G. W. Andrews摄，本照片蒙美国地质调查局惠许刊登）

物一同沉淀到地表之后，又是如何逃过紫外辐射对它们的破坏的？这始终是一个谜。在该沉降黏土层中不存在氨基酸，这表明氨基酸原先位于白垩纪–第三纪（K–T）交界地层中，后来则转移到了碳酸质岩石中。

有的铱含量异常与大灭绝事件相一致，地质学记录中具有与这些铱含量异常有关的其他陨星撞击的线索。然而，在地质记录中，只有一个像白垩纪–第三纪（K–T）交界层那样确定的铱层，此铱层位于约3，700万年前始新世末期的岩石中。在二叠纪末期形成的岩石中存在另一个较弱的铱层，该铱层见证了地球历史上规模最大的物种灭绝事件（图149）。然而，没有任

*图148*
*美国蒙大拿州（Montana）加菲尔德县（Garfield County）布劳尼山（Brownie Butte）露头，地质学家在确定那里的白垩纪-第三纪交界（B. F. Bohor 摄，本照片蒙美国地质调查局惠许刊登）*

何铱层的铱浓度像白垩纪末期的铱层那样突出，白垩纪铱层的铱浓度高达背景浓度的1，000倍以上，这表明白垩纪-第三纪（K-T）事件在地球生物史上是独一无二的。

## 对恐龙的致命一击

在约2.1亿年前的三叠纪末期，一颗小行星坠落在今天加拿大的魁北克省（Quebec），并在地面上炸出一个宽达60英里（约96千米）的陨石坑，这个陨石坑如今被称作马尼夸根撞击构造（Manicouagan impact structure）。三叠纪-侏罗纪（Triassic-Jurassic，简称Tr-J）交界处的沉积物中的冲击石英颗粒与在白垩纪-第三纪（K-T）交界处发现的冲击石英颗粒相似。在意大利（Italy）的阿尔卑斯山（Alps）有3个相隔很近的冲击石英层，表明一场彗星雨曾袭击过地球，这场彗星雨持续了好几千年。

三叠纪-侏罗纪（Tr-J）的分界标志着一次严重的大灭绝，这是地球历史上最严重的大灭绝事件之一。接近一半的古代爬行动物科灭绝了，这一事件可能有助于恐龙崛起并登上统治地位。毫无疑问，恐龙是历史上最成功的陆生动物，它们统治了世界1.4亿年。恐龙的生活范围很广，它们占据了各种不同的生境，所有其他种类的陆生动物都受到它的统制，这正可以说明恐龙的成功。

人们提出了很多假设来解释恐龙的灭亡，这些假设包括大规模的火山喷发、广泛传播的疾病等，甚至有人认为，开花植物的进化使大气中的氧含量下降，并导致了恐龙的灭亡。然而，事实是，恐龙并不是当时灭亡的唯一物种，所有已知物种中的70%、总生物量（biomass）的90%都在白垩纪末期消亡了，这表明，当时环境中的某些因素变得极其糟糕。

为解释恐龙和其他大量生活在那一时期的物种的灭绝，一种流行的理论认为，一颗直径6英里(约9.7千米)的陨星撞击了地球。巨大的陨星在地球上掘出一个直径100英里(约160千米)以上的深坑，该陨石坑位于尤卡塔（Yucatán）半岛以外、墨西哥湾（Gulf of Mexico）内的小镇希克苏鲁伯（Chicxulub）附近。这颗陨星撞入了一种相对稀少的岩石内，这种岩石构成

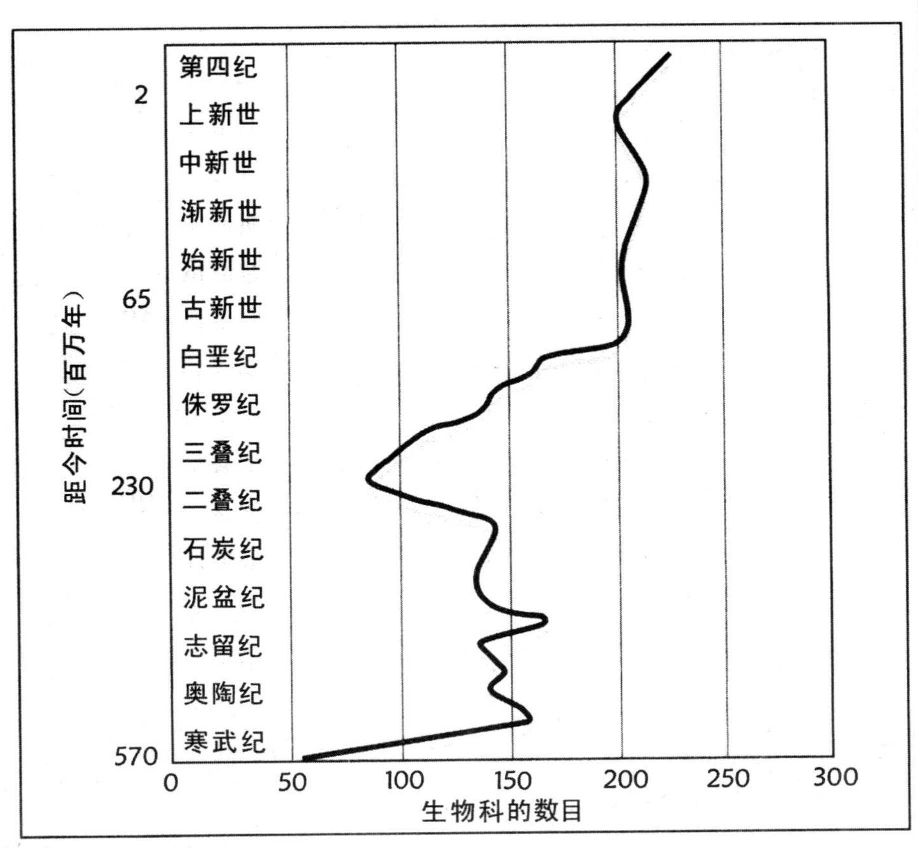


*图149*
*生物科的数目与时间的关系，注意曲线在二叠纪大灭绝时的下沉*

了一个由富含硫的石灰石构成的、厚厚的碳酸盐平台。撞击使大气中充满硫酸的悬浮物，这些悬浮物会堵住阳光。大气中的硫酸落到地上，植物的叶子将会脱落；硫酸落到海里，将表层海水变为一锅剧毒的汤。撞击过程中释放出的二氧化碳产生了失控的温室效应，将地球变为一个大火炉。

显然，这颗撞击地球的巨型小行星或彗星来自东南方，撞击速度约每秒10英里(约每秒16千米)，撞击角较平，撞击时与地面的夹角约为30度。由于撞击角较平，撞击产生的火球可能比垂直撞击的情况大得多，这样的撞击对北美洲内部产生了极大的破坏，厚厚的玻陨石沉积物表明了这一点。撞击时发生的爆炸威力极大，撞击产生的岩屑可能一直被掷到了遥远的北太平洋。

撞击释放出的巨大的能量可能导致了许多自然灾害，包括高达1英里(约1.6千米)的海啸、大规模的风暴、强酸雨、全球性森林大火，剧烈的温室效应带来的气温上升以及紧随其后的寒冷和黑暗。当环境于数年后恢复正常时，一半以上的植物群和动物群，包括恐龙在内（图150），已经消失了。自从10亿年前地球上首次出现复杂生物起，地球还从未经历过这样的事件。于是，地质史发生了一次新的、未曾遇料到的转变。

当时撞向地球的并非单发巨大的子弹，地球曾经受到一颗或多颗小行星或彗星的撞击。然而，小行星撞击很少同时发生，彗星却常常成群结队地到来。这次撞击产生的爆炸力可能相当于100万亿吨TNT炸药，比世界上所有的核武器库爆炸时放出的能量大1，000倍。爆炸会将5，000亿吨岩屑送入大气

*图150*
*三角恐龙是白垩纪末期灭绝的恐龙之一*

层中，并将激起全球性的大火。大火可能会将陆地上1/4的植被烧毁，这将使整个地球陷入生态灾难之中。在好几个月的时间内，大气中的烟尘会使地表温度下降好几度。

在度过了撞击后的降温期之后，大气层中过剩的水蒸气和二氧化碳将会引发温室效应，温室效应会如火炉一般烘烤地球。包括恐龙在内的许多动植物可能能够在严寒中幸存，但不料竟会在接下来极端炎热的时期中丧命。这一论点得到了化石记录的支持，并且，化石记录表明，在白垩纪结束后的数万年间，海洋的温度的确上升了5至10摄氏度。

钙质超微浮游生物（calcareous nannoplankton）是一种海洋微生植物，90%以上的钙质超微浮游生物及大多数生活在海洋上层的生物灭绝了50万年之久。浮游生物灭亡的原因可能是缺乏光合作用所需的阳光，也可能是紧随大规模陨星撞击而来的酸雨。海水的酸性可能达到了足够的强度，将浮游生物的钙质外壳溶解，并使其以前所未有的规模灭绝。

钙质超微浮游生物的死亡可能会导致全球气温升高到足以使恐龙和其他物种灭绝的程度。这种植物会产生一种硫化合物，该化合物有助于云的形成（有的微生物能合成二甲基硫醚，二甲基硫醚对云的形成有促进作用——译者注），云又会反射太阳光，阻碍太阳辐射到达地球表面。不是气候变化导致了物种大灭绝，反而可能是超微浮游生物的灭绝戏剧性地影响了全球气候。

撞击使大气中的二氧化碳含量上升，由此产生的潮湿的温室效应（图151）使地球气温升高。温室效应也许会将热带草原变为热带雨林，并彻底扰乱自然环境。人们将现代植物的叶子与在沉积物中找到的、在假想的撞击发生之前及之后的植物叶子化石进行了对比，发现在撞击发生前后，植物的叶子发生了突变，由较小的、圆形的叶子变成了较大的、带尖角的叶子，这表明，在白垩纪末期，降雨量和温度急剧上升。由截然不同的植物群构成的森林取代了位于白垩纪－第三纪（K–T）交界之前的由阔叶林和灌木构成的森林。

在更加温暖的海水温度下会产生超级飓风，超级飓风能到达30英里(约48千米)的高空，并能够进入大气上层的平流层（图152），这一高度是普通飓风所能到达的高度的两倍以上。有证据表明，在白垩纪末期，一个大型天体坠落在墨西哥湾（Gulf of Mexico）的碳酸盐质岩石上，并将大量会导致温室效应的二氧化碳注入大气层。撞击将海水温度升高到50摄氏度，差不多是当前热带海水温度的两倍，这样高的水温给飓风带来了巨大的能量。由于热带风暴能到达很高的高度，风暴会把水蒸气、冰粒子及尘埃带入平流层，这些水蒸气、冰粒子和尘埃会阻碍太阳光，并破坏保护生命的臭氧层。

大规模陨星撞击本身也会把位于平流层上层的臭氧层剥去，使地球暴露

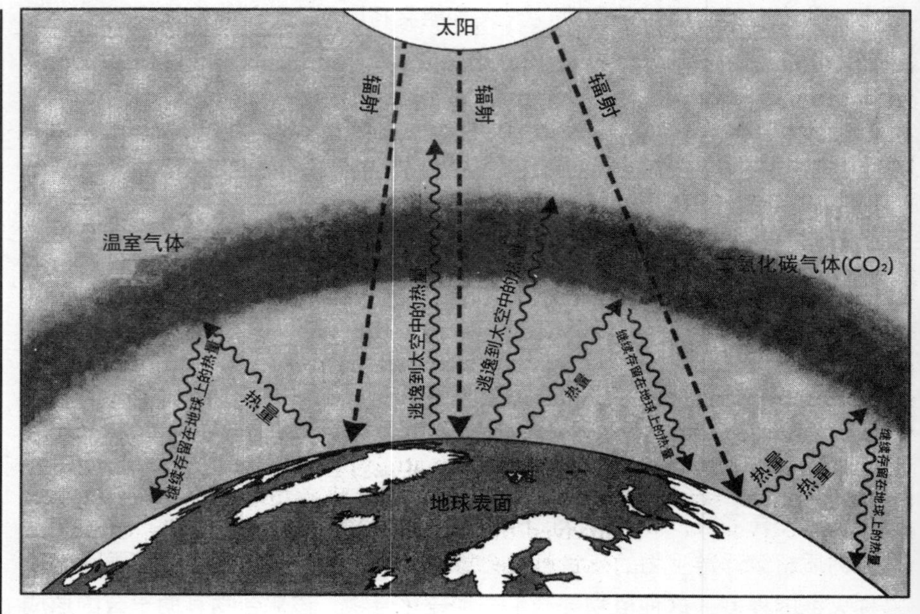


**图151**

*温室效应：穿过大气层的太阳辐射在地球表面转变为红外辐射，红外辐射向上逃逸，并被温室气体吸收，再次向地球辐射*

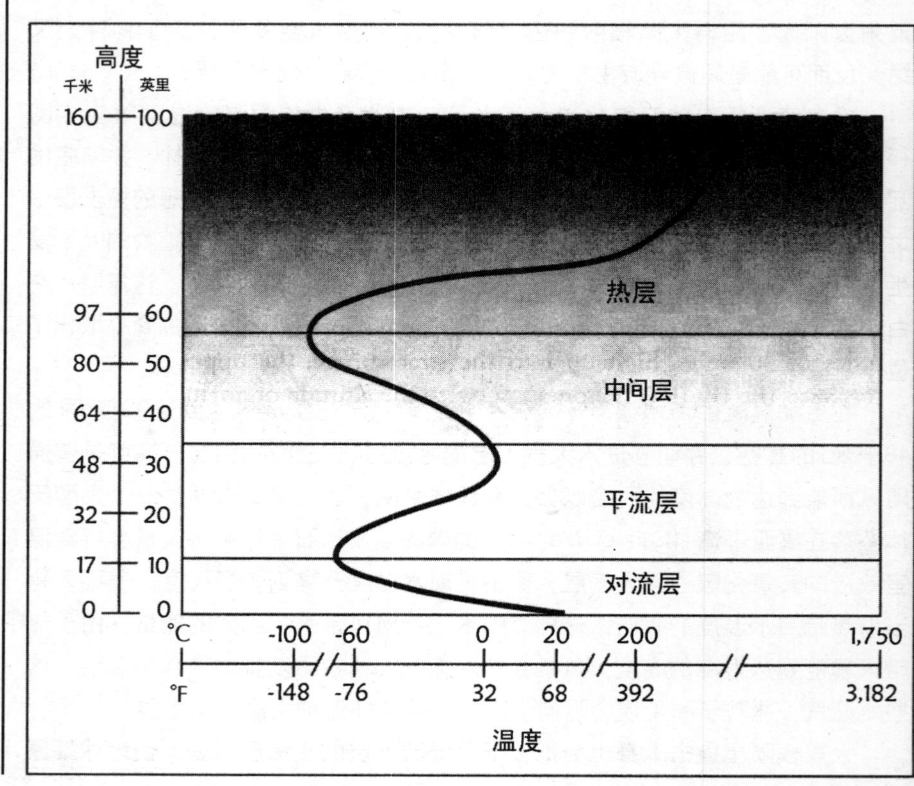


**图152**

*大气层的分层*

在致命的太阳紫外辐射之下。紫外辐射会将陆生动植物及海水表层中的初级生产者杀死。由于紫外线只有在白天才会从空中倾泻而下，陆地上的许多夜行性动物被大自然所饶恕，而在旷野中毫无遮掩的恐龙则完全暴露于紫外辐射之下。

撞击可能将数十亿吨岩屑推入地球轨道中，使地球戴上了类似土星的光环，光环的形成约需要10万年。这个环状物挡住阳光，并在地面上投下一个700英里(约1，100千米)宽的、浓重的阴影，在阴影中，情况将与日全食类似。巨大的阴影会使原本温暖的热带雨林的温度下降，由喜爱温暖的动植物构成的动植物群将遭到破坏。200至300万年后，随着绕地球运动的岩屑坠落到地球上并在大气层中烧尽，光环将最终消失。坠落物对大气层的轰击将会给气候带来灾难，那些在陨星撞击中幸存下来的物种将再次受到威胁。讽刺的是，当光环存在的时候，地球变成了太阳系中最美丽的星球。

## 复仇女神星

化石记录显示，在过去的2.5亿年间，似乎每2，600万年至3，200万年就会发生一次突发性的大灭绝（图153）。为解释这一现象，人们假设太阳存在一颗伴星，科学家将其命名为复仇女神星（Nemesis）。复仇女神星的

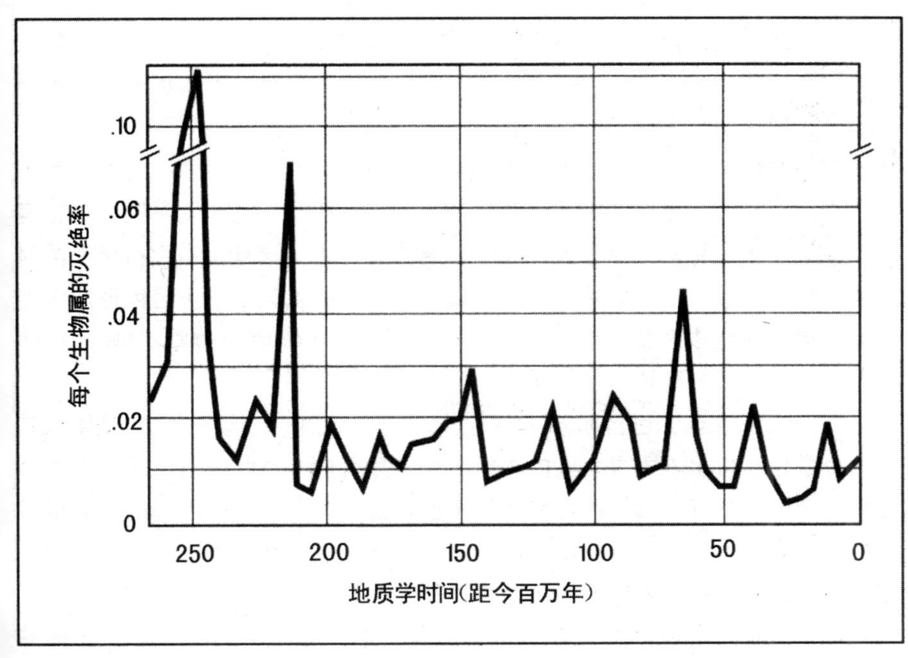


***图153***
*从2.5亿年前的二叠纪大灭绝起的物种大灭绝*

名字来源于希腊神话中给地球施加惩罚的女神。在银河系中，双星系统很常见。在所有已知的恒星中，一半以上的恒星都属于某个双星或多星系统。与其他双星一样，复仇女神星形成的时间可能与太阳非常接近，二者都形成于约46亿年前。后来，由于其他恒星的扰动，复仇女神星逐渐沿螺旋轨道向外运动。复仇女神星受到恒星扰动的过程与奥尔特云（Oort cloud）中的彗星相似。太阳也可能是在不久之前才捕获到这颗小恒星，捕获的过程也许发生在最近6亿年间。

人们认为，复仇女神星是一颗褐矮星。因为它体积很小，无法将自身点燃，变为一颗成熟的恒星，因此在地球上不容易看到复仇女神星。人们相信，复仇女神星距离我们1光年以上。由于其光芒黯淡，在一距离上，人们即使利用最强大的天文望远镜也难以观察到它的存在。显然，复仇女神星在一个高度椭圆的轨道上绕太阳运动，该轨道与黄道平面之间的倾斜角很大。环绕着太阳系的奥尔特云（Oort cloud）是一个由数万亿颗彗星构成的巨大的彗星库，奥尔特云位于复仇女神星轨道以内，在绝大多数时间里，复仇女神星都在奥尔特云之外运动。

每隔约2，600万年，复仇女神星会靠近奥尔特云（Oort cloud）一次，此时它到达轨道的近日点，即轨道上离太阳距离最近的点。当复仇女神星开辟出一条道路向奥尔特云深处前进时，它的引力扰动会使位于其邻近位置的彗星的轨道发生扭曲，并将一场“百万年”彗星雨（million-year storm of comets）送入内太阳系，这场彗星雨中将会包含约1亿颗彗星。此外，如果这些彗星在柯伊伯带（Kuiper belt）中与一个较宽的彗星带相接触，彗星雨中的彗星数目将大大增加。

海王星与冥王星正在为谁是太阳系中最遥远的行星而竞争，然而，太阳系的圆盘非在海王星或冥王星处突然中止，恰恰相反，在太阳系圆盘中，有一个位于海王星和冥王星位置之外的宽阔的彗星带，该彗星带由行星形成时的残余物质构成。在太阳系的外层区域，物质的密度很低，不足以形成大型行星，但是，在该区域内，许多较小的星体在吸积作用下形成，这些小星体的大小也许与小行星相当。

柯伊伯带中至少包含35，000颗直径大于60英里（约96千米）的星体，其总质量是位于火星与木星之间的小行星带的数百倍。这些分散的原始物质残留物距太阳的距离很远，因此它们的温度很低。因此，这些遥远的天体很可能由冰和固态的气体构成，成分与彗星的彗核相似。在海王星的万有引力作用下，位于柯伊伯带内边缘的彗星被掷向内太阳系。

当一大群彗星一起向太阳运动时，其中的一些不可避免地落在了地球上，因为地球轨道与这些冰质入侵者的运行路径相交。若10亿颗越地彗星如瀑布般从奥尔特云（Oort cloud）内侧泻落，据预期，在200万至300万年间，将会有约20颗直径1英里（约1.6千米）以上的大型撞击物及不计其数的小星体撞向地球。坠落在地球上的彗星会给地球带来巨大的伤害，并迫使大量物种灭亡。甚至，当恐龙已经开始衰落时，即在白垩纪—第三纪（K—T）灾难来临之前，地球也许已经经历了一场由较小的彗星构成的、为期100万年彗星雨，只不过，在这场彗星雨中，点缀着一次致命的撞击。

同时，大灭绝呈现出来的明显的周期性似乎与地球上陨石坑的年龄相一致。H型陨石是一种铁含量很高的球粒陨石，H型陨石的年龄所呈现出的周期性也与大灭绝的时间相一致。人们假定，H型陨石是小行星与其他小行星或彗星相撞时脱落的碎片。

大量陨星集中坠落于大灭绝发生时或大灭绝发生前后，如此大规模的陨石形成可能是彗星雨穿过小行星带时所导致的。彗星撞击地球可能会引发气候变化，并导致物种大灭绝，因此，当天体如雨点般坠落到地球上时，可能会改变支配物种进化和灭绝的法则。

## X 行星

人们认为，在昏暗的太空深处，连最强大的望远镜也看不到的地方，存在着太阳系的第10颗行星，人们将其戏称为X行星（图154）（在代数中，字母X常用来代表未知数，因而X行星含有“未知的行星”的意味——译者注）。在过去的100年间，人们已经多次提出过有关在太阳系的外围还有一颗新的行星存在的想法，以解释人们所观察到的外行星运动与其预计轨道间的偏差。

人们相信，X行星位于冥王星轨道之外较远的地方，它也许与太阳相距100亿英里（约160亿千米）。很明显，这颗难以捉摸的行星沿着一条修长的轨道绕太阳运行，此轨道与黄道之间的倾斜角很大。X行星公转一周约需1，000年。也存在这样的可能性：X行星只是太阳系的一个偶然的访客，它根本不围绕太阳运转。

显然，X行星的质量不会大于地球质量的5倍，如果它的质量比这大得多，人们应该早已发现它的存在。然而，当前太阳系的模型还不太完善，还不能以足够的精度预言行星运动，从而不足以探测到X行星。X行星的存在或许可以通过它的引力对天王星和海王星的影响加以确证。19世纪时，天王星和海王星偏离了它们绕太阳运行的轨道。正是天王星和海王星的轨道运动所受到了一次相似的引力影响导致了1930年冥王星的发现。然而，在20世

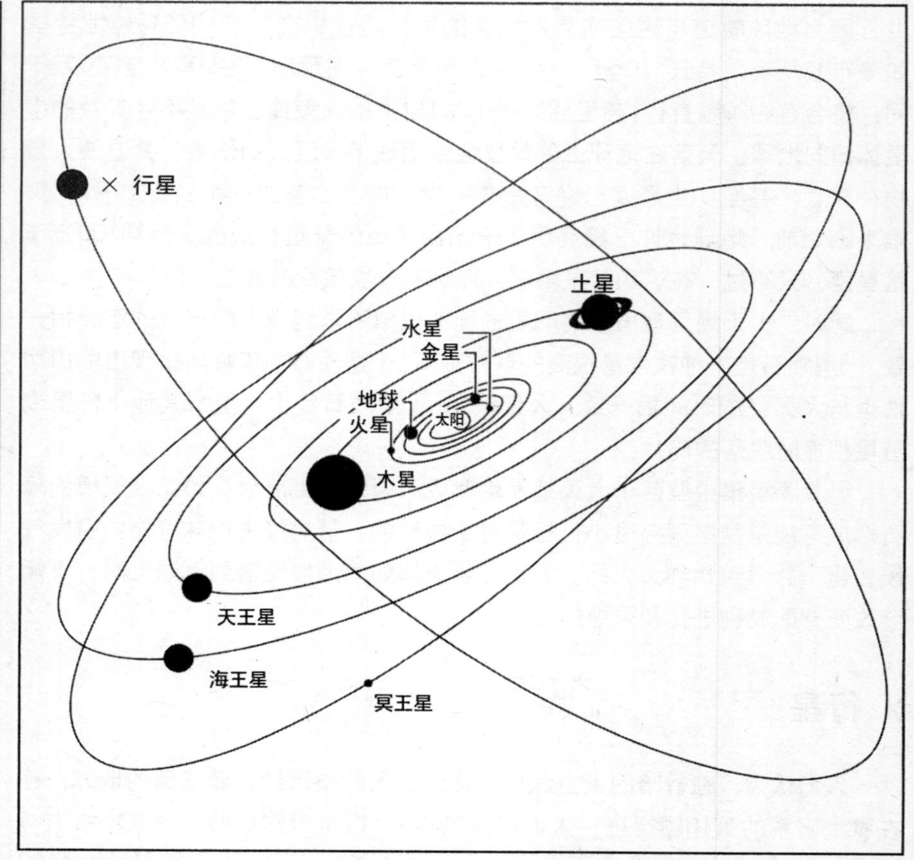


*图154*
*根据人们的猜测绘制的X行星相对于太阳系的位置图*

纪，人们没有监测到天王星和海王星在X行星作用下导致的轨道偏离，这表明，X行星一定在一个奇怪的轨道上运行。

外行星产生的引力扰动会使X行星产生进动，并以特定的频率将其带入柯伊伯带（Kuiper belt）中。柯伊伯带是一个由彗星组成的扁平的圆盘，位于海王星轨道之外。每2，600万年左右，X行星会进入柯伊伯带一次。X行星可能已经在柯伊伯带最靠近太阳的地方清理出了一个空隙。当X行星靠近这一空隙的内、外边缘时，其引力作用会将空隙附近的彗星赶跑。在靠近柯伊伯带之后至离开之前的那段时间里，X行星的引力作用会扰动位于其附近的彗星，并将一场由冰质星体构成的彗星雨送入内太阳系。在很长一段时间内，其中一些彗星可能会坠落在地球上，给地球带来浩劫。

在讨论完周期性的物种大灭绝之后，下一章将探讨小行星和彗星对地球的轰击及其后果。

# 10

# 星际碰撞

## 小行星与星际撞击

**本**章将探讨来自外太空的大型天体轰击地球时对人类文明产生的影响。小行星或彗星撞击地球产生的破坏是环境对人类的终极威胁。许多可能与地球相撞的小行星和彗星正在宇宙中四处游荡，若它们与地球相撞，十多亿人将会在撞击中丧生。在最近数十年间，人们发现了数百颗这样的大型近地小行星。有时，某些难以捉摸的星体会来到距离地球很近的地方，它们足以引起人类的警示。若它们中的某一颗与地球相撞，人类将陷入危险之中。

历史上重大的陨星撞击给世界带来了灾难，分布在世界各地的大型陨石坑就是这些灾难的明证。如果这样的撞击发生在今天，其带来的危害将可与全球性核战争相比拟。的确，这样的撞击对环境的造成的后果将会与“核冬天”相似，撞击发生后，生物将难以在地球上生存，人类历史的进程也将会发生根本性的改变。

## 近地小行星

人们已观察到约200颗直径25英里(约40.3千米)以上的近地小行星（near-Earth asteroids，缩写为NEAs），这些小行星位于小行星主带之外，其轨道与地球轨道相交。此外，还有多达数百颗至2，000颗直径大于半英里(约800米)的小行星在宇宙中盘旋，它们的轨道与地球轨道相交，可能会近距离造访地球。至今为止，人们已经发现100多颗可能会对地球造成危害的星体，据估计，这一数目只是总数的1/10。第一颗与地球轨道相交小行星发现于1932年，自那时起，人们已经发现了数百颗这样的小行星。

719号小行星名叫阿尔伯特（Albert），在1911年，人们曾观察到它好几次，然而，有趣的是，此后人们一直没有再见到过它。直到2000年5月1日，天文学家才重新观察到阿尔伯特。到1940年时，天文学家已经失去了对许多其他小行星的跟踪。至20世纪70年代，大多数消失的小行星已被天文学家重新发现，只有20颗小行星仍未找到。到1991年时，这些小行星中只有阿尔伯特还下落不明。小行星阿尔伯特的轨道周期为4.3年，距地球距离最近时不足2，000万英里（约3，218万千米）。其轨道上距地球最远的点与地球相距约2.6亿英里（约4.1亿千米），这是一段很长的距离，因此，人们要重新找到它是件困难的事。

这些小行星的轨道为何会与地球轨道相交？这个问题至今仍是一个谜。显然，这些小行星曾在接近正圆的轨道上运行了100万年以上，然后，由于某些未知的原因，它们轨道忽然伸展开来，变为离心率很大的椭圆，并到达地球附近。引起这些小行星轨道变化的原因可能是从附近经过的彗星或巨行星木星的引力作用（图155）。不管怎样，地球与一颗大型小行星相撞的可能性貌似是很小的，因为星体之间的距离非常遥远。

如果一颗直径1至2英里(约1.6至3.2千米)的小行星与地球相撞，该小行星将以很高的速度坠入大气层，坠落速度是高能子弹速度的100倍。几秒钟以后，它将撞向地面，撞击时的爆炸力高过10万兆吨TNT炸药。撞击产生的冲击波会将数十英里内的一切夷为平地，岩石被击碎并蒸发，在大气中形成一个高高的烟柱。之后，岩石碎片将回落至地面，地表将被碎石覆盖，有的碎石块很大，如同巨石一般。

*图155*
*木星和它的4颗行星般大小的卫星，旅行者1号（Voyager 1）摄于1979年3月（本照片蒙美国宇航局惠许刊登）*

近地小行星可分为阿波罗型小行星（Apollos）、埃莫型小行星（Amors）和阿托恩型小行星（Aten）。阿波罗型小行星穿过地球轨道，有的阿波罗型小行星造访地球时距地球的距离曾小于地月距离。埃莫型小行星穿过火星轨道，并正向地球靠近，在几百或几千年后，其轨道也许会与地球轨道相交。阿托恩型小行星大多数时候在地球轨道以内的地方运行，其轨道在远日点处与地球轨道相交。

与已知的绝大多数小行星不同，这些小行星并未被限制于小行星带之内，相反，它们正向地球轨道靠近，有的甚至与地球轨道相交。这些小行星也许诞生于太阳系之外，它们似乎曾经是彗星。在一次次从太阳附近经过之后，彗星中所有的挥发性物质都已用尽，不能再产生彗发或彗尾。经过了漫长的岁月，它们表面覆盖的冰层和气体被太阳侵蚀殆尽，暴露出内部物质，这些内部物质看起来像是大块的岩石。

人们已经从1，000颗可能小行星中鉴别出许多阿波罗型小行星。大多数阿波罗型小行星很小，只有当它们运行到地球附近时才会被发现（表11）。通常，数百万年后，它们要么与近日行星相撞，要么在与近日行星擦肩而过后被掷入更宽的轨道中。阿罗波型小行星会不可避免地与地球及其他近日行星发生碰撞，这种碰撞将使阿罗波型小行星的数量稳定地减少，（要维持总数基本不变），就需要有来源不断对其进行补充，这一来源要么是小行星带，要么是燃尽的彗星。

有一颗小行星名叫法厄同（Phaethon），法厄同是希腊神话中太阳神赫利俄斯（Helios）的儿子。法厄同的近日距离是所有小行星中最近的，仅1，300万英里(约2，090万千米)，比水星距太阳的距离还近约2，000万英里(约3，200万千米)。法厄同的轨道也是所有彗星轨道中最小的。与人

**表11　星体对地球最近距离的造访**

| 星体 | 天文单位（地月距离） | 日期 |
|---|---|---|
| 1989 FC | 0.0046（1.8） | 1989年3月22日 |
| 赫耳墨斯 | 0.005（1.9） | 1937年10月30日 |
| 哈托尔 | 0.008（3.1） | 1976年10月21日 |
| 1988 TA | 0.009（3.5） | 1988年9月29日 |
| 1491 Ⅱ 号彗星 | 0.009（3.5） | 1491年2月20日 |
| 莱克塞尔彗星 | 0.015（5.8） | 1770年7月1日 |
| 阿多尼斯 | 0.015（5.8） | 1936年2月7日 |
| 1982 DB | 0.028（10.8） | 1982年1月23日 |
| 1986 JK | 0.028（10.8） | 1986年5月28日 |
| 荒贵–阿尔科克彗星 | 0.031（12.1） | 1983年5月11日 |
| 狄俄尼索斯 | 0.031（12.1） | 1984年6月19日 |
| 俄耳甫斯 | 0.032（12.4） | 1982年4月13日 |
| 阿里斯泰俄斯 | 0.032（12.4） | 1977年4月1日 |
| 哈雷 | 0.033（12.8） | 1837年4月10日 |

（赫耳墨斯（Hermes）也译作石神星，俄耳甫斯（Orpheus）也译作琴神星——译者注）

们观察到的大多数彗星相比，法厄同的体积很大，其直径约3至4英里（约4.8至6.4千米），与大多数近地小行星相当。法厄同颜色黯淡，自转速度很快，这似乎表明它并非由彗星转变而来。大多数小行星的自转周期介于2小时至60小时之间，平均约8小时。此外，如果一颗彗星的自转速度太快，它将会很快与其疏松的外层脱离开来。

当前，法厄同轨道与太阳系平面的交点位于地球轨道的内侧（图156），因此，法厄同在短期内不会与地球相撞。然而，在万有引力的影响下，这一交点正在慢慢向外移动。因而，再过250年，法厄同的轨道将与地球轨道相交，介时法厄同可能会与地球近距离相遇，这种相遇令人担忧。当这一事件不可避免地发生时，在短时间内，人们也许能用肉眼直接看到法厄同。幸运的是，这样的近距离相遇只会发生一次，因为当法厄同靠近地球时，地球的引力将使法厄同的轨道彻底发生改变，在这之后，地球将再也不会与这颗难以捉摸的小行星近距离相遇。

为了跟踪近地小行星，20世纪70年代初，人们在位于美国亚利桑那州（Arizona）图森市（Tucson）附近的基特峰国家天文台（Kitt Peak National Observatory）中设立了太空监测天文望远镜（Spacewatch Telescope），该望远镜制造于1919年，口径36英寸（约91.4厘米）。人们为它安装了一种灵敏的固态光探测器，叫做电荷耦合器件（charged—coupled devices）（“电荷耦合器件”即我们常说的CCD，现常用在数码相机和数码摄像机中，用于捕捉影像信号——译者注），并将它与功能强大的电脑相连。当望远镜扫描天空时，任何相对于恒星背景的星体运动都会被记录下来，同时系统会计算出星体运动的轨道。美国国家航空航天局（美国宇航局）正试图将90%直径大于半英里（约800

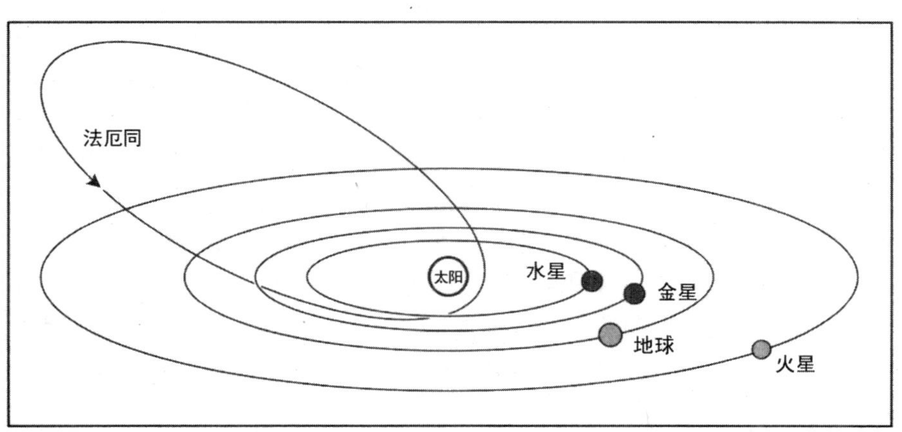


***图156***
*法厄同轨道与内太阳系的关系*

米）、具有靠近地球的轨道的小行星进行编目，这一计划叫做近地小行星追踪计划（Near—Earth Asteroid Tracking，缩写为NEAT）。另一项工作叫做林肯近地小行星研究计划（Lincoln Near—Earth Asteroid Research，缩写为LIN-EAR），该计划可在大面积的天空中搜寻移动的黯暗星体。如果这些星体与地球相撞，将会给地球带来相当大的伤害。

太空监测望远镜跟踪到的大型小行星与地球距离最近的一次相会发生于1991年12月5日。当时，人们观察到，一颗名叫1991BA的、30英尺宽（约9.3米）的星体到达距地球不足100，000英里（约160，000千米）处，此距离不到地月距离的一半。三年后，一颗房屋般大小的星体从距地球不到65，000英里（约10.5万千米）的地方掠过。许多近地小行星属于阿朱那（Arjuna）型小行星，阿朱那是印度史诗中一个王子的名字。阿朱那型小行星的体积很小，直径不足150英尺（约46.2米），它们在地球轨道附近的正圆轨道上绕太阳运行。

在地球附近也许存在另一个小行星带，大量意料之外的小型小行星的发现支持了这一观点。这个小行星带中的物质也许是很久以前巨型小行星撞击月球时产生的，也可能是在历经与其他小行星的多次碰撞后，被木星的引力推出小行星主带之外的星体状的碎片，也可能是从地球附近经过的彗星留下的碎片。

太空防卫（Spaceguard）网络是一张更加积极的全球性探测网络，它将包含6架口径100英尺（约31米）的、架设在全球各处的望远镜。人们将为这些望远镜配置非常灵敏的电荷耦合器件（CCD），使其可以侦测到位于宇宙深处的、如小行星般大小的黯淡天体。对于直径超过半英里的近地小行星，这一技术可在其到达地球附近之前20年向人们发出警报，使人们有足够长的时间采取措施以避免撞击发生。如果警报的提前时间能达到50至100年会更好，因为在那时，只需要轻轻推一下（例如用火箭）就能将小行星从撞向地球的轨道上推开。

不幸的是，错误的警报会造成与小行星本身同样大小的危害。据报告，1997 XF—11号小行星将于2028年从距地球约30，000英里（约48，000千米）的地方经过——这在天文上是一个极短的距离。然而，在进一步检查了该星体1999年的照片后，人们确定，该星体将从距地球两倍地月距离以上的地方经过，不会撞到地球。2002年7月，在面对2002 NT7 号小行星时，也发生了类似的情况。值得担心的是，对于小行星的这些近距离造访，人们可能不会认真对待，如果一颗大型小行星注定要与地球相撞，人类将会受到很大的伤害。

## 近距离造访

1937年10月30日，小行星赫耳墨斯(Hermes)以每秒22，000英里（约35，400千米）的速度从地球身边飞驰而过，这是较大的小行星对地球进行的距离最近的造访之一。这颗直径1英里（约1.6千米）左右的小行星距地球最近时仅有50万英里（约81万千米），此距离约为地月距离的两倍——这在天文上是一段很短的距离。与其他许多小行星一样，赫耳墨斯围绕太阳的公转轨道为椭圆形，该轨道与地球轨道相交，这增大了它与地球相撞的可能性。

如果赫耳墨斯与地球相撞，在撞击过程中将会释放出相当于100，000兆吨TNT炸药的能量，这比于地球上迄今为止制造的最大的氢弹的能量还大2，000倍。的确，大型小行星的撞击与核战争在很多方面有相似之处。撞击会将大量的尘土和煤烟抛入大气层中。岩屑将塞满天空达数月之久，地球将陷入严寒之中。人们将面临许多严重的困难，例如气温骤降，极地气候将在全球大部分地方盛行。

1989年3月22日，小行星又一次与地球擦肩而过。那天，1989 FC号小行星到达距离地球430，000英里（约692，000千米）处（图157）。此小行星宽约半英里。如果它与地球相撞，轨道几何上的巧合也许会使撞击的剧烈程度有所减缓。这颗小行星绕太阳运行的方向与地球相同，公转一周约需一年时间。它撞向地球时，相对于地球运动的速度比相对其他天体的速度小得多。然而，由于地球的体积很大，其强大的引力作用会使小行星在最终撞向地球的过程中极大地加速。

如果这样的碰撞发生，小行星将会在地面上撞出一个5至10英里（约8至16千米）宽的陨石坑。撞击足以毁掉一座大城市。如果撞击地球的小行星比1989 FC大10倍，即与导致恐龙灭绝的小行星大小相当，则撞击时地球将会像一口巨大的钟一样嗡嗡振动。撞击会引发强烈的地震、剧烈的火山喷发、巨大的海啸（如果小行星陨落在海里）及全球性的森林大火。尘埃、烟雾和水蒸气将污染大气层达数月之久。

直到1989 FC 号小行星已从地球附近飞过之后，天文学家们才监测到它的存在。直到那时，天文学家才注意到，1989 FC相对于恒星背景发生了戏剧性的减速。令天文学家们惊讶的是，1989 FC沿直线远离地球而去，这应该是一个接近掠射的轨道。因为1989 FC 是从太阳所在的方向向地球靠近的，所以天文学家们没能注意到它的运动。此外，当时接近满月，月光进一步影响了天文观察。

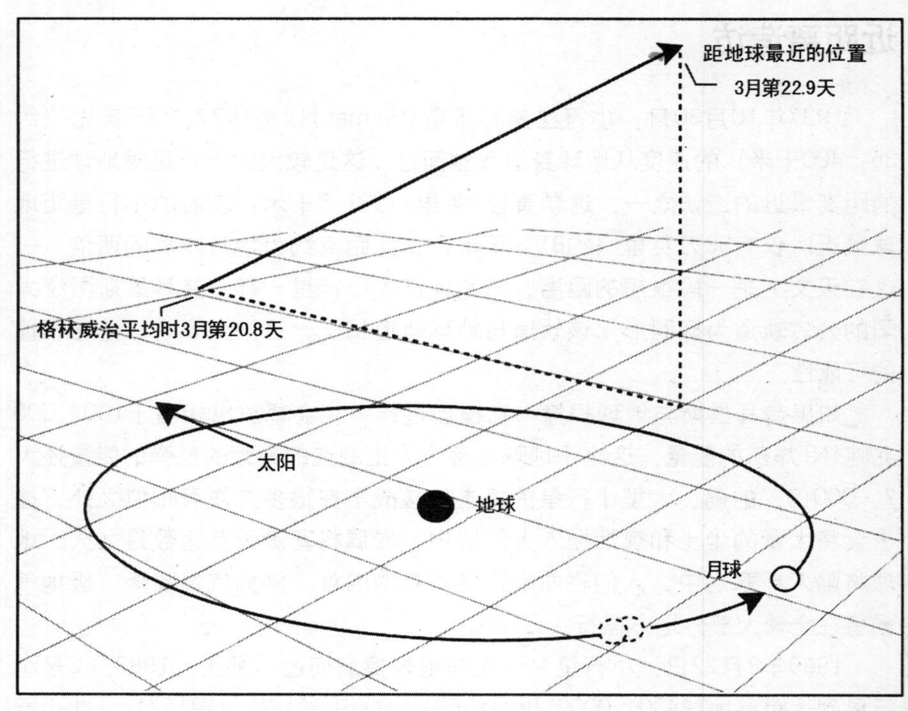


***图157***
*1989 FC号小行星与地球距离最近时的示意图*

1992年12月8日，一颗名叫图塔蒂斯（Toutatis）的小行星从距地球220万英里（约354万千米）处飞过。图塔蒂斯长2.5英里（约4千米），宽1.6英里（约2.6千米）。两块表面布满陨石坑的不规则岩石在重力的作用下贴在一起，构成了接触型双小行星（contact-binary asteroid）。（据观测，图塔蒂斯由两块不同的岩石贴合而成，其中一块的大小约是另一块的两倍——译者注）图塔蒂斯在自己的轨道上运行，每隔4年靠近地球一次。这样的双体小行星在近地小行星中似乎很常见。

1996年5月19日，一颗名叫1996 JA1的小行星从距地球28万英里（约45.1万千米）的地方飞驰而过。据估计，1996 JA1的直径约1，000至1，500英尺（约300至460米），是已知曾到达地月距离内的最大的小行星。在有记录的小行星中，只有6颗小行星曾到达过距离地球更近的地方，这6颗小行星的宽度都在300英尺（约120米）以下。其中一颗是2002 MN，这颗足球场般大小的小行星于2002年6月14日到达距地球仅75，000英里（约121，000千米）处。人们认为，大多数小行星都位于太阳系平面内，然而1996 JA1并非来自太阳系平面内，其轨道平面与黄道平面有35度倾角，对小行星而言，这是一个奇怪的轨道平面。

人们已经知道，彗星也会飞到距地球很近的地方，近得令人担忧。莱克塞尔彗星（Lexell）是与地球相遇时距地球最近的彗星，1770年7月1日，它到达距地球6倍地月距离之处。1837年4月10日哈雷彗星（Halley）与地球相会时，二者之间的距离已足够近，以致哈雷彗星的轨道受到了地球引力的干扰。1996年5月1日，百武彗星（Comet Hyakutake）到达近日点，其伸展的长尾横跨过1/3的天空，这是百武彗星自约10，000年前最后一次冰期末之后第一次到达近日点。

小行星与地球的每次相遇几乎都会使天文学家们大吃一惊。在这些相遇中，没有一次是天文学家事先预料到的。为了避免小行星撞击带来的危险，人们需要通过望远镜和雷达跟踪可能威胁地球安全的星体，并精确地绘出其运动轨迹，以便准确地确定它的轨道。如果侦测到会与地球相撞的小行星，天文学家将及时发出警告，让人们从受影响的地区撤离。

## 小行星撞击

第一次有记录的小行星或彗核的爆炸发生于西伯利亚北部（northern Siberia）的通古斯（Tunguska）森林（图158），时间是于1908年6月30日。这种爆炸现象叫做火流星。当火流星劈开空气前进时，空气在它的正面施加了

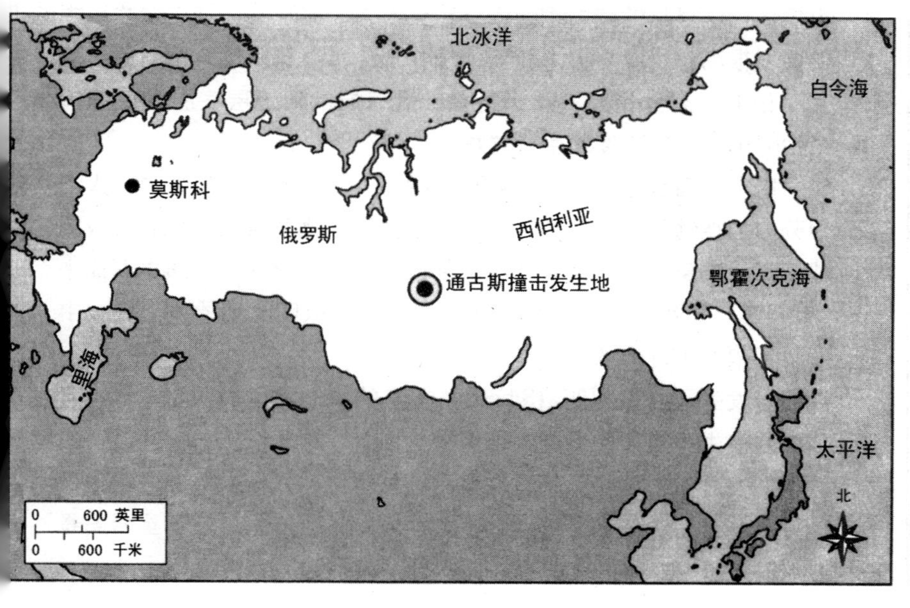


*图158*
*北西伯利亚通古斯事件发生的位置*

巨大的压强，导致岩石发生变形并向外伸展。火流星前方的空气被加热到数万摄氏度，炽热的空气会将火流星点燃。事实上，火流星背面承受的压强几乎为零，星体上的不同部位之间存在着巨大的压力差。巨大的压力差会将火流星撕成碎片，这些碎片也在同样的力作用下炸碎，于是，粉碎的火流星形成一团由岩屑构成的烟云，好像在空中爆炸一般。

一个巨大的火球以45度角穿越天空自东向西飞驰而过，并在距地面4英里（约5.6千米）的高空爆炸，爆炸的威力相当于1，000颗广岛（Hiroshi-ma）原子弹。巨大的爆炸将半径20英里（约51千米）内的树木推倒并烧焦，驯鹿群也被烧为灰烬。倒伏的树干从爆炸中心向外张开，好像自行车轮胎上的辐条。树上嵌有许多微小的颗粒，这些颗粒明显源自地球之外。遍布全球的科学仪器记录了这次爆炸的情况，在遥远的英格兰都可以听到爆炸发出的响声。

随着爆炸产生的冲击波绕地球运动两周，世界各地的气压表都记录下了大气的扰动。爆炸产生的尘埃带来了不寻常的日落景观，在爆炸后的几天内，欧洲的人们在夜里看到了明亮的天空辉光（skyglow）。当尘埃被扬入高层大气中，高度足以在日落后很久还能反射太阳光时，就会在夜空中产生微弱的红光。而这次爆炸后产生的天空辉光非常明亮，以至人们可以借着它读书看报。

此次撞击的撞击物相对较小，据估计，其直径在100英尺至300英尺（约30米至90米）之间。这也解释了为何在爆炸发生前人们没有作出任何天文观测。人们估计，爆炸的威力相当于一颗当量为20兆吨的氢弹。爆炸产生的火球表面温度很高，足以将树木和其他植物烧焦。爆炸后没有留下陨石坑或陨石碎片，说明这颗彗星或石质小行星在大气层的对流层底层以每秒40英里（约每秒64千米）的速度发生了爆炸。

在向撞击地西北延伸约150英里（约242千米）的舌状地带中，人们发现了集中分布的烧蚀物，这些烧蚀物中包括铁氧化物及岩石熔化后形成的玻璃质小球体。此迹象表明，该星体可能来自东南方。此外，在通古斯撞击点地表下约1.5英尺（约0.46米）处有铱存在。在南极同时期的冰块样本中，人们也发现了浓度相近的铱。

然而，发生于西伯利亚（Siberia）上空的单一陨星的爆炸显然不可能在全球范围内产生分布如此均匀的岩屑层，因此，这表明，与此同时，在世界上的其他地方可能也有相似的事件发生。据报道，入侵星体的入射角表明，该星体可能来自金牛座流星雨（Taurid shower）所产生的“彗星岩屑雹”。每年6月和11月，地球都要从这些岩屑丛中穿过。

通古斯事件是20世纪最剧烈的一次撞击事件。如果该星体在一座大城市上空爆炸，此城市的市区及郊区都将被摧毁，具体的情况将与第二次世界大战结束时发生于日本广岛（Hiroshima）的原子弹爆炸（图159）相似。可以预期，在地球上，大约每100年会有一次相似的小行星或彗星爆炸事件发生。因此，人们预计，下一次这样的撞击将发生在不远的将来。尽管天文学家已经搜寻了数十年，但仍未发现与撞向通古斯的星体同样大小的星体。但是，人们认为，在宇宙中有数千颗可轻易到达地球的小行星存在。

在已知的8颗从地球附近经过的小型星体中，半数都会在穿入大气层时产生与通古斯爆炸相似的爆炸。例如，1972年8月10日，一颗小行星与地球擦肩而过。据估计，该小行星直径260英尺（约80米），它从北美洲上空的上层大气中飞速穿过，并在大气中熊熊燃烧，形成了一个穿过天空的火球，在白天都能看到。之后，它重新回到宇宙空间中。这颗小行星从美国犹他州（Utah）盐湖城（Slat Lake City）一直飞到加拿大亚伯达省（Alberta）卡尔加里（Calgary），一共飞行了约900英里（约1，450千米），在此过程中，该小行星一直可见。在从大气层内弹出之前，它一度到达距地面不足35英里

*图159*
*被摧毁后的日本广岛，拍摄于1945年8月6日广岛原子弹爆炸后（本照片蒙美国核防局惠许刊登）*

（约56.4千米）的地方。

近年来人们观察到的第一次小行星爆炸发生于1984年4月9日。当一架日本货运机从美国阿拉斯加州（Alaska）归航时，飞行员在东京（Tokyo）以东距东京约400英里（约640千米）的太平洋上空目击了这一事件。当时，球状的云朵如气球般向外膨胀，场面与核爆炸相似（图160），只不过看不到通常与核爆炸相联系的强光与火球。然而，的确有几个飞行员报告，当球状的云朵从云海中升起时，他们看到了微弱的亮光。

当时，该货运机受到的干扰较小，通讯并未中断，飞机的仪器也没有遇到任何核爆炸时常会引发的故障。膨胀后的蘑菇云直径达到200英里（约320千米），并在两分钟内从距地面14，000英尺（约4，320米）处上升到60，000英尺（约18，500米）处，上升速度约每小时260英里（约419千米）。刚开始，蘑菇云并不透明，然而，随着其不断膨胀，透明度也逐渐增

***图160***
*1952年11月1日，在马绍尔群岛（Marshall Islands）爆炸的氢弹释放出的球状云朵（本照片蒙美国海军惠许刊登）*

**图161**
日本伊豆诸岛（Izu Islands）明神礁（Myojin-sho Vol-cano）火山爆发（本照片蒙美国地质调查局惠许刊登）

加。整个事件持续了近半个小时。

日本派出的军用飞机在现场采集了尘埃样本，样本中不含放射性。在那辆货运飞机和其他3辆曾从蘑菇云附近飞过的飞机上也没有发现放射性物质。此外，位于威克岛（Wake Island）附近，与蘑菇云位置相近的海底仪器也没有探测到任何海底核爆炸。

由于在该区域（图161）有已知的海底活火山存在，4月8日、9日火山活动增强，这暗示人们，海底火山可能发生了剧烈的喷发，并产生了那朵可疑的蘑菇云。海德海山（Kaitou Seamount）是被怀疑与此有关的火山之一。海德海山位于硫磺岛（Iwo Jima）以北80英里（约128千米），在蘑菇云西南，距这朵神秘的蘑菇云900英里（约1，450千米）。然而，当时的风向不是西南风，因此蘑菇云并非源自火山活动。

另一种迷人的解释认为，蘑菇云产生于一颗直径80英尺（约25米）的小行星或彗星的爆炸，此次爆炸产生的能量相当于一颗当量为1兆吨的氢弹。当这颗流星碰到云海时，其立即炸得粉碎。流星的动能转化为热能，将云粒子（云粒子（cloud particles）通常指云中的云滴和冰晶——译者注）蒸干，炽热的气体形成快速上升的气柱。由于流星运动的速度很快，其粉碎的过程发生于几英里的范围之内，于是形成了一个巨大的气柱，但带来的气压扰动却很小。人们常把气压扰动与核爆炸联系在一起。根据预期，大约每30年会有一个如此大小的天体进入大气层。

人造卫星也观测到过不寻常的大气扰动。1979年9月22日，美国海军的监视卫星维拉（Vela）在印度洋南非（South Africa）海岸以外的爱德华王子岛（Prince Edward Island）附近的海域上方探测到一次神秘的闪光。当时人们认为这是南非进行的原子弹试验。在此前的很长时间内，人们一度怀疑南非在建造核武器。1980年12月，南非附近发生的另一次明亮的闪光促使人们对此事件进行了进一步的调查，虽然没有找到任何与核爆炸有关的明确的物理证据。一个由独立的科学家构成的专门小组回顾了所有收集到的数据，并猜测，该爆炸源自某种自然现象，例如流星或彗星的爆炸。

## 小行星防卫

在20世纪60年代末的冷战时期，美国开始建设弹道导弹防御系统，该系统被称为“斯巴达”（Spartan）（图162），用于保护美国的城市，使其免遭苏联洲际弹道导弹的袭击。这也许可以视作建立小行星防御系统的先例。1967年，美国麻省理工学院开始建设伊卡洛斯计划（Icarus Project），此计划得名于小行星伊卡洛斯（Icarus）。伊卡洛斯是一颗直径接近1英里（约1.6千米）的小行星。科学家们就如何保护地球、使其免于与主要的小行星相撞的问题进行了研究。其中一种想法是，发射导弹，并在小行星旁边引爆，使小行星从撞向地球的轨道上偏离。科学家们认为，这一策略有90%的几率能成功地操纵小行星，使其避开地球，让二者相遇时彼此相隔遥远的空间。

有一种观点认为，当小行星距离地球的距离小于地月距离时，即使该小行星直径只有30英尺（约9米），人们也应该使其脱离撞向地球的轨道。这样的小行星在撞击时爆炸的威力将与原子弹相当，足以夷平一座大城市。人们认为，每30年会有一颗直径80英里（约129千米）的小行星进入地球大气层，这样的小行星在撞击时产生的能量相当于一颗爆炸当量为1兆吨的氢弹。然而，由于地球表面70%的面积是海洋，大多数这样的小行星直接落入

*图162*
*斯巴达反弹道导弹的大型模型（本照片蒙美国空军惠许刊登）*

了水中。

据估计，在已编号的15，000颗小行星中，约有1，000颗与地球轨道相交的大型小行星，这些在宇宙中盘旋的小行星随时会从地球身边掠过。每年人们新发现的这样的小行星达5颗之多。凭借当今的空间技术，通过在小行星周围进行核爆炸，人们可以使对地球构成威胁的小行星掉转方向。然而，我们不能将小行星炸碎。如果将小行星炸碎，原本飞向地球的一发子弹将变为大型铅弹（一种子弹。每发子弹中有几十颗至数百颗弹丸，射出后散开，威力极大——译者注），撞击效应将大大加剧，产生的损失也将严重得多。

大部分小行星都可看作一堆“飞行的石堆”（flying rubble piles）。虽然这样的“石堆”对我们构成的威胁似乎没有大块的固体岩石大，但如果它们与地球相撞，也会给地球带来同样的浩劫，并且，防御这样的撞击可能要困难得多。战略防御计划（Strategic Defense Initiative）也称“星战计划”（Star Wars），一些研究人员正在给为战略防御计划开发的新技术寻找应用空间，这些研究人员提出，人们可以用核导弹和其他空间技术（图163）将向地球靠近的小行星炸碎，并将其碎片驱散。然而，与阻挡大块的岩石相比，将一大堆碎石块驱散要困难得多。

**图163**
*艺术家的构想：F—15战斗机发射导弹的情景（本照片蒙美国空军惠许刊登）*

另一种使撞向地球的、淘气的小行星偏离其轨道的方法是在小行星附近引爆中子弹。中子弹其实就是一颗除去了外层铀壳的氢弹，氢弹的这层铀壳会产生巨大的爆炸。中子弹可以产生巨大的推力，但不会将小行星炸碎。简单地将对地球产生威胁的小行星炸毁只会导致其发生碎裂，小行星碎裂后产生的众多碎片依然处于与地球相撞的轨道上，这无异于制造出一大群"城市杀手"。

中子弹爆炸过程中产生的强烈的辐射会使小行星表面的温度升高，从而将其表面蒸发。蒸发过程中产生的向外喷射的蒸气流具有足够的推力，会像火箭发动机那样将小行星推离与地球相撞的轨道。人们已经在彗星上观察到过这样的现象：从彗星一侧喷出的气流似乎操纵着彗星的运动，使其偏离了正常的轨道。

最初，人们需要用望远镜和雷达以尽可能高的精度跟踪对地球造成威胁的星体，并记录下这些星体的运动轨迹，这样，它们的轨道可被精确地确定下来。广视场摄影技术（Wide-field photography）一直是跟踪小行星最有用的工具。然而，对于大多数直径小于20英里（约32千米）的小行星而言，人们除了知道它们的亮度和绕太阳运行的轨道之外，对其他方面的情况所知甚少。此外，雷达的出现使得定位太阳系内星体的运动变得十分容易。星体将雷达信号反射回来，雷达就能够确定它的位置和运动速度。

若要对小行星实施威力巨大的核爆炸，爆炸的位置必须位于距地球尽可能远的太空中，最好在月球轨道以外。当核武器在太空中爆炸时，在爆炸的瞬间，高强度的伽马射线打到火球周围的原子上，将电子从原子中剥离出来。这些电子以极高的速度向外射出，并将产生极强的电场，形成强大的电波脉冲，叫做电磁脉冲（electromagnetic pulse，简称EMP），这样的脉冲可覆盖数百英里的广阔区域。此时，任何导线都将过载并短路，包括电话、收音机、雷达、电脑及各种仪器在内的电子设备都将失效。

此外，拦截小行星的地点距地球越远，成功地使小行星偏离撞击地球的轨道的可能性也越大。这是因为，当小行星距离地球较远时，其轨道只要发生很小的改变，就足以使小行星在与地球相遇时距离地球足够远。否则，如果让小行星过于靠近地球，人们将无法有效地用核武器使其方向发生偏转，接下来，小行星将与地球发生灾难性的碰撞。

## 撞击后的幸存

如果较大的小行星坠入地球，当其进入大气层后，人们最先看到的将是一颗明亮的流星。在空气摩擦的作用下，这颗流星将发出比太阳还明亮的光芒，灼热的温度会将周围数英里之内的一切烧焦。由于星体很大，在燃烧着坠入并穿过大气层之后，小行星依然能在着陆时保持完好。

大气层几乎没有减缓小行星撞击地球的速度，在穿过大气层后，小行星的速度约是其初始速度的75%。小行星的速度极快，因此会在大气层中激起冲击波，冲击波将发出震耳欲聋的雷声，这样的雷声足以将能够看到火球的人们击倒在地。撞击发生时，爆炸将产生相当于一颗20兆吨当量的热核弹的能量，这样的热核弹是人类所建造的威力最大的核武器之一。

撞击将产生一个快速扩展的尘埃柱，尘埃柱的底部将长到数千英尺宽，高度将达数英里。撞击产生的巨大的冲击波会将周围的大部分大气吹走。由气体和尘埃构成的巨大的云柱将像原子弹的蘑菇云那样刺破天空（图164）。快速上升的云柱将会变为一朵环绕整个地球的巨大的尘埃云，白日将变成黄昏。

人类很幸运，在过去的数百万年间并未经历过如此大规模的撞击。否则，生命进化的过程将发生明显的改变，人类可能也将不复存在。通常每隔约5，000万年，会发生一次大质量的小行星撞击地球的事件。历史上，一颗大型小行星曾坠入加拿大新斯科舍省（Nova Scotia）以外的大西洋中，并在海底留下了一个30英里（约48千米）宽的陨石坑。自那时算起，如此漫长的时间已经过去。这启示我们，下一次大型小行星对地球的撞击的确来得太迟了。

大型小行星对地球的撞击可能会是毁灭性的。的确，人们常用核战争与

***图164***
*1962年1月17日，美国内华达州测试点（Nevada Test Site）的一次核武器爆炸（本照片蒙美国空军惠许刊登）*

大型小行星撞击地球的事件相比。这里的大型小行星指的是与人们所猜想的、令恐龙灭绝的那颗小行星大小相当的小行星。撞击会把大量的尘埃和煤烟扬起到大气层中，其中的煤烟来自白热的撞击岩屑所引发的全球性森林大火。尘埃云将塞满天空，并将地球置入极度的寒冷之中，这样的严寒将持续好几个月。人们也用与此相同的情景来描述大规模核战争之后的“核冬天”效应。

当一颗大型小行星与地球相撞时，会产生强烈的爆炸冲击波、剧烈的海啸、剧毒的气体及酸性很强的酸雨。酸雨是由小行星对大气层的冲击加热（shock heating）产生的。撞击产生的振动将引起火山喷发，从而将大量火山灰注入空气中；同时，撞击会在大地上形成断层，随着断层的滑动，地震将隆隆地穿过大地。

如果小行星坠入海洋中，它将在海底撞出一个陨石坑。海水会涌入坑中，将陨石坑重新填满，从而形成从撞击地飞速向外传播的深水波。当深水波撞击到大陆架附近的浅水区时，水波的速度将骤然下降，同时，波浪的高度将急剧上升。如此产生的波浪浪高可达数百英尺，并会冲上离海岸数十英里的内陆。小行星溅落到海洋中所引起的海啸将对沿岸及沿岸附近的居民产生极大的危害。例如，如果一颗直径1英里（约1.6千米）的星体坠落在大西洋中央，所产生的海啸将会同时席卷北美洲东部和欧洲西部的海岸。

撞击发生时，大量沉积物被炸入大气层中，并在大气层中悬浮。洲际大火产生的煤烟也会塞满天空，使黑暗在正午降临。如果小行星坠落在海洋中，大量海水将立即蒸发，水蒸气形成的翻腾的云朵将会充满大气层。这些水蒸气犹如外加的负荷一般，使大气层的密度大大增加，同时使大气透明度下降，阳光将几乎无法穿过大气层。由于阳光不能到达地球表面，地球的气候将会受到显著影响，光合作用的总量也将大大下降。

同时，太阳辐射将会使那些布满深色沉积物的地层的温度上升，从而打破热平衡，这将导致天气模式（weather pattern）发生彻底的改变，地表的很多土地将变为荒芜的沙漠。狂风掀起的可怕的尘暴将横扫整个大洲，尘埃将进一步阻塞天空。在海拔较高的地区，降水将会停止，于是，尘埃和烟云将弥漫整个世界，这样的情况将持续一年或更久。地球上维持生物生存的条件将逐渐消失，整个生态系统将会瓦解，数百万种物种将会灭绝。于是，此次事件将成为地球历史上最严重的大灭绝事件之一。

由于全球气候变冷及缺乏阳光，农作物将受到损害，大饥荒将会产生，同时，人类脆弱的经济、政府机构将会发生世界性的崩溃，最终，人们文明本身也将崩溃。环境的退化将导致所有国家的社会、经济结构发生崩溃，局面将一片混乱。实际上，幸存者将会退化至以一种原始的生存方式生存。经受住了严酷的考验的幸存者们将面临饥饿、寒冷和疾病的攻击，大量人员将会死亡。地球上的大部分人将被迫面对一场巨大的环境灾难，这样的灾难令人想起恐龙最后的时光。

# 结语

**大**型星体的撞击导致了恐龙的灭绝。如今，虽然这样的大型小行星或彗星与地球相撞的几率非常小，但是，宇宙中有许多人们未观察到的岩石碎片在自由地四处游荡。人们已经在地球上辨认出100多个年龄小于2亿岁的大型陨石坑，这表明，陨石坑形成的速率在某种程度上是恒定的。许多陨石坑形成于人类诞生后的年代，然而，人类非常幸运，没有像地质史上的其他物种那样由于陨星撞击而灭亡。也许，在宇宙中的某个地方，一个未知的星体正瞄准地球飞来，将地球置于一场“星际射击比赛”的危险之中。

# 专业术语

**ablation 烧蚀**：当陨星穿过大气层时，其融熔的表层因蒸发而脱落的现象

**abrasion 侵蚀作用**：指摩擦产生的腐蚀作用，一般由风、流水及冰块中所携带的岩石颗粒导致

**abyss 深海**：深海。深度一般在1英里（约800米）以上

**accretion 吸积**：星际尘埃在万有引力的作用下聚集成星子、小行星、卫星或行星的过程

**albedo 反照率**：物体所反射的太阳光的量，与物体的质地及颜色有关

**angular momentum 角动量**：物体或作轨道运动的天体继续旋转能力的量度（这并非角动量的严格定义，但可作为较为形象的解释。在经典物理中，角动量定义为物体位移与其动量的叉乘，即$\vec{L}=\vec{r}\times\vec{p}$——译者注）

**aphelion 远日点**：行星轨道上离太阳距离最远的点。地球在每年7月初经过远日点

**apogee 轨道最远点**：天体轨道上离其所环绕的中心天体最远的点

**cpollo asteroids 阿波罗型小行星**：来自火星与木星之前的小行星主带、穿过地球轨道的小行星

**archean 太古代**：前寒武纪中的主要地质时代，其范围从40亿年前至25亿年前

**asteroid 小行星**：石质或金属质的天体，在火星轨道与木星轨道之间绕太阳运动，是太阳系形成后的残留物

**asteroid belt 小行星带**：由小行星组成的带状物，在火星轨道与木星轨道之间绕太阳运动

**astrobleme 陨石坑（遗迹）**：经过侵蚀作用后遗留下来的大型天体撞击地表产生的撞击构造的遗迹

**axis 转轴**：物体转动所沿的轴线

**Baltica 波罗地古陆**：欧洲的一块古生代古陆

**Basalt 玄武岩**：深色的、富含铁和镁的火山岩，在熔融状态下通常具有良好的流动性

**basement rock 基底岩石**：位于较新的沉积物之下的，埋于地下的火成岩、变质岩、花岗岩或高度变形的岩石

**bedrock 基岩**：位较新的地层之下的固态岩石层

**binary stars 双星**：位置靠得很近并围绕对方旋转的两颗恒星

**black hole 黑洞**：巨大的、在引力作用下坍塌的星体。任何物质，包括光，都无法从黑洞强大的引力中逃脱

**blue shift 蓝移**：在多普勒效应下，向靠近我们的方向运动的光源发出的光的谱线向短波方向移动的现象

**bolide 火流星**：一种爆炸状的流星，在经过地球的大气层时，其火球常伴随有亮光和声响

**calcareous nannoplankton 钙质超微浮游生物**：带有由方解石构成的外壳的浮游植物

**calcite 方解石**：一种由碳酸钙构成的矿物

**caldera 破火山口**：某些火山顶部的大型坑状凹陷，其形成于巨大的爆炸性活动或塌陷

**carbonaceous 含碳的**：指某种含碳的物质，例如特定种类的陨星，或沉积岩中的石灰石

**carbonaceous chondrites 碳质球粒陨石**：一种富含有机化合物的石质陨星

**carbonate 碳酸盐**：一种含有碳酸钙的矿物，例如石灰石及白云岩（此处原文有误。碳酸钙只是碳酸盐的一种。碳酸盐指的是碳酸根离子（$CaCO_3$）和金属离子构成的离子化合物）

**cenozoic 新生代**：一个地质时代，由距今最近的6，500万年构成

**cepheid variable 造父变星**：一种亮度呈周期性变化的恒星，被人们用于确定宇宙中的距离

**chondrite 球粒陨石**：陨石中最常见的一种，大部分由带有被称为“陨石球粒”的小球状颗粒的石质材料构成

**chondrule 陨石球粒**：在被称为球粒陨石的石质陨星中发现的圆形橄榄石或辉石颗粒

**coma 彗发**：进入内太阳系的彗星周围所环绕的大气。被太阳风吹至彗星外侧的尘埃粒子和气体则形成彗尾

**comets 彗星**：一种天体。人们认为，彗星源自环绕着太阳的彗星云中。当彗星运行至内太阳系附近时，会长出一条由尘埃粒子和气体构成的长尾

**continental margin 大陆边缘**：海岸线与深海之间的区域，此区域代表大陆真正的边缘

**continental shelf 大陆架**：位于浅海中的、大陆离岸的区域（此处原文讲得不是很清楚。一般认为，大陆架是大陆向海洋的自然延伸，其位于浅海中，但被认为是陆地的一部分——译者注）

**continental shield 大陆地盾**：古老的大陆壳岩石，大陆生长于其上

**continental slope 大陆坡**：从大陆边缘到深海盆地之间的过渡段

**convection 对流**：加热流体介质底部时产生的垂直方向的循环流动。物质升温时，密度减小并上浮，降温时，密度增加并下沉

**coral 珊瑚（虫）**：一种构成造礁群体的、生活于浅水海底的无脊椎动物，常见于温暖的海水中

**core 星核**：行星的中间部分，常由较重的铁镍合金构成

**cosmic dust 宇宙尘埃**：存在于尘埃带中的小流星体，可能由彗星碎裂形成

**cosmic rays 宇宙射线**：从宇宙空间中进入地球大气层的高能带电粒子

**crater, meteoritic 陨石坑**：由陨星轰击导致的地壳凹陷

**crater，volcanic 火山口**：在大多数火山顶部处发现的倒圆锥形凹陷。火山口形成于火山爆炸性的喷发过程中

**craton 克拉通**：大陆内部古老而稳定的部分，通常由前寒武纪岩石构成

**cretaceous 白垩纪**：1.35亿年前至6，500万年前的地质时期

**crust 星壳**：行星或卫星岩石的外层（事实上，星壳指的是行星或卫星的固体外壳，星壳由岩石构成——译者注）

**crustal plate 地壳板块**：岩石圈的一部分，该部分在构造活动中与其他板块发生相互作用

**dayglow 昼气辉**：被大气中的氧原子吸收并再辐射的太阳光

**diaper 底辟（构造）**：熔融的岩石从较重的岩石中上浮形成的构造

**diatom 硅藻**：一种微植物，其外壳化石形成的硅土沉积物称为硅藻土

**diogenite 奥长古铜无球粒陨石**：一种源自大型小行星表面的、由玄武岩构成的陨石

**disk galaxy 盘状星系**：一种扁平的、薄饼状的星系，其半径可达其厚度的25倍

**doppler effect 多普勒效应**：波源的运动导致其发出的波的频率发生改变的效应

**earthquake 地震**：在地球内部的地质力的作用下，岩石突然沿活动断层断裂的现象

**ecliptic 黄道**：地球及其他行星绕太阳运动的轨道所处的平面

**electron 电子**：绕原子核运动的、质量很小的、带负电的粒子，其数目与原子中的质子数相等

**elliptical galaxy 椭圆星系**：一种具有无定形的、平滑结构的星系，无旋臂，外观呈椭圆形

**erosion 侵蚀**：水、风等自然力所导致的地表物质的磨损

**escarpment 断崖**：大块陆地上升形成的山壁，通常形成于陨星撞击

**eucrite 钙长辉长岩**：一种源自大型小行星表面的、由玄武岩构成的陨石

**extraterrestrial 地外的**：地球之外的所有现象

**extrusive 喷出（岩）**：一种喷射至地球及太阳系中其他星体表面的火成岩

**fault 断层**：一种由地球运动导致的地壳岩石的断裂

**feldspar 长石**：占地壳成分60%的一组成岩矿物，是火成岩、变质岩和沉积岩的主要成分

**fissure 裂隙**：地壳中的大裂缝，火山岩浆可从中向外流出

**fluvial 河流的（沉积物）**：河流冲击形成的沉积物

**foraminifer(an) 有孔虫**：一种能分泌碳酸钙的生物，生活于表层海水中。死后，它的壳将成为堆积在海底的石灰石和沉积物的主要成分

**formation 地层**：一种岩石单元的联合体，可在很大的距离尺度下追溯其行迹

**galaxy 星系**：靠万有引力维系的、巨大的恒星团

**gamma rays 伽马射线**：一种能量极高的短波长光子，是穿透性最强的电磁辐射

**geomorphology 地形学**：一门研究地表特征的学科

**geyser 间歇泉**：一种间歇性喷发热水与蒸汽的温泉

**glacier 冰川**：数量巨大的、可移动的厚冰体，出现于冬季降雪量超过夏季冰雪融化量的地方

**glossopteris 舌羊齿**：一种古生代晚期的植物，存在于南方大陆，北方大陆上则没有，因而证实了冈瓦纳古陆的存在

**gneiss 片麻岩**：一种成分与花岗岩类似的、层状或带状的变质岩

**gondwana 冈瓦纳古陆**：古生代时南方的一块超大陆，由今天的非洲、南美洲、印度、澳大利亚及南极洲构成。冈瓦纳古陆在中生代分裂为现在的各块大陆

**granite 花岗岩**：一种粗颗粒的、富含硅石的火成岩，主要由石英与长石构成

**greenstone 绿岩**：一种绿色的、轻微变质的火成岩

**groundwater 地下水**：来源于大气、渗入地表之下并在地下流动的水

**half-life 半衰期**：放射性元素的原子半数衰变为稳定元素所需的时间

**heliopause 太阳风层顶**：太阳系与星际空间的分界线

**helium 氦**：宇宙中丰度第二高的元素。氦原子包含两个质子和两个中子

**hiatus 沉积间断**：由于短期侵蚀作用或沉积岩沉积停止所导致的地质时代的中断，常发现于两个地质时期之间

**hot spot 热点**：与板块边界无关的火山中心；地幔中异常的岩浆产生点

**howardite 古铜钙长无球粒陨石**：一种源自大型小行星表面的、由玄武岩构成的陨石

**hubble age 哈勃年龄**：通过将观察到的宇宙膨胀情况外推至过去而得到的宇宙的近似年龄，哈勃年龄的公认值为150亿年

**hydrocarbon 烃**：一种由碳链和依附于碳链的氢元子构成的分子

**hydrogen 氢**：宇宙中含量最大的元素，也是最轻的元素。氢原子由一个质子和一个电子构成

**hydrologic cycle 水文循环**：水从海洋流向陆地再从陆地流回海洋的过程

**hydrosphere 水圈**：地球表面的水层

**hydrothermal 热液的**：与热水在地壳中的运动相关的。这种运动构成一个循环：冷海水沉向洋壳深处，在那里变热后又上浮到表面

**hypercane 超级飓风**：一种理论上的大规模飓风，由陨星撞击海洋带来的热量引发

**Iapetus Sea 巨神海**：在泛古陆聚集形成之前曾经存在的海洋，它大约占据了相当于现在大西洋所占据的位置

**Icarus Project 伊卡洛斯计划**：为防止小行星撞击地球或尽可能降低撞击发生的可能性而进行的一项研究

**ice age 冰期**：历史上的一段时期，在此期间，大范围的地球表面被大规模冰川所覆盖

**ice cap 冰帽**：极地的冰雪覆盖物

**igneous rocks 火成岩**：指所有曾经由熔融态固化的岩石

**impact 撞击点**：天体坠落到地球表面的位置

**infrared 红外线**：一种不可见光，其波长位于红光与无线电波之间

**insolation 日射**：照射到行星上的所有太阳辐射

**intrusive 侵入体**：侵入地壳的花岗岩体

**iridium 铱**：铱在陨星中含量相对较大，在彗星中含量稍小，在地壳中则很稀有

**isostasy 地壳均衡**：一项地质学原理，其可表述为：地壳处于漂浮状态，地壳的上浮或下沉取决于其密度

**isotope 同位素**：某元素的一种特别的原子，该原子与此元素的其他原子具有相同的质子数与电子数，但是二者的中子数不同，即二者原子序数相同，但原子质量不同

**kirkwood gaps 柯克伍德空隙**：在小行星带中出现的几乎没有小行星的空带，该空隙是木星的引力所致

**kuiper belt 柯伊伯带**：位于海王星轨道之外的一个彗星带

**lamellae 片层**：高压突然释放导致晶体表面产生的条痕，这种高压可由陨星撞击导致

**landform 地貌**：地球或其他行星的地表特征

**laurasia 劳亚古陆**：古生代时北方的一块超大陆，由北美洲、欧洲和亚洲构成

**laurentia 劳伦提亚大陆**：古老的北美大陆

**lava 熔岩**：从火山流出至地表的熔融的岩浆

**light-year 光年**：电磁辐射（主要指光波）在真空中一年内传播的距离，该距离大约为6万亿英里（约9.66万亿千米）

**limestone 石灰石**：一种由碳酸钙构成的沉积岩，这些碳酸钙是海水中的无脊椎动物及其他骨骼中含有大量沉积物的动物分泌形成的

**lithosphere 岩石圈**：地幔的岩石质外层。地幔包含陆壳与洋壳。岩石圈的物质以对流物质流的形式在地表与地幔间循环

**lithospheric plate 岩石圈板块**：岩石圈的一部分，地幔的上层板块，其在构造活动中参与了与其他板块的相互作用

**magellanic Clouds 麦哲伦云**：位于银河系外，由气体和尘埃构成的云状天体

**magma 岩浆**：一种产生于地球及其他行星内部的熔融的岩石，是构成火成岩的成分

**magnetic field reversal 地磁场反转**：地球南北磁极的反转，有时由陨星撞击导致

**magnetic superchron 地磁超时**：地磁反转之间的一段漫长的时期，约从1.23亿年前至8，300万年前

**magnetometer 磁力计**：用于测量地磁场强度与方向的仪器

**magnetosphere 磁层**：一个位于地球上层大气的区域，在此区域中，磁场控制着电离粒子的运动

**magnitude 星等**：天体的相对亮度

**mantle 星幔**：位于行星星壳以内、星核以外的部分，由致密的岩石构成，这

些岩石可能处于对流流动中

maria **月海**：月球表面较暗的平原，由早期大量泛滥的玄武岩岩浆形成

mass **质量**：物体所含物质多少的量度

mega—tsunami **超级海啸**：陨星撞击地球时坠入海洋所产生的巨大的波浪

mesozoic **中生代**：字面意思是"中间生物的时期"，指从2.5亿年前到6，500万年前的这段时期

metamorphism **变质作用**：在超高温、超高压的环境下，先前的火成岩、变质岩、沉积岩发生的不熔化的再结晶作用

meteor **流星**：一种小天体，在进入地球大气层时化为一道可见的光线

meteorite **陨星**：进入地球大气层并撞向地球表面的金属质或石质天体

meteoritics **陨星学**：研究流星及与之相关的现象的科学

meteoroid **流星体**：位于绕太阳运动的轨道上的流星，与其进入地球大气层时所产生的现象无关

meteor shower **流星雨**：大量流星进入地球大气层时所观察到的现象。这些流星的明亮的轨迹似乎源自空中的同一个点

microcrystals **微晶**：火山玻璃中典型的微小矿物结晶，但在来自陨星的冲击玻璃中则没有

micrometeorites **微陨星**：位于绕地轨道上或外层空间中的小颗粒状物体，微陨星会对宇宙飞船产生撞击

microtektites **微玻陨石**：大型陨星撞击过程中表面岩石熔化产生的小球状颗粒

near—Earth asteroid **近地小行星**：位于小行星带之外，轨道与地球轨道相交的小行星

nebula **星云**：一种扩展为云状的天体。有的星云实际上是星系，其他的则是银河系中的气体与尘埃

nemesis **复仇女神星**：假想的太阳伴星，人们认为它对奥尔特云中的彗星产生了扰动，并使其落入内太阳系

neutron **中子**：一种不带电荷的粒子，质量与带正电荷的质子大约相等。中子与质子均存在于原子核内

nova **新星**：在生命的最后阶段忽然变亮的恒星

**olivine 橄榄石**：位于地球内部和月球岩石中的一种微绿的成岩矿物

**Oort cloud 奥尔特云**：包围着太阳的彗星的集合，距太阳约1光年

**ophiolite 蛇绿岩**：在板块构造作用下，被挤压并依附于大陆边缘的洋壳

**orbit 轨道**：某一天体环绕其他天体运动的圆形或椭圆形轨迹

**outgassing 释气作用**：指行星内部失去气体的过程，而不是陨星放出气体的过程

**ozone 臭氧**：位于高层大气中的一种由三个氧原子构成的分子，它能吸收太阳辐射中的紫外线

**paleomagnetism 古地磁学**：研究地球磁场的学科。其研究范围包括以前地球磁极的位置与极性，用以确定大陆的位置

**paleozoic 古生代**：古生物时期。介于5.4亿年前至2.5亿年前

**Pangaea 泛大陆**：古生代的超大陆，包括地球上所有的陆地

**Panthalassa 泛古洋**：中生代时包围着泛大陆的全球性的大洋

**Peridotite 橄榄岩**：地幔中最常见的岩石类型，在月球岩石中也有发现

**Perigee 轨道最近点**：围绕其他天体运动的物体离该中心天体最近的点

**Perihelion 近日点**：行星轨道上离太阳最近的点。就地球而言，地球在每年的一月初经过近日点

**planetesimals 星子**：在太阳系形成早期可能曾经存在的小天体，后来它们凝聚形成了行星

**planetoid 小行星**：一种围绕太阳运动的小天体，一般而言体积小于月球。火星与木星之间的小行星带可能形成于一颗或多颗小行星的碎裂（英文中的asteroid与planetoid是两个不同的词，中文皆译为小行星，但在英文中，二者存在细微的区别。planetoid所指的天体比asteroid大，但有时也不区分——译者注）

**plate tectonics 板块构造论**：用岩石圈板块的相互作用解释地球表面的主要地貌特征的理论。其他的一些行星可能也会呈现出这样的地貌特征

**precession 岁差**：月亮对地球的引力作用所引起的地轴方向的缓慢变化

**proterozoic 元古代**：地质史上的一个时期，介于25亿年前至6亿年前之间

**proton 质子**：原子核中的一种带正电的大粒子

**pulsar脉冲星**：一种星状的高能天体，其辐射出强烈的无线电信号

**pyroxene 辉石**：地球内部和月球岩石中的一种黑色的成岩矿物

**quasar 类星体**：一种类似恒星的天体，被认为是宇宙中最亮及最遥远的天体，人们用类星体来确定宇宙的大小

**radiant （流星群的）辐射点**：流星雨中，所有流星似乎出自同一来源，其明亮的轨迹似乎始于空间中的同一点，即辐射点

**radiolarian 放射虫**：一种带有由二氧化硅构成的壳的微生物。它的壳构成了硅质沉积物的主要成分

**radiometric dating 放射性年代测定**：通过对物体中的稳定与不稳定的放射性元素进行化学分析和放射性分析，从而确定物体年龄的方法。人们用这种方法测定陨星的年龄，从而确定了地球的年龄

**radionuclide 放射性核**：导致地球或太阳系中其他星体内部产生热量的放射性元素

**red shift 红移**：光向光谱低能端的偏移，说明遥远的星系正在后退，这证明了宇宙的年龄

**regolith 风化层**：月球表面疏松的岩石物质

**retrograde 逆行（运动）**：自转或公转方向与太阳系中其他星体相反。外太阳系中的许多卫星呈现出此现象

**revolution 公转**：天体的轨道运动。例如地球围绕太阳旋转，小行星和彗星围绕太阳系运动

**rille 沟纹**：在地球、月球及其他行星表面，由于熔岩隧道坍塌而形成的沟渠

**riverine （有关）河流的**：与河流有关的

**rotation 自转**：天体沿自身转轴的转动。地球的自转周期为24小时

**sandstone 砂岩**：一种由黏合在一起的砂颗粒构成的沉积岩

**schist 片岩**：一种分层良好的晶体变质岩，可轻易地将其沿平行带劈开

**seismic （有关）地震的**：属于地震能或其他剧烈的大地震动的，这种震动有时由陨星撞击导致

**shield 地盾**：前寒武纪陆核暴露出的区域，人们在其中发现了很多陨石坑

**siderite 陨铁**：一种铁–镍质的陨星

**siderophiles 亲铁的（元素）**：字面的意思是"嗜铁者"。与铁结合，并在陨星轰击过程中被带到地核中的元素

**sinkhole 灰岩坑**：由于地表下的石灰石的溶解，地表物质不断削弱，最终坍

塌，这样的坍塌形成的大坑即灰岩坑。希克苏鲁伯（Chicxulub）陨石坑即呈现出这样的外观，这种外观也证明了希克苏鲁伯陨星坑的存在

**solar wind 太阳风**：从太阳流出的粒子流，太阳风代表着日冕的膨胀。由于太阳风对彗星彗核的作用，加上太阳发出的热量，使彗星带上了长长的尾巴

**spherules 小球（体）**：一种在特定类型的陨星上、月球土壤中及大型陨星撞击地发现的玻璃状的小球形颗粒

**spiral galaxy 旋涡星系**：一种星系。这种星系像银河系一样，在星系盘上嵌有显著的中心凸起，周围带有旋臂。星系盘由气体、尘埃和从旋臂中盘旋而出的年轻恒星构成

**stishovite 斯石英**：一种石英矿物，产生于超高温、超高压环境下，例如大型陨星撞击时所产生的超高温超高压

**stratigraphy 地层学**：研究岩层的学科，用于确定陨星撞击的年龄

**strewn field 散布区**：产生于大型陨星撞击的玻陨石的散落区域，此区域通常很大

**striae（冰川）擦痕**：基岩表面的擦痕，由嵌入移动的冰川的岩石与基岩的相互刮擦导致

**subduction zone 俯冲带**：指地球上的某一区域，在此区域内，海洋板块沉入大陆板块之下，潜入地幔中。俯冲带在地表表现为海沟。除在外太阳系中的卫星上可能有此现象存在外，太阳系中的其他行星上都不存在此象

**supercluster 超星系团**：存在于银河系之外的、由星系组成的巨大的联合体

**supernova 超新星**：一种巨大的恒星爆发。在这样的爆发中，恒星除星核外的其他部分都被炸飞至星际空间中。超新星爆发时，在几天中产生的能量相当于太阳10亿年间产生的能量的总和

**tectonics 大地构造**：地球上较大的地貌特征（岩层和板块）的历史及形成这些特征的自然力和运动。同样地，这样的特征可能存在于其他行星与卫星上

**tektites 玻陨石**：一种玻璃状的小矿物。大型陨星撞击地球时会将地表岩石熔化，从而形成玻陨石

**terrestrial 地球上的**：一切在地球上发生的现象，表括陨星撞击

**Tethys Sea 特提斯海**：数亿年前位于中纬地区的一个假想的海洋，它将位于北

部的劳亚古陆（Laurasia）和位于南部的冈瓦纳古陆（Gondwana）分隔开

**tsunami 海啸**：海底地震或海底火山喷发导致海面上产生的巨大波浪。当大型陨星坠入海洋时会引发巨大的海啸

**T—Tauri wind 金牛座T型星风**：来自新形成的恒星的强粒子辐射

**tundra 冻原**：高纬度地区永久冰冻的土地，大多数位于这些区域的陨石坑保存完好

**ultraviolet 紫外线**：一种不可见光，其波长比可见光短，比X射线长

**volcanism 火山作用**：各种火山活动都称为火山作用。这里的"火山作用"一词不仅指地球上的火山活动，也包括其他行星或卫星上的火山活动

**volcano 火山**：地壳上的裂隙或开口，熔融的岩石从其中上升至地表形成山

**X rays X射线**：一种高能电磁波辐射，其能量比紫外线高，比伽马射线低

# 译后记

小时候，我很喜欢阅读科普书籍。这些科普书籍使我对科学产生了兴趣，并对我的人生产生了很大的影响。后来，我选择了物理学作为我的专业，这一选择与我幼年时对科学的兴趣是分不开的。

然而，在20世纪80年代，市面上的科普书籍非常贫乏，国外的译著尤其少见。当时，由于一个偶然的机会，我获得了一本乔治·伽莫夫写的《从一到无穷大》。我捧着它读了一遍又一遍，从小学一直读到高中。虽然不能完全读懂，但却从中得到了难以言传的乐趣。这本书对我的影响是深远的。

一本好的科普书，不仅能够带给读者相关的科学知识，更重要的是，它可以塑造读者的思维方式，让读者学会如何利用逻辑思考，如何进行理性的分析。所以，我认为，我们应该重视科普工作。一方面，我们应该写出自己的科普著作；另一方面，也应该将国外优秀的科普著作翻译出版，推荐给国内的读者。

2008年，我获得了一个机会，从事本书的翻译工作。本书的专业领域横跨天文、地质、地理、古生物、物理等多个学科。从事过翻译工作的人都知道，要翻译这样一本书，工作量有多大，尤其是在没有合作者，没有参考资料的情况下。但是我决定应承下来，因为一方面，我想给自己一个挑战；另一方面，我也想为中国的科普事业做一点小小的事情。

翻译的过程很辛苦。我本人的专业是凝聚态物理，出于业余爱好，也掌握一些天文方面的知识，但对地质、古生物等学科则比较陌生。况且，翻译工作必须在业余进行，在工作日里，我还要从事科研。于是，在半年多的时间内，我几乎没有休息过一个双休日，即便是在工作日，也常常一个人在电脑前工作到深夜。

我想尽量把书译好，但事情往往难以尽如人意，因为个人的时间毕竟有限，无法将事情做到尽善尽美。由于个人知识水平有限，加之校对仓促，书中的疏漏在所难免，对此我深感不安。如读者在阅读时发现，欢迎向我指出。

在翻译的过程中，为了帮助读者理解，我加入了很多译注。这些译注有的是对原文中出现的明显错误进行更正，有的则是对原文的解释说明。译注仅代表我的个人观点，并不一定完全正确。本书中有大量专业名词和新名词，对于这些名词，我尽量采用使用人数较多的习惯译法，对于暂时没有习惯译法的新名词，则按我的理解译出，并注明了英文原文。另外，书中的所有地名及音译名词也都附有英文原文。

由于本书定位于科普著作，在翻译时，我尽量顾及行文的可读性，有意地采取了较多的意译，有时甚至稍微调整了原文的语序。这样做的好处是会使译文更加顺畅易读，坏处则是使译文的精确性稍有丧失。然而，我个人认为，这一点牺牲是值得的，如果太过注重翻译的准确性，写出的中文就不像中文了。小时候，我读过很多这样拗口的译著，并深为头痛。当时我就暗下决心，如果有一天我来译书，一定要把中文写得像中文的样子。我努力去做了，至于成功与否，交给读者来判断吧。

**杨　帆**

**2009年4月3日于北京**